高效随身查

——Office 2021必学的高效办公应用技巧

（视频教学版）

赛贝尔资讯◎编著

清华大学出版社

北 京

内 容 简 介

本书不仅是用户学习和掌握 Office 办公操作的一本高效用书，也是一本 Office 办公类疑难问题的解答手册。通过本书的学习，无论您是初学者，还是经常使用 Office 办公的行家，相信都会有一个巨大的飞跃。无论何时何地，当需要查阅时翻开本书就会找到您需要的内容。

本书共 15 章，分为 3 个部分：Word 2021 部分介绍纯文本文档的编排、图文混排、包含表格的文档编排、商务文档的编排、文档审阅及邮件合并、页面布局、文档目录结构等技巧；Excel 2021 部分着重介绍建立表格数据、数据编辑整理、数据透视表、实用函数运算、用图表展示数据以及数据统计分析等技巧；PPT 2021 部分介绍了幻灯片文字的编排设计、幻灯片图形、图片的编排设计、幻灯片版式布局设计、幻灯片母版应用以及切片动画效果等技巧。

本书推荐的 426 个技巧，都是逐一精选，以实用为主，既不累赘，也不忽略重点。本书全程配以模拟实际办公的数据截图来辅助学习和掌握，是职场办公人士的首选。海量内容、语言精练、通俗易懂，易于翻阅和随身携带，帮您在有限的时间内，保持愉悦的心情快速地学习知识点和技巧。在您职场的晋升中，本书将会助您一臂之力。

本书封面贴有清华大学出版社防伪标签，无标签者不得销售。

版权所有，侵权必究。举报：010-62782989，beiqinquan@tup.tsinghua.edu.cn。

图书在版编目（CIP）数据

Office 2021 必学的高效办公应用技巧：视频教学版 / 赛贝尔资讯编著 . —北京：清华大学出版社，2022.10
（高效随身查）
ISBN 978-7-302-61876-8

Ⅰ . ① O… Ⅱ . ①赛… Ⅲ . ①办公自动化—应用软件 Ⅳ . ① TP317.1

中国版本图书馆 CIP 数据核字（2022）第 175856 号

责任编辑：贾小红
封面设计：姜 龙
版式设计：文森时代
责任校对：马军令
责任印制：刘海龙

出版发行：清华大学出版社
网　　址：http://www.tup.com.cn，http://www.wqbook.com
地　　址：北京清华大学学研大厦 A 座　　邮　　编：100084
社 总 机：010-83470000　　邮　　购：010-62786544
投稿与读者服务：010-62776969，c-service@tup.tsinghua.edu.cn
质量反馈：010-62772015，zhiliang@tup.tsinghua.edu.cn
印 装 者：北京同文印刷有限责任公司
经　　销：全国新华书店
开　　本：145mm×210mm　　印　　张：15.625　　字　　数：611 千字
版　　次：2022 年 12 月第 1 版　　印　　次：2022 年 12 月第 1 次印刷
定　　价：79.80 元

产品编号：091277-01

前 言
Preface

工作堆积如山，加班加点总也忙不完？

百度搜索很多遍，依然找不到确切答案？

大好时光，怎能全耗在日常文档、表格与 PPT 操作上？

别人工作很高效、很利索、很专业，我怎么不行？

您是否羡慕他人早早做完工作，下班享受生活？

您是否注意到职场达人，大多都是高效能人士？

没错！

工作方法有讲究，提高效率有捷径：

一两个技巧，可节约半天时间；

一两个技巧，可解除一天烦恼；

一两个技巧，少走许多弯路；

一本易学书，菜鸟也能变高手；

一本实战书，让您职场中脱颖而出；

一本高效书，不必再加班加点，匀出时间分给其他爱好。

1. 这是一本什么样的书

Word 办公的主要问题是文档的编辑处理，本书通过各种技巧介绍了如何为文档编辑页面布局、段落格式和目录，让烦琐缺乏重点的文档重点清晰，整体内容一目了然；在图文并茂的文档中，学会图形、图片、文本框以及表格的高效处理，让拥有多元素的 Word 文档更加美观实用；使用域和邮件合并功能，让办公更加精确高效。

Excel 的主要问题是表格数据的编辑处理和分析，通过简单的表格直接突出其表达重点。在进行复杂的数据分析之前，本书首先会介绍一些实用的表格框架和数据的处理技巧；将数据正确高效地归纳整理过后，再进一步通过条件格式、数据排序筛选、分类汇总、数据透视表等实用功能进行大数据分析。Excel 新增的 IFS 函数降低了多层嵌套函数的复杂程度，可以让新手轻松掌握其用法；本书通过日常办公经常会遇到的问题介绍各种对应类型的函数公式设置方法，在办公数据处理中引入函数，大大提高工作效率！

PPT 的主要问题是通过学习各种零散的知识点，将其汇总起来设计出实用的工作汇报、产品宣传、年终总结等多类型演示文稿。无论是哪种类型的演示文稿，都离不开幻灯片版式布局、母版、文本图形图片、表格图表以及切片动画设置。PPT 部分通过各种类型演示文稿介绍这些技巧的应用，帮助读者在实例中快速掌握这些零散的小知识点，并学以致用。

2. 这本书写给谁看

- 想成为职场"白骨精"的小 A：高效、干练，企事业单位的主力骨干，白领中的精英，高效办公是必需的！
- 想做些"更重要"的事的小 B：日常办公耗费了不少时间，掌握点技巧，可节省时间，去做些个人发展的事更重要啊！
- 想获得领导认可的文秘小 C：要想把工作及时、高效、保质保量做好，让领导满意，怎能没点办公绝活？
- 不善于求人的小 D：事事求人，给人的感觉好像很谦虚，但有时候也可能显得自己很笨，所以小 D 这类人，还是自己多学两招。

3. 本书的创作团队成员是什么人

　　"高效随身查"系列图书的创作团队成员都是长期从事行政管理、HR 管理、营销管理、市场分析、财务管理和教育 / 培训的工作者，以及微软办公软件专家。他们在计算机知识普及、行业办公领域具有十多年的实践经验，出版的书籍广泛受到读者好评。本系列图书所有写作素材都是采用企业工作中使用的真实数据报表，这样编写的内容更能贴近读者的使用及操作规范。

　　本书由赛贝尔资讯组织策划与编写，参与编写的人员有张发凌、吴祖珍、姜楠、韦余靖等，在此对他们表示感谢！尽管作者对书中列举的文件精益求精，但疏漏之处仍然在所难免。如果读者朋友在学习的过程中，遇到一些难题或是有一些好的建议，欢迎和我们交流。

目 录
contents

高效随身查——Office 2021 必学的高效办公应用技巧（视频教学版）

目
录

V

目
录

高效随身查——Office 2021 必学的高效办公应用技巧（视频教学版）

目录

XI

高效随身查——Office 2021 必学的高效办公应用技巧（视频教学版）

高效随身查——Office 2021 必学的高效办公应用技巧（视频教学版）

目
录

附录 C　Power Point 问题集 477

高效随身查——Office 2021 必学的高效办公应用技巧（视频教学版）

第1章 Word 文档编辑的必备技巧

1.1 Word 文件管理技巧

技巧 1 快速打开上一次最近编辑的文档

默认情况下，Word 会将最近编辑过的文档信息按顺序保留在"最近使用的文档"中，如果需要接着上一次最后编辑的文档（或最近编辑的文档）继续编写工作，只需要切换到该列表中选取即可。

❶ 选择"文件"→"打开"命令，再选择"最近"选项，在右侧最近打开的文件列表栏中第一个文件即是上一次最后编辑的文档，如图 1-1 所示。

❷ 双击该文件即可打开。

图 1-1

技巧 2 将常用文档固定在"最近使用的文档"列表中

保留在"最近使用的文档"列表中的文件信息有数量限制，当保留的文档信息条数超过限定数量时，后编辑的文档信息将自动覆盖以前的信息。如果近期经常需要编辑的某文档，可以将其固定在"最近使用的文档"列表中，该文档信息便不会被后打开的文档覆盖，方便直接打开使用。本例要将文档"产品返修流程"固定在"最近使用的文档"列表中。

❶ 选择"文件"→"打开"命令，再选择"最近"选项。在右侧最近打开的文件列表栏中用鼠标右键选择文档"产品返修流程"。

❷ 在弹出的下拉菜单中选择"固定至列表"命令（见图 1-2），即可将其固定在列表中，如图 1-3 所示。

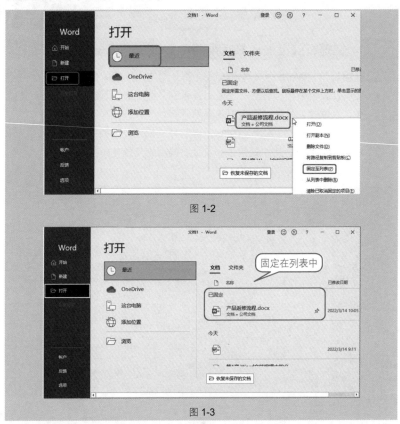

图 1-2

图 1-3

技巧 3　下载使用 Office Online 上的模板

Office 系统针对不同人群在工作中需要编写的文档提供了各种模板，用户可以根据需求选择模板直接添加内容进行编写，如果现有模板无法满足需求，还可以从 **Office Online** 上下载模板使用。下面介绍下载的方法。

❶ 打开 Word 2021，选择"文件"→"新建"命令，在"搜索联机模板"搜索框中输入"商务"，单击右侧的"搜索"按钮 🔍，如图 1-4 所示。

图 1-4

❷ 在搜索到的模板中找到需要的模板"蓝色曲线会议议程"后，右击该模板，在弹出的快捷菜单中选择"创建"命令（见图 1-5），即可直接创建该模板的文档，如图 1-6 所示。

图 1-5

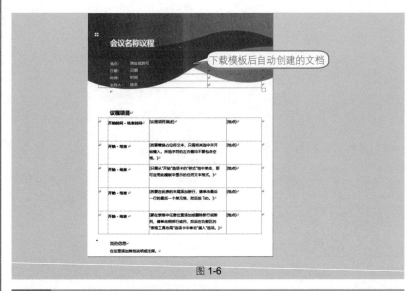

图 1-6

技巧 4 将重要文档生成副本文件

在编写文档的过程中，由于操作不当等原因导致文档数据丢失的情况时有发生，给工作造成了重大损失。为了避免重要文件丢失，可以在打开文档时生成一个副本。生成副本后，当原文档丢失或损坏，可以用副本代替原文档使用。下面介绍创建的方法。

❶ 选择"文件"→"打开"命令，再单击"浏览"按钮（见图 1-7），即可打开"打开"对话框。

图 1-7

❷ 找到并选中要打开的文档，单击"打开"按钮右侧的下拉按钮，在弹出的下拉菜单中选择"以副本方式打开"命令，如图 1-8 所示。

图 1-8

❸ 执行上述操作后，即可以副本方式打开该文档，标题自动添加"副本（1）"字样标注，如图 1-9 所示。

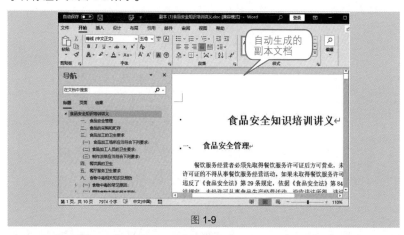

图 1-9

技巧5 自定义办公文档的默认保存位置

文档默认保存在"我的文档"文件夹中，但实际工作时，文档基本都需要保存在其他位置，如果近期编写的文档多数需要保存在同一个位置，可以按以下操作将该位置设为文档默认保存位置，之后编写的文档将自动保存在该位置。

❶ 选择"文件"→"选项"命令（见图 1-10），打开"Word 选项"对话框。

❷ 切换至"保存"标签，选中"默认情况下保存到计算机"复选框，并单击"默认本地文件位置"框后的"浏览"按钮（见图 1-11），打开"修改位置"对话框。

图 1-10   图 1-11

❸ 在计算机中找到并选中想保存文件的文件夹，单击"确定"按钮（见图 1-12），即可将该文件夹设为默认保存位置。

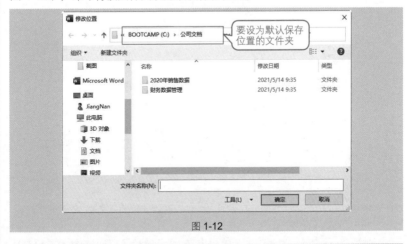

图 1-12

技巧 6　不知道怎么操作就用"搜索"

"搜索"是 Office 2021 版本更新的老功能，在搜索框中输入关键字即可找到相应的操作命令。例如，输入"样式""样式集""书目样式""文本样式"的功能就会自动弹出来,对于新手而言,想进行某项操作时,如果在功能区的众多操作中无法快速找到自己想要进行操作的按钮,即可求助该功能。

❶ 将光标定位到"搜索"(见图 1-13)栏中。

图 1-13

❷ 输入想搜索的内容,如输入"样式",即可在下拉列表中看到与样式相关的操作。选择"样式集"命令,即可打开样式列表,光标指向样式可预览,单击即可应用,如图 **1-14** 所示。

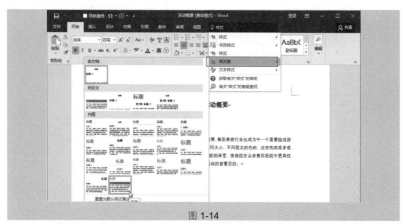

图 1-14

技巧 7 编辑文档时实现快速英汉互译

在编辑英文杂志时,为了方便读者学习,经常使用英汉间隔排版的效果。在输入中文文本后无须再输入英文文本,按以下操作进行,使用 Word 2021 自带的英汉互译功能即可直接将翻译的内容插入文档中。

❶ 选中需要翻译的文字,在"审阅"→"语言"选项组中单击"翻译"按钮,在下拉菜单中选择"翻译所选内容"命令,如图 **1-15** 所示。

❷ 打开"翻译工具"任务窗格,此时会自动将选中的语言翻译成中文,如图 **1-16** 所示。

❸ 将光标定位到需要放置译文的位置,单击"插入"按钮,即可将中文插入文档中,如图 **1-17** 所示。

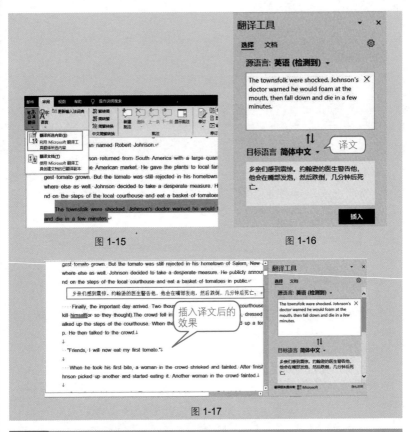

图 1-15　　　　　　　　　　　图 1-16

图 1-17

技巧 8　让文档自动定时保存

在编写文稿时，经常出现突然断电或死机等突发状况，而刚编写的文档因为没有及时保存，导致数据丢失，给工作造成巨大损失。为了避免这种损失，**Office** 提供了文档定时自动保存的功能，用户可以根据需要设置自动保存的时间间隔。

❶ 选择"文件"→"选项"命令，打开"Word 选项"对话框。

❷ 单击"保存"标签，在"保存文档"栏下选中"保存自动恢复信息时间间隔"复选框，并在其后的文本框中将间隔时间值设置为"5"，如图 **1-18** 所示。

❸ 执行上述操作后，单击"确定"按钮完成设置。若出现 **Word** 程序意外关闭、死机、断电等情况，再次打开 Word 2021 后，"文档恢复"任务窗格会列出程序停止响应时已恢复的所有文件，如图 **1-19** 所示。

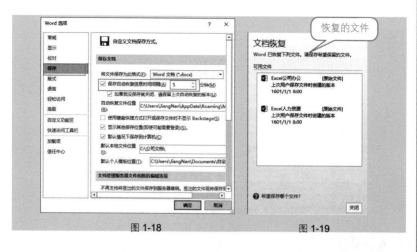

图 1-18   图 1-19

🔫 **专家点拨**

可设置的时间范围为 1～120 分钟，但是以 3～10 分钟为宜，间隔时间太短，会使计算机硬盘频繁执行保存工作；间隔时间太长，则会出现意外后可能有最近编辑较多的内容不能被保存及恢复的情况。

技巧 9　保存为低版本兼容格式

在实际工作中，经常出现编写的文稿无法在其他计算机上演示，这可能是因为编写与演示文档的计算机中安装的 **Office** 版本不同。由于兼容性问题，**Word 2021** 文档无法在 **Word 97-2003** 中打开。为了避免该种情况发生，可以按以下操作进行，将文档保存为低版本格式。

❶ 选择 "文件" → "另存为" → "浏览" 命令，打开 "另存为" 对话框，如图 **1-20** 所示。

❷ 设置好文档的保存路径与文件名，在 "保存类型" 下拉列表框中选择 "Word 97-2003 文档（***doc**）" 选项，如图 **1-21** 所示。

❸ 设置完成后，单击 "保存" 按钮，即可将文档保存为与低版本完全兼容的格式。

技巧 10　拆分文档以方便前后对比

当编辑论文或审阅小说等文学作品时，由于文档较长，为了避免上下滚动文档带来的麻烦，可以按以下操作进行设置，将文档拆分成上下两部分，方便前后对比。

❶ 光标定位要拆分的位置，在 "视图" → "窗口" 选项组中单击 "拆分"

按钮（见图 1-22），即可将文档拆分为上下两部分。

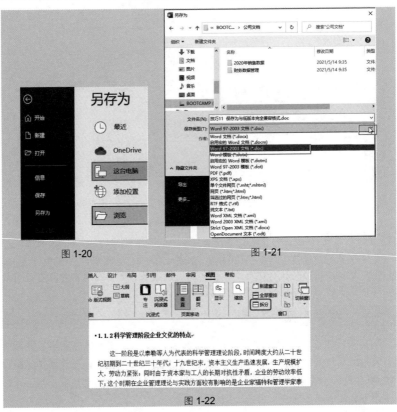

图 1-20　　　　　　　　　　　　图 1-21

图 1-22

❷ 将光标分别定位在上、下部分即可滚动该部分的内容，如图 1-23 所示。

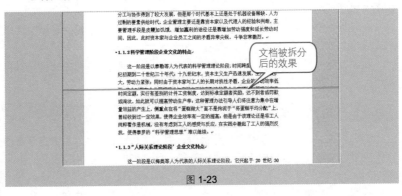

图 1-23

高效随身查——Office 2021（必学的高效办公应用技巧（视频教学版））

应用扩展

如果想取消窗口的折分，可在"视图"→"窗口"选项组中单击"取消折分"按钮（见图 1-24）。

图 1-24

1.2　文本的输入及快速选取技巧

技巧 11　快速输入中文省略号、破折号

在文本输入过程中，符号基本通过键盘直接输入，但是输入省略号和破折号时，却无法在键盘上找到它们，而文档中又经常需要这两种符号，这给文档输入工作带来了许多麻烦。下面介绍利用快捷键快速输入中文省略号和破折号的方法。

1. 输入中文省略号

将光标定位到需要输入省略号的位置，在中文输入状态下，按"Shift+6"快捷键，即可输入省略号，如图 **1-25** 所示。重复按下快捷键即可输入更多的省略号。

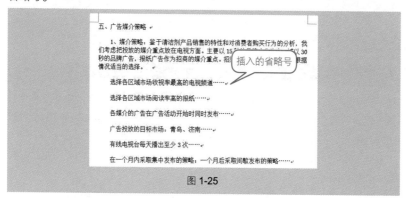

图 1-25

2. 输入中文破折号

❶ 将光标定位文档中，按住"Shift"键不放，按减号键"-"，系统会生

成两条短线"--"，如图 **1-26** 所示。

❷选中这两条短横破折号"--"，在"开始"→"字体"选项组中单击"字体"下拉按钮，在下拉列表中选择"Times New Roman"字体，如图 **1-27** 所示。

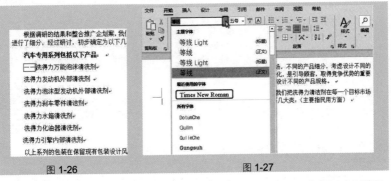

图 1-26　　　　　　　　　　图 1-27

❸执行上述操作，即可生成一条长横的破折号"——"，如图 **1-28** 所示。

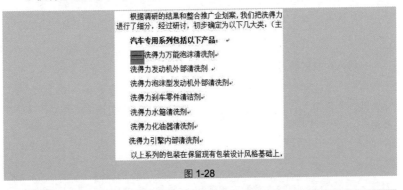

图 1-28

技巧 12　**快捷键输入商标符、注册商标符、版权符**

商标符"TM"、注册商标符"®"、版权符"©"在正规的商务文档中经常出现，所以对于经常编写商务文档的办公人员而言，掌握这几种符号的快速输入方法十分必要。下面介绍一下具体的操作步骤。

❶定位光标，按"Ctrl+Alt+T"快捷键，即可输入商标符"TM"，如图 1-29 所示。

❷定位光标，按"Ctrl+ Alt+R"快捷键，即可输入注册商标符"®"，如图 1-30 所示。

❸定位光标，按"Ctrl+Alt+C"快捷键即可输入版权符"©"，如图 1-31 所示。

图 1-29　　　　　　　　　　　图 1-30

严正声明，版权所有，盗版必究↵
Chomuhua©2021 年↵

图 1-31

技巧 13　快速输入 10 以上的带圈数字

在编写文档时，通过"插入"→"符号"的方法输入如"❶、❷、❸……"等带圈的数字，可以使文档条理更清晰。Word 自带的带圈数字序号只到 10，如果序号较多，超过了 10（见图 1-32），则需要按如下操作进行输入。

- 第四章　委员的权利和义务

第十一条　委员的权利
　① 按有关法律和规定，独立履行职责并对药事管理与药物治疗学委员会负责，不受任何单位和个人的干涉。
　② 对医院药事管理问题进行评议，提出意见和建议。
　③ 对医院各科用药进行监督检查。
　④ 提出或联署会议议案。
　⑤ 参加药事管理与药物治疗学委员会会议，发表意见，参与讨论和表决。
　⑥ 因故不能参加会议的，可以采取书面形式发表意见，参加表决。
　⑦ 在药事管理与药物治疗学委员会闭会期间，监督药剂科的药事管理工作。
　⑧ 应按时参加会议，并本着认真负责和科学公正的态度参与议题的讨论和决议的表决。
　⑨ 对药事管理与药物治疗学委员会的有关议题和决议应保守秘密。
　⑩ 委员有义务向药事管理与药物治疗学委员会举报任何单位和个人不公正行为。
　⑪学习有关法规和知识，参加有关培训，不断提高药事管理水平和能力。

　⑫委员应积极宣传并带头落实药事会各项决议。

图 1-32

❶ 将光标定位到要插入带圈数字的位置，在"开始"→"字体"选项组中单击"带圈字符"按钮（见图 1-33），打开"带圈字符"对话框。

❷ 在"样式"栏下选择"增大圈号"选项；在"文字"文本框中输入序号数字"11"；在"圈号"列表框中选择"○"，单击"确定"按钮（见图 1-34），即可为文档添加带圈数字的序号。

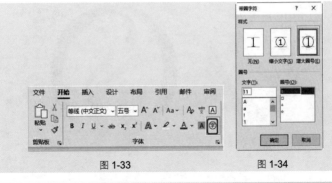

图 1-33　　　　　　　　　　图 1-34

技巧 14　快速输入财务大写金额

金额的大写形式（如：陆仟肆佰玖拾捌万元整）在正规的财务文档中经常出现，对于财务人员而言，需要掌握快速输入金额大写形式的方法。下面将图 1-35 所示文档中的金额转换成图 1-36 所示的大写数字。

图 1-35　　　　　　　　　　图 1-36

❶打开 Word 文档，首先将阿拉伯数字选中。在"插入"→"符号"选项组中单击"编号"按钮（见图 1-37），打开"编号"对话框。

❷在"编号类型"列表框中选择"壹，贰，叁…"选项，如图 1-38 所示。

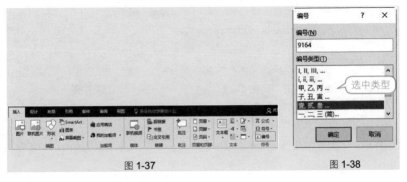

图 1-37　　　　　　　　　　图 1-38

❸单击"确定"按钮，即可将阿拉伯数字转换为大写货币金额。

技巧 15　输入特殊符号

在文档特定位置添加特殊符号，不仅可以使该位置内容更醒目，而且使文档整体更新颖。通过 Word 2021 提供的"插入符号"功能即可插入平时很少使用的符号。而且由于键盘上的符号非常有限，许多符号都需要通过该功能输入。

❶将光标定位到需要输入特殊符号的位置，在"插入"→"符号"选项组中单击"符号"按钮，在下拉列表中选择"其他符号"命令（见图 1-39），打开"符号"对话框。

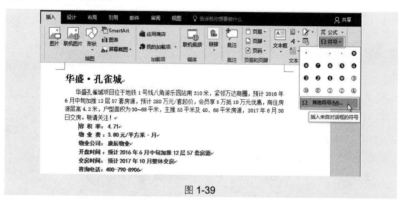

图 1-39

❷查找并选中需要使用的那个符号，如选择"✖"，如图 1-40 所示。
❸单击"插入"按钮即可插入符号，如图 1-41 所示。

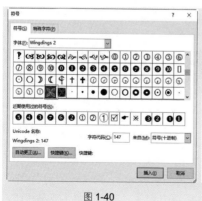

图 1-40

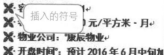

图 1-41

某些人名或公司名称包含生僻字，给文档的输入工作带来许多麻烦。如果既不知道其读音又不知道怎么拆，在输入时往往无从下手。此时，可以利用 Word 2021 提供的"插入符号"功能辅助输入，它不仅可以插入特殊符号，还可以插入生僻字。下面要输入的生僻字为"翖"，具体操作如下。

❶ 首先输入一个与该生僻字有相同偏旁部首的汉字，然后选中该汉字，在"插入"→"符号"选项组中单击"其他符号"按钮（见图 1-42），打开"符号"对话框。

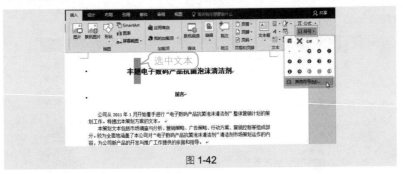

图 1-42

❷ 在"符号"选项卡下，找到需要的生僻字，如图 1-43 所示。

❸ 单击"插入"按钮即可插入生僻字，如图 1-44 所示。

图 1-43　　　　　　　　　　　　　　图 1-44

编写文档时，如果遇到生僻字，为了方便读者阅读，可以为其添加拼音。例如，在图 1-47 所示的优秀员工名单中，员工"周翀翀"的姓名不易拼读，可以将其拼音添加在文本上面。

高效随身查——Office 2021 必学的高效办公应用技巧（视频教学版）

❶选中不知道读音的文字，在"开始"→"字体"选项组中单击"拼音指南"按钮（见图 1-45），打开"拼音指南"对话框。

❷在对话框中即可看到读音，如图 1-46 所示。

图 1-45 图 1-46

❸单击"确定"按钮即可为汉字添加拼音，如图 1-47 所示。

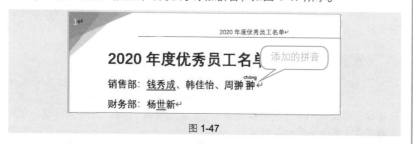

图 1-47

技巧 18 英文单词大小写快速切换

正式的英文文稿中需要正确区分大小写，一般每句的句首字母都要求大写。在输入过程中，如果不习惯反复切换大小写状态，可以先按小写字母将所有的文本输入后，再利用 Word 程序提供的更改字母大小写功能将文档中每句的首字母一次性改为大写形式。该功能还能一次性将字母全部转换为小写或大写形式，或者使每个单词的首字母大写，甚至可以在半角与全角之间切换。

❶选中要切换的文本，单击"开始"→"字体"选项组的"更改大小写"按钮，在下拉菜单选择"句首字母大写"命令（见图 1-48），即可一次性将文本每句首字母转换为大写。

❷再对文档中部分需要调整大小写的字母进行调整，调整后的效果如图 1-49 所示。

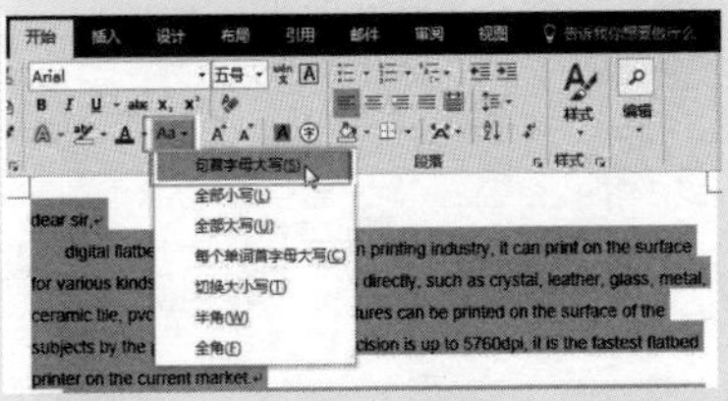

句首字母转换为大写后的效果

图 1-48    图 1-49

应用扩展

在"更改字体大小写"按钮的下拉菜单中，"句首字母大写"命令可将每个整句首字母切换成大写；"全部小写"命令可将选中的文档所有的字母更改为小写；"每个单词首字母大写"命令可更改以单词为单位的首字母为大写；"切换大小写"命令可在选中的文档中进行大小写的相互转换；"半角"和"全角"可对字母和数字的全半角进行转换，用户可以针对实际需要合理选择转换方式。

专家点拨

"Shift+F3"快捷键：在所选文档字母全部为小写的状态下，第一次按"Shift+F3"快捷键，将文档中句首的字母切换成大写，第二次按"Shift+F3"快捷键，将文本中字母全部转换为大写，第三次按"Shift+F3"快捷键，文本中的字母全部恢复为小写的状态。

"Ctrl+Shift+A"快捷键：按一次将选中的文本字母全部切换成大写，再按一次恢复到未操作状态。

"Ctrl+Shift+K"快捷键：将所选中的文本字母切换成小型的大写字母，重复按可恢复到未操作状态。

技巧 19 快速返回上一次编辑的位置

当编辑的文档较长时，如果在编辑的过程中希望重新处理上一次编辑位置上的内容，可以使用下面的快捷键迅速返回。编辑结束后还可以再按快捷键回来。

❶ 光标定位正在编辑的位置，按"Shift+F5"快捷键即可返回上次编辑的位置。

❷ 再次按"Shift+F5"快捷键即可返回正在编辑的文档位置。

❸ 如果打开文档后立刻按"Shift+F5"快捷键即可将光标定位到上一次退出程序时正在编辑的位置。

技巧 20 快速选中任意文本

鼠标选中文本是最常用也最简单的一种方法，操作方便而且也容易记住。在选择文本时，可以根据实际需要选中连续文本，其操作很简单：光标定位于要选中文本的起始位置，按住鼠标左键拖至结束位置，释放鼠标即可选中需要的文本。如果要选中的内容为多个不连续的文本区域，也可以按以下步骤操作。

使用鼠标拖动的方法先将不连续的第一个文字区域选中，接着按住“Ctrl”键不放，继续用鼠标拖曳的方法选取余下的文字区域，直到最后一个区域选取完成后，释放“Ctrl”键即可，如图 1-50 所示。

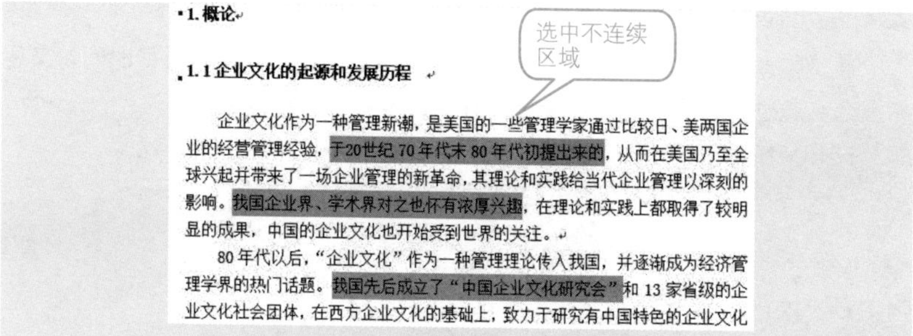
1. 概论

1.1 企业文化的起源和发展历程

企业文化作为一种管理新潮，是美国的一些管理学家通过比较日、美两国企业的经营管理经验，于20世纪 70 年代末 80 年代初提出来的，从而在美国乃至全球兴起并带来了一场企业管理的新革命，其理论和实践给当代企业管理以深刻的影响。我国企业界、学术界对之也怀有浓厚兴趣，在理论和实践上都取得了较明显的成果，中国的企业文化也开始受到世界的关注。

80 年代以后，“企业文化”作为一种管理理论传入我国，并逐渐成为经济管理学界的热门话题。我国先后成立了“中国企业文化研究会”和 13 家省级的企业文化社会团体，在西方企业文化的基础上，致力于研究有中国特色的企业文化

图 1-50

技巧 21 快速选取行、段落

如果希望对整行或整段进行编辑，需要先将该行或段落文本选中，再进行编辑。此时，可以按以下操作，快速选中。

❶ 当需要选中一行时，将鼠标平行放置在待选中行的左边页边距中，当鼠标指针变成↗形状时单击，可选择该行，如图 1-51 所示。

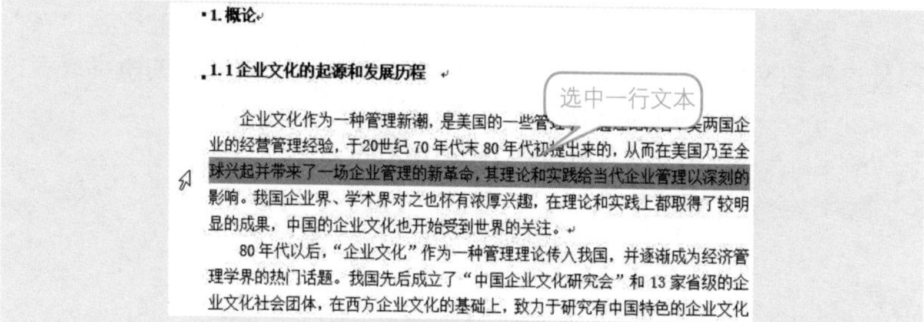
1. 概论

1.1 企业文化的起源和发展历程

企业文化作为一种管理新潮，是美国的一些管理学家通过比较日、美两国企业的经营管理经验，于20世纪 70 年代末 80 年代初提出来的，从而在美国乃至全球兴起并带来了一场企业管理的新革命，其理论和实践给当代企业管理以深刻的影响。我国企业界、学术界对之也怀有浓厚兴趣，在理论和实践上都取得了较明显的成果，中国的企业文化也开始受到世界的关注。

80 年代以后，“企业文化”作为一种管理理论传入我国，并逐渐成为经济管理学界的热门话题。我国先后成立了“中国企业文化研究会”和 13 家省级的企业文化社会团体，在西方企业文化的基础上，致力于研究有中国特色的企业文化

图 1-51

❷ 当需要选中一个段落时，将鼠标平行放在待选中段落左边页边距中，当鼠标指针变成↗形状，双击即可选中该段落，如图 1-52 所示。

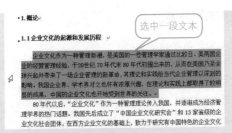

图 1-52

技巧 22　快速选定文档全部内容

通过拖动鼠标也可以选中文档全部内容，但是这种方法既浪费时间，又容易漏选。通过下面介绍的快捷键即可快速又准确地全部选中。

打开文档，按"Ctrl+A"快捷键选中全部文本，如图 **1-53** 所示。

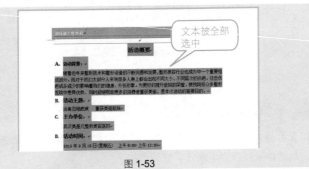

图 1-53

技巧 23　快速选定当前光标以上（以下）的所有内容

如果要分别对文档前、后两部分内容进行设置，可以将光标定位在两部分内容的交界处，按"Ctrl+Shift+Home"快捷键选定前面的内容或者按"Ctrl+Shift+End"快捷键选定后面的内容。

❶ 定位光标于需要选中的位置，如图 **1-54** 所示。

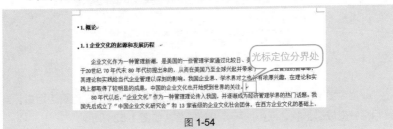

图 1-54

❷ 按"Ctrl+Shift+Home"快捷键即可快速选中光标前的所有内容,效果如图 1-55 所示。

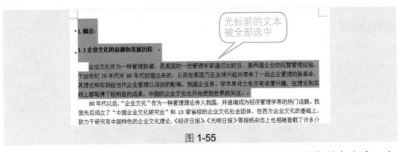

图 1-55

❸ 按"Ctrl+Shift+End"快捷键即可快速选中光标后的所有内容,如图 1-56 所示。

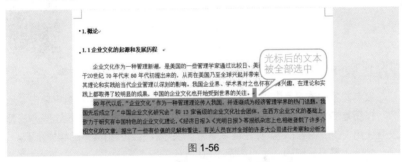

图 1-56

技巧 24 利用"Shift"键大面积选取文本

当选取的文本较长时,如选取文本跨多页时,使用鼠标选取既费时,操作又不方便,此时,可以借助"Shift"键实现选取。

❶ 光标定位起始位置,按"Shift"键,如图 1-57 所示。

❷ 选择需要选中内容的结尾处,即可快速选中内容,如图 1-58 所示。

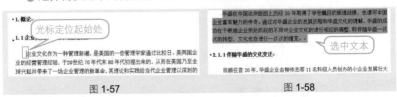

图 1-57   图 1-58

技巧 25 利用"Alt"键选取块状区域

在较整齐的文档中,如果想对某一区域块进行设置,可以按以下操作将其选中。本例希望对获奖作品进行字体颜色的设置，可以先利用"Alt"键将其一次性选中。

按住"Alt"键不放，鼠标指针指向要选中内容的起始位置，拖住鼠标左键拖动框选，释放鼠标即可选中块状区域文本，如图 1-59 所示。

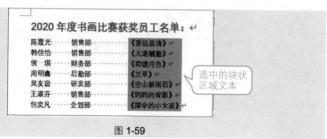

图 1-59

1.3 文本复制、移动技巧

技巧 26 配合"Ctrl"键快速复制文本

复制文本的方式有多种，可以在"开始"→"剪贴板"选项组中单击"复制"按钮复制文本，也可以通过鼠标右键快捷菜单进行复制，但是这些方法都没有使用"Ctrl"键配合鼠标左键复制方便快捷。下面介绍具体的操作步骤。

❶ 选中需要复制的文本，如图 1-60 所示。

❷ 按住"Ctrl"键不放，拖动光标到需要复制到的位置，释放鼠标，效果如图 1-61 所示。

图 1-60   图 1-61

技巧 27 远距离移动文本

当文本在不同的页面间进行移动时，使用鼠标进行操作时不仅麻烦还容易出错，此时可以借助"F2"键进行远距离复制。下面介绍具体的操作技巧。

❶ 选中要移动的文本，按"F2"键（如果要复制文本，则按"Shift+F2"快捷键），窗口左下角显示"移至何处？"字样，如图 1-62 所示。

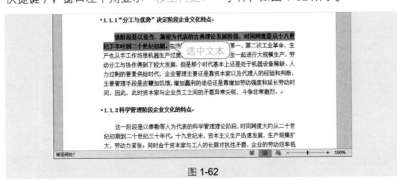

图 1-62

❷ 将光标定位到要移动到的位置（为方便学习与查看，本例只在本页中移动），此时光标变为闪烁的虚线，如图 1-63 所示。

❸ 按下"Enter"键即可完成所选文本的移动，如图 1-64 所示。

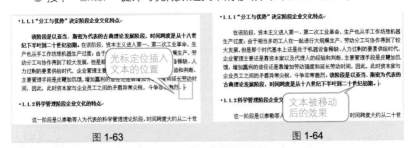

图 1-63　　　　　　　　　　　图 1-64

技巧 28　快速以无格式方式复制网上有用的资料

编写文档过程中，难免需要从网络下载一些资料插入文档中。在复制文本时，默认复制网站上的格式。此时，如果不想使用网页上的格式，为了节省编辑时间，可以通过"选择性粘贴"将文本以无格式的方式粘贴。

❶ 打开网页，选择需要进行复制的内容，按"Ctrl+C"快捷键进行复制，如图 1-65 所示。

❷ 切换到 Word 文档中，单击"开始"→"剪贴板"选项组中的"粘贴"按钮，在弹出的下拉菜单中选择"选择性粘贴"命令（见图 1-66），打开"选择性粘贴"对话框。

❸ 在"形式"列表框中选择"无格式文本"选项，如图 1-67 所示。单击"确定"按钮即可完成复制。

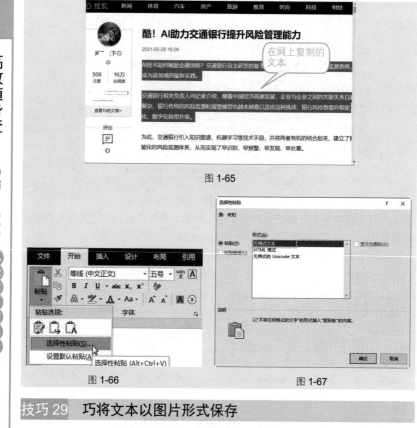

图 1-65

图 1-66

图 1-67

技巧 29　巧将文本以图片形式保存

对于经常使用的说明性文字或者用较多形式呈现的文本，可以将其以图片形式保存，以后再编写文档时即可直接将其插入使用，既方便快捷又能呈现更理想的编排效果。如图 1-68 所示的文档为文本与图形相结合的流程，为了使其在复制的过程中不被打乱，可以按下面介绍的操作方法将其以图 1-69 所示的图片形式保存。

❶选中需要粘贴为图片的文本区域，按"Ctrl+C"快捷键复制文本，如图 1-68 所示。

❷单击"开始"→"剪贴板"选项组中的"粘贴"按钮，在弹出的下拉菜单中选择"选择性粘贴"命令，打开"选择性粘贴"对话框。在"形式"列表框中选择"图片"选项，单击"确定"按钮即可，如图 1-70 所示。

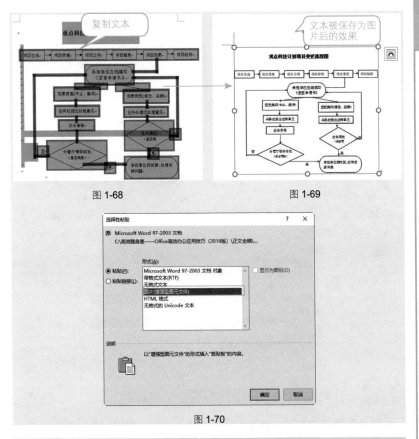

图 1-68

图 1-69

图 1-70

技巧 30　让复制的文本与原文本相链接（超链接）

　　如果文档中的内容来自其他文档，当原文本发生更改时，为了保持统一，需要经常对其修改，这样既浪费时间又容易遗漏。下面介绍让复制文本与原文本相链接的方法。设置完成后，当原文本变更时，复制的文本也会做相应变化。

　　❶ 选中需要复制的文本，按 "Ctrl+C" 快捷键复制文本，如图 1-71 所示。

　　❷ 单击 "开始" → "剪贴板" 选项组中的 "粘贴" 按钮，在弹出的下拉菜单中选择 "选择性粘贴" 命令，打开 "选择性粘贴" 对话框。

　　❸ 选中 "粘贴" 单选按钮，在 "形式" 列表框中选择 "带格式文本" 选项，如图 1-72 所示。

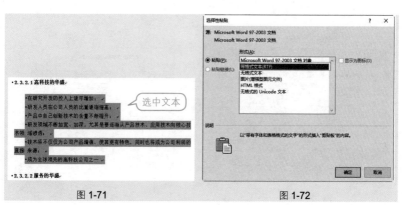

图 1-71   图 1-72

❹ 单击"确定"按钮即可完成粘贴。当原文档修改后，选中粘贴的文本，右击，在弹出的快捷菜单中选择"更新链接"命令（见图1-73）即可实现即时更新。

图 1-73

技巧 31　让粘贴的文本自动匹配目标位置格式

如果在复制文本时，认为原文本的格式较好，希望粘贴后的文本也呈现这样的格式，无须重新设置，只要按以下操作进行，让粘贴的文本自动匹配目标位置格式即可。

❶ 选中需要粘贴的内容，按"Ctrl+C"快捷键进行复制，如图**1-74**所示。

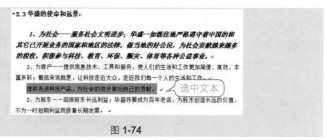

图 1-74

❷ 定位到需要粘贴的位置，按"Ctrl+V"快捷键进行粘贴（见图**1-75**），单击"粘贴选项"按钮右侧下拉箭头，在打开的下拉列表中单击"合并格式"

按钮，如图 **1-76** 所示。即可让粘贴的文本自动匹配目标位置的格式。

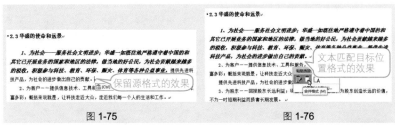

图 1-75 　　　　　　　　　　　　　　　　 图 1-76

1.4　文本查找、替换及妙用技巧

技巧 32　利用"导航"窗格快速查找

以前的版本是通过打开"查找和替换"对话框进行查找，现在通过"导航"窗格查找不仅更加便捷，而且找到的内容可以立即突出显示出来。

❶ 按"Ctrl+F"快捷键打开"导航"窗格。习惯用命令的用户也可以在"视图"→"显示"选项组中选中"导航窗格"复选框，如图 **1-77** 所示。

图 1-77

❷ 在"搜索"框中输入需要查找的内容，如"消费市场"，可以看到所有找到的文本特殊显示出来，如图 **1-78** 所示。

(一) 市场环境特点分析

1. 人数规模大且具有集中性

随着学校的不断建设和近年来的连续扩招，在校人数不断增长，商家和企业来说，也就意味着一个巨大的、高素质的新型消费市场的也将占据未来整个消费市场的不可忽视的一大份额。而且，校园市集中，企业能够通过各种活动进行有效地宣传，这样花费的成本相对有效信息传达也比校园外市场更迅速更直接。

2. 信息的封闭性

在校大学生与电视媒体接触不多，信息多来源于广播和互联网的普及和传播主要靠同学们的口耳相传，形成了一个较为封闭但却消费市场圈，产品的接受度和知名度主要依赖于其在高校市场内，学生消费圈的口碑，但对消费品的选择还是有一定理性认识的。

图 1-78

技巧 33　设置文档间的链接

在编写文档时，通过"超链接"功能，可以将本文档不同标题之间的文本链接起来，也可以链接其他文档中的文本辅助理解。设置超链接后，读者在阅读时，只要按住"Ctrl"键并单击超链接即可定位到相应位置。

❶ 光标定位到需要插入超链接的位置，在"插入"→"链接"选项组中单击"链接"按钮（见图 1-79），打开"插入超链接"对话框。

图 1-79

❷ 单击"现有文件或网页"标签，再选择"当前文件夹"，在"文件"列表框中显示了该文件夹中的文件，选中文件"食品安全知识宣传资料、标语"，如图 1-80 所示。

图 1-80

❸ 单击"确定"按钮，在文档中插入超链接，如图 1-81 所示。只要按住"Ctrl"键，单击超链接即可打开链接的文档，如图 1-82 所示。

图 1-81

图 1-82

技巧 34　妙用替换功能设置文字格式

编辑完成一篇较长文档后，为了将某一词语突出显示，需要将这些词语全部统一设置为特殊字体、字号或颜色等。如果逐一修改，比较浪费时间而且容易遗漏，按照下面介绍的方法，通过替换功能则可以一次性快速准确地修改。

❶ 在"开始"→"编辑"选项组中单击"替换"按钮（见图 1-83），打开"查找和替换"对话框。

图 1-83

❷ 在"查找内容"和"替换为"文本框中输入"消费市场"，单击"更多"按钮，光标定位在"替换为"文本框中，单击左下角的"格式"按钮，在下拉菜单中选择"字体"命令（见图 1-84），打开"替换字体"对话框。

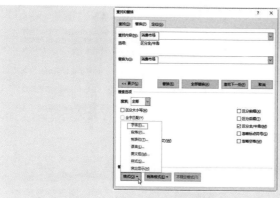

图 1-84

❸切换至"字体"选项卡,将字形设置为"加粗";字号设置为"四号";"字体颜色"设置为"红色",单击"确定"按钮(见图 1-85),返回"查找和替换"对话框。

❹在"替换为"文本框下可以看到文本替换后的格式,单击"全部替换"按钮(见图 1-86),打开"Microsoft Word"对话框。

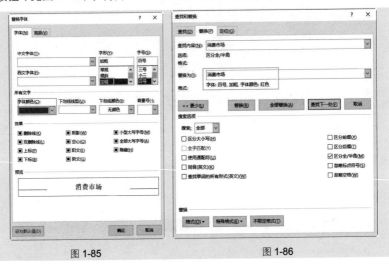

图 1-85   图 1-86

❺单击"确定"按钮(见图 1-87),即可完成对文档中所有的文本"消费市场"格式的更改,如图 1-88 所示。

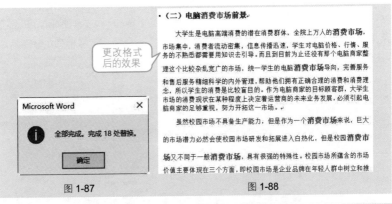

图 1-87   图 1-88

技巧 35 让替换后的文本以突出格式显示出来

在替换文本时,为了确保文本替换后在文档中与前后文协调,需要检查一遍。为了检查时方便且不遗漏，在替换时可以将替换后文本设置成特殊格式突出显示。

❶ 按"Ctrl+H"快捷键打开"查找和替换"对话框。

❷ 在"查找内容"文本框中输入"CTU"，在"替换为"文本框中输入"CTPU"，如图 1-89 所示。

图 1-89

❸ 单击"更多"按钮，打开隐藏的菜单。光标定位在"替换为"文本框中，单击左下角的"格式"按钮，在弹出的下拉菜单中选择"突出显示"命令，如图 1-90 所示。

❹ 单击"全部替换"按钮弹出提示对话框，提示共有几处被替换，单击"确定"按钮，替换后的效果如图 1-91 所示。

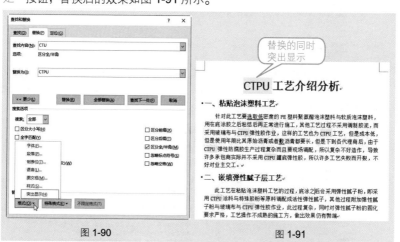

图 1-90   图 1-91

技巧 36 一次性将 Word 文档中双引号内容设置特殊格式

如果希望在文本中查找一类数据，可以配合使用通配符实现一次性查找。例如，在下面的文档中要将文档中双引号内容设置特殊格式，可以按如下步骤操作。

❶ 按 "Ctrl+H" 快捷键打开 "查找和替换" 对话框。切换到 "替换" 选项卡，单击 "更多" 按钮，展开隐藏的菜单，选中 "使用通配符" 复选框，在 "查找内容" 文本框中输入 "*"，将光标定位在 "替换为" 文本框中，单击 "格式" 按钮，在展开的下拉列表中选择 "字体" 选项（见图 1-92），弹出 "查找字体" 对话框。

❷ 切换至 "字体" 选项卡，将字形设置为 "加粗"；"字体颜色" 设置为 "红色"，单击 "确定" 按钮（见图 1-93），返回 "查找和替换" 对话框。

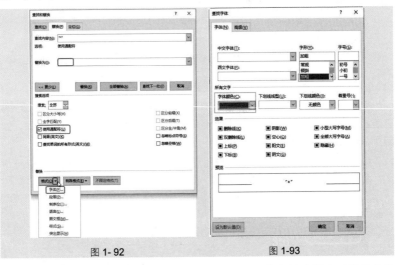

图 1-92　　　　　　　　　　图 1-93

❸ 单击 "全部替换" 按钮（见图 1-94），即可将文档中所有双引号内容设置为特殊格式显示，如图 1-95 所示。

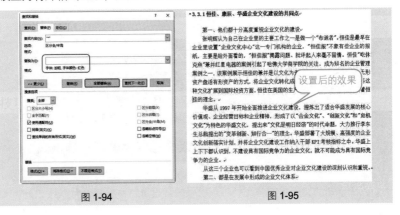

图 1-94　　　　　　　　　　图 1-95

技巧 37　妙用通配符进行模糊查询

配合使用 "？" 与文本的形式可以找到文档中以该文本为后缀的内容。例如，在下面的文档中要找到所有包含 "市场" 的文本，可以按如下步骤操作。

❶ 按 "Ctrl+H" 快捷键打开 "查找与替换" 对话框。切换到 "查找" 选项卡，在 "查找内容" 输入框中输入 "？市场"，单击 "更多" 按钮，展开隐藏的菜单，选中 "使用通配符" 复选框。

❷ 单击 "阅读突出显示" 按钮，在弹出的下拉菜单中选择 "全部突出显示" 命令，如图 1-96 所示。

图 1-96

❸ 从查找结果中看到所有以 "市场" 结尾的任意单个字符都被找到，如图 1-97 所示。

市场分析

·（一）市场环境特点分析

·1. 人数规模大且具有集中性。

　　随着学校的不断建设和近年来的连续扩招，在校人数不断增长，对于商家和企业来说，也就意味着一个巨大的、高素质的新型消费市场的形成，也将占据未来整个消费市场的不可忽视的一大份额。而且，校园市场消费集中，企业能够通过各种活动进行有效地宣传，这样花费的成本相对较低，有效信息传达也比校园外市场更迅速更直接。

·2. 信息的封闭性。

　　在校大学生与电视媒体接触不多，信息多来源于广播和互联网，信息的普及和传播主要靠同学们的口耳相传，形成了一个较为封闭但却活跃的消费市场圈，产品的接受度和知名度主要依赖于其在高校市场内，也就是学生消费圈的口碑，但对消费品的选择还是有一定理性认识的。

图 1-97

第2章 表格、图形、图片对象处理技巧

2.1 表格的编辑技巧

技巧 1 一次性同时调整表格多列宽度

在文档中插入表格后，如果需要将表格中的多列设置成相同的列宽，可以按以下步骤操作。

❶ 选中需要修改列宽的表格，单击鼠标右键，在弹出的快捷菜单中选择"表格属性"命令，如图2-1所示。

❷ 打开"表格属性"对话框，切换到"列"选项卡，选中"指定宽度"复选框，并在后面框中将列宽设置为"2.6厘米"，如图2-2所示。

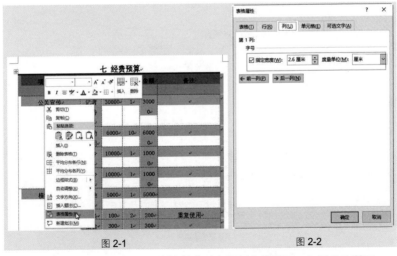

图 2-1   图 2-2

❸ 单击"确定"按钮，一次性完成对表格列宽的设置，如图2-3所示。

图 2-3

技巧 2　妙用 "Alt" 键精确调整表格的行高与列宽

　　通过 "表格属性" 对话框可以精确调整表格的行高和列宽，但是不能直观观察表格调整后的效果；通过拖动鼠标调整可以直观观察，但是不能精确调整，两种方法各有利弊。如果想精确调整又能观察表格调整后效果，可以配合使用鼠标和 "Alt" 键进行调整，下面介绍具体的配合使用的方法。

　　❶ 在 "视图" → "显示" 选项组中选中 "标尺" 复选框（见图 2-4），使文档显示标尺。

图 2-4

　　❷ 将光标定位在需要修改列宽单元格的分割线上，当光标变成双向箭头 "✛" 时，按住 "Alt" 键，同时按住鼠标左键拖动，观察上方标尺的数值调整列宽（见图 2-5），调整到合适列宽后释放鼠标与 "Alt" 键即可。

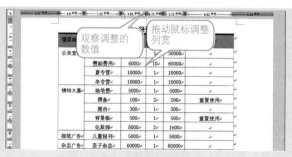

图 2-5

在插入表格之前要事先在脑海中或稿纸上布局表格，但是如果在插入表格后发现有考虑不周需要补充的地方，也不用重建表格，按以下操作进行就可以在表格任意位置添加行列。

❶ Word 文档在插入表格后，会自动开启"表格工具"选项卡，将光标定位在需要插入行的位置，在"布局"→"行和列"选项组中单击"在下方插入"按钮，如图 2-6 所示。

图 2-6

❷ 单击该按钮后即可在光标的下方插入行，如图 2-7 所示。

图 2-7

为了排版和设计的需要，在 Excel 工作表中经常需要合并或拆分单元格。在 Word 中插入的表格，单元格也可以被合并或拆分，这可以让用户把表格的框架结构布置得更加灵活。下面分别介绍在 Word 中合并与拆分单元格的方法。

1. 合并单元格

❶ 选中要合并的所有单元格，在"布局"→"合并"选项组中单击"合并单元格"按钮，如图 2-8 所示。

❷ 完成选择后，所选择的多个单元格合并成一个单元格，按相同方法将其他需要合并的单元格合并，合并后的效果如图 2-9 所示。

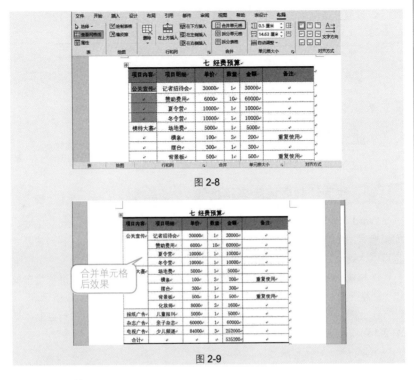

图 2-8

图 2-9

2. 拆分单元格

❶选中要拆分的单元格，在"布局"→"合并"选项组中单击"拆分单元格"按钮，如图 2-10 所示。

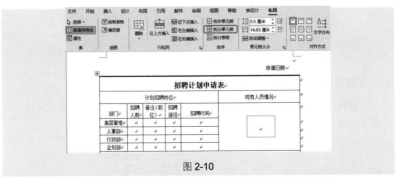

图 2-10

❷打开"拆分单元格"对话框，在"列数"和"行数"的设置框中分别输入需要拆分的列数和行数，如输入"2"列和"1"行，如图 2-11 所示。

❸ 设置完成后单击"确定"按钮,拆分单元格后的效果如图 2-12 所示。

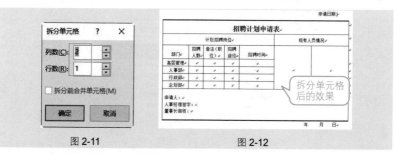

图 2-11　　　　　　　图 2-12

技巧 5　快速绘制或擦除表格框线

Word 具备快速绘制或擦除表格框线的功能,所以在编辑 Word 表格时,如果想添加框线或删除框线,也可以按以下操作直接绘制或擦除。利用该功能也可以达到合并或拆分单元格的效果。

❶ 将鼠标指针定位在表格任意位置,在"表设计"→"边框"选项组中单击"边框"按钮,在下拉菜单中选择"绘制表格"命令,如图 2-13 所示。

❷ 此时指针变成铅笔形状,在需要添加框线的位置拖动鼠标进行绘制（见图 2-14）。绘制完成后,按"Esc"键退出绘制状态。

图 2-13　　　　　　　图 2-14

专家点拨

在启用绘制表格笔之前,可以在"边框"组中设置线条的线型、磅值和笔颜色（见图 2-15）。设置后绘制出的线条就是所设置的格式。

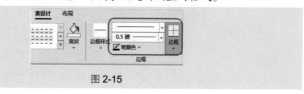

图 2-15

技巧 6　自定义表格框线效果

在文档中插入的表格默认样式较简单，如果想要设计更加美观个性化的表格，可以按以下操作自定义表格的框线，使其更有设计感。

❶ 选中表格，在"表设计"→"边框"选项组中单击"对话框启动器"按钮 ⬛（见图 2-16），打开"边框和底纹"对话框。

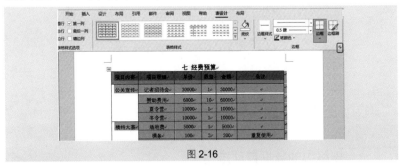

图 2-16

❷ 切换到"边框"标签，在"样式"列表中选择线条样式，单击"颜色"设置框右侧下拉按钮，选择需要的线条颜色，单击"宽度"设置框右侧下拉按钮，选择需要的线条宽度值，在"预览"栏中，单击上、中、下、左、中、右线条的图示，即可应用边框。注意需要应用哪部分的线条就单击哪部分按钮，如图 2-17 所示只应用了上边线与下边线。如果边框需要使用其他格式线条，则需要重新设置线条样式、颜色、宽度，然后在"预览"栏中按相同的方法选择应用哪一部分线条，如图 2-18 所示设置的虚线样式应用了水平中线与垂直中线及左右边线。

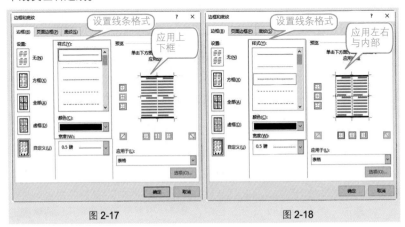

图 2-17　　　　　　　　　　　图 2-18

❸ 设置完成后，单击"确定"按钮，可得到如图 2-19 所示的边框效果。

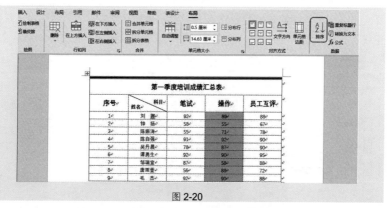

七 经费预算					
项目内容	项目明细	单价	数量	金额	
公关宣传	记者招待会	30000	1	30000	
	赞助费用	6000	10	60000	
	夏令营	10000	1	10000	
	冬令营	10000	1	10000	
模特大赛	场地费	5000	1	5000	
	横条	100	2	200	重复使用
	摆台	300	1	300	
	背景板	500	1	500	重复使用
	化妆师	8000	2	1600	
报纸广告	儿童报刊	5000	1	5000	
杂志广告	亲子杂志	60000	1	60000	
电视广告	少儿频道	84000	3	252000	
合计				535200	

自定义框线后的效果

图 2-19

技巧 7　表格中的数据自动排列

为了更好地处理数据，Word 也提供了简单的数据排序功能，通过该功能可以在文档中直观地分析数据，如要在下面文档中找出操作成绩最好的员工，需要对该列数据进行降序排列。

❶ 选中数据所在单元格区域，在"布局"→"数据"选项组中单击"排序"按钮（见图 2-20），打开"排序"对话框。

图 2-20

❷ 在"主要关键字"下拉列表框中选中操作成绩所在的"列 4"，接着选中主要关键字区域的"降序"单选按钮，如图 2-21 所示。

❸ 单击"确定"按钮，返回文档中，表格会根据员工的"操作"成绩列进行降序排列，效果如图 2-22 所示。

图 2-21

第一季度培训成绩汇总表				
序号	姓名 科目	笔试	操作	员工互评
4	陈自强	91	92	90
6	谭勇生	90	90	95
9	毛杰	排序结果	90	88
1	刘娜	92	89	88
8	唐雨萱	56	88	72
5	吴月晨	78	87	90
3	陈珠洁	55	71	78
7	邹瑞宣	87	58	88
2	钟扬	58	55	67

图 2-22

技巧 8　将规则文本转换为表格显示

在输入文本过程中如果出现以下情况：输入文本后，发现以表格的形式呈现效果更好。此时，如果文本较规则，无须插入表格重新输入文本，按以下操作可以将规则的文本直接转换为表格。

❶ 选中需要转换为表格的文本内容，在"插入"→"表格"选项组中单击"表格"下拉按钮，在下拉菜单中选择"文本转换成表格"命令，如图 2-23 所示。

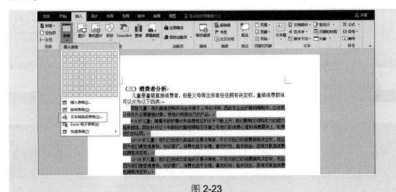

图 2-23

❷ 打开"将文字转换成表格"对话框，选中"根据内容调整表格"单选按钮，在"列数"设置框中输入列数"2"，默认行数为"4"，在"文字分隔位置"栏下选中"其他字符"单选按钮，在其后的文本框中输入"："（冒号），如图 2-24 所示。

❸ 单击"确定"按钮，即可将选中的文字或数据内容转换成表格，根据需要对表格的行高、列宽等进行调整后的效果如图 2-25 所示。

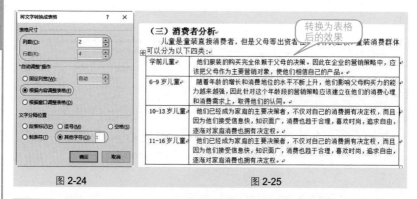

图 2-24　　　　　　　　　　　　图 2-25

技巧 9　让跨页表格的一行不被拆分到上下两页

默认情况下，如果表格正好在两页交界处或者当文档插入的表格较长，行数超过一页时，表格内容会跨页换行。一行的内容被分布在两页中（见图 2-26），给阅读带来许多麻烦。此时，为了阅读方便和表格美观，可以按以下操作避免一行被拆分在上下两页的情况发生（见图 2-27）。

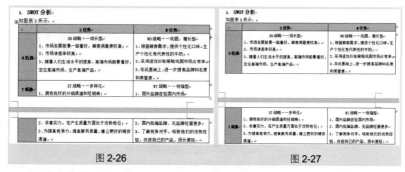

图 2-26　　　　　　　　　　　　图 2-27

❶ 选中表格，在"布局"→"表"选项组中，单击"属性"按钮，或者选中表格后，在表格内单击鼠标右键，在弹出的快捷菜单中选择"表格属性"命令。

❷ 打开"表格属性"对话框，在"行"标签下"选项"栏中取消选中"允许跨页断行"复选框，如图 2-28 所示。

❸ 完成设置后，单击"确定"按钮，之前跨页的内容会自动调整到同一页中。

图 2-28

技巧 10　让跨页的长表格每页都包含表头

默认情况下，当表格跨页时，后面的表格不显示列标识，这给表格的使用和查看带来了很多不便。此时可以通过如下设置让每一页表格都包含列标题。

❶ 选中表头，在"布局"→"数据"选项组中单击"重复标题行"按钮，如图 2-29 所示。

❷ 执行操作后，单击"确定"按钮，之前跨页的内容会自动调整到同一页中，原本跨页表格实现了显示和内容上的完整，如图 2-30 所示。

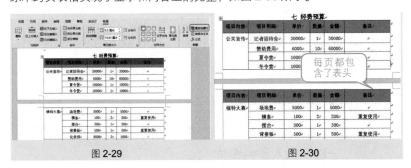

图 2-29　　　　　　　　　　　　图 2-30

技巧 11　复制使用 Excel 表格

虽然在 Word 文档中可以直接插入表格，但其数据分析能力远远不及 Excel。如果 Word 文档中需要使用的数据表在 Excel 中已经创建，此时，可以将电子表格复制到文档中直接使用。

❶ 在 Excel 工作表中选中目标单元格区域，按"Ctrl+C"快捷键进行复制，如图 2-31 所示。

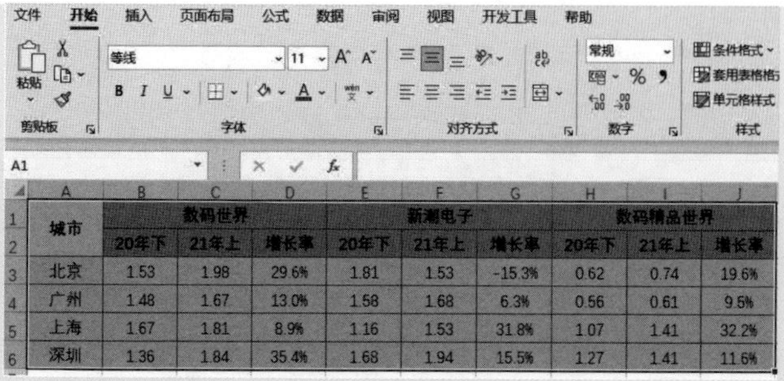

城市	数码世界			新潮电子			数码精品世界		
	20年下	21年上	增长率	20年下	21年上	增长率	20年下	21年上	增长率
北京	1.53	1.98	29.6%	1.81	1.53	-15.3%	0.62	0.74	19.6%
广州	1.48	1.67	13.0%	1.58	1.68	6.3%	0.56	0.61	9.5%
上海	1.67	1.81	8.9%	1.16	1.53	31.8%	1.07	1.41	32.2%
深圳	1.36	1.84	35.4%	1.68	1.94	15.5%	1.27	1.41	11.6%

图 2-31

❷ 打开 Word 文档，将光标定位在目标位置上，按“Ctrl+V”快捷键粘贴，即可复制表格（见图 2-32）。选中该表格，可以看到“表格工具”菜单，可以对表格进行相关编辑。

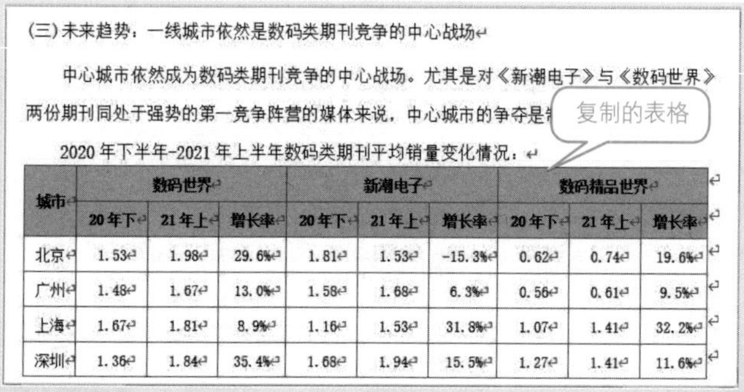

(三)未来趋势：一线城市依然是数码类期刊竞争的中心战场

中心城市依然成为数码类期刊竞争的中心战场。尤其是对《新潮电子》与《数码世界》两份期刊同处于强势的第一竞争阵营的媒体来说，中心城市的争夺是

2020 年下半年-2021 年上半年数码类期刊平均销量变化情况：

城市	数码世界			新潮电子			数码精品世界		
	20 年下	21 年上	增长率	20 年下	21 年上	增长率	20 年下	21 年上	增长率
北京	1.53	1.98	29.6%	1.81	1.53	-15.3%	0.62	0.74	19.6%
广州	1.48	1.67	13.0%	1.58	1.68	6.3%	0.56	0.61	9.5%
上海	1.67	1.81	8.9%	1.16	1.53	31.8%	1.07	1.41	32.2%
深圳	1.36	1.84	35.4%	1.68	1.94	15.5%	1.27	1.41	11.6%

图 2-32

2.2 图片、图形对象的处理技巧

技巧 12 一次性插入多幅图片

如果当前文档需要使用多幅图片，可以按如下方法实现一次性插入。

❶ 在“插入”→“图片”选项组中选择“图片”→“此设备”命令（见图 2-33），打开“插入图片”对话框。

❷ 找到图片保存的路径，按住“Ctrl”键，依次选中需要插入的图片，单击“插入”按钮（见图 2-34），即可在文档中插入所有选中的图片，效果如图 2-35 所示。

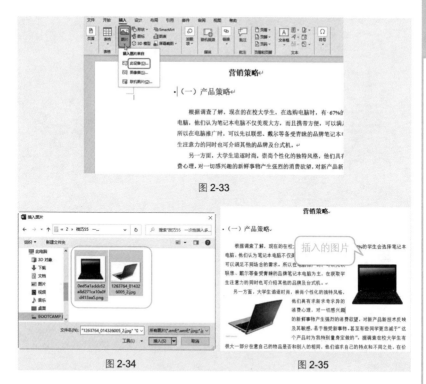

图 2-33

图 2-34

图 2-35

专家点拨

若想一次性插入多幅图片，需要先将多幅图片保存到同一文件夹中。

技巧 13 裁剪图片，只提取有用部分

在文档中插入图片后，如果只想使用整幅图片中某一部分，可以按以下操作进行裁剪，只保留需要的部分。

❶ 选中目标图片，在"图片格式"→"大小"选项组中单击"裁剪"按钮，如图 2-36 所示。

❷ 选择"裁剪"命令后，选中的图片四周会出现可调整的控制点，如图 2-37 所示。

❸ 将鼠标指针指向控点，按住鼠标左键拖动即可对图片进行各个方向的裁剪（上下控制点调节高度，左右控制点调节宽度，拐角控制点可同时调节高度与宽度），如图 2-38 所示。裁剪结束后，在图片的裁剪区域外单击鼠标，即可完成裁剪，如图 2-39 所示。

图 2-36

图 2-37

图 2-38

图 2-39

技巧 14　在图片中抠图

Word 软件中具备了删除图片背景这项功能，利用此功能可以实现在图片中抠图。在图片中抠图是指将插入图片的背景删除，只保留主体部分，这样既可以突出图片主体，也可以让无背景图片如同 PNG 格式图片一样独立好用。

❶ 打开文档，选中目标图片，在"图片格式"→"调整"选项中单击"删除背景"按钮，如图 2-40 所示。

图 2-40

❷ 执行上述命令后，自动跳至"背景消除"选项卡，红色区域为要删除的区域，未变色的区域为保留区域，如图 2-41 所示。

❸ 在"优化"选项组中单击"标记要保留的区域"按钮，在目标区域上不断单击（或按住鼠标左键拖动），直到变为本色，如图 2-42 所示。

图 2-41　　　　　　　　　　图 2-42

❹ 完成抠图后，在"优化"选项组中单击"保留更改"按钮（见图 2-43），即可完成图片的背景删除操作，效果如图 2-44 所示。

图 2-43

图 2-44

🐦 专家点拨

如果有需要删除的区域还保持本色未变，则在"优化"选项组中单击"标记要删除的区域"按钮，然后通过鼠标单击或拖动使其变色。

根据图片背景的复杂程度不同，在进行抠图时有时需要进行多次调整才能达到满意效果。

技巧 15　让图片外观转换为自选图形形状

添加到文档中的图片一般保持默认的方形外观，为了满足排版需求，可以将图片的外观更改为其他任意自选图形的样式，如圆形、五边形等。例如，在本例文档中的图片为方形（见图 2-45），要将其更改为圆形，具体操作如下。

图 2-45

❶ 选中需要转换为自选图形的图片，在"图片格式"→"大小"选项组中单击"裁剪"按钮，在下拉列表中将鼠标指针指向"裁剪为形状"，在子菜单中单击图形，这里选择"椭圆"图形，如图 2-46 所示。

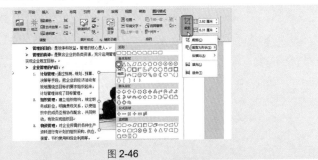

图 2-46

❷ 执行上述操作，即可更改为圆形外观样式，如图 2-47 所示。

更改形状后的效果

图 2-47

技巧 16　自定义图形填充效果

新建图形默认效果较简单，放在文档中不仅不够美观，而且不专业，通过以下方法可以对其填充效果进行设置，实现渐变、图片以及图案等填充效果。下面以渐变和图案填充效果为例介绍其操作步骤。

❶选中需要设置的图形，在"形状格式"→"形状样式"选项组中单击"对话框启动器"按钮 （见图 2-48），打开"设置形状格式"右侧窗格。

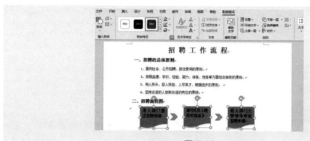

图 2-48

❷定位"填充与线条"标签按钮，在"填充"栏中看到有几种填充方式可供选择，选中"渐变填充"单选按钮，然后设置"预设渐变""类型""渐变光圈"，即可让选中的图形呈现渐变效果，如图 2-49 所示。

图 2-49

❸选中"图案填充"单选按钮，然后选择图案样式，并设置"前景"与"背景"，即可让选中的图形呈现图案填充效果，如图 2-50 所示。

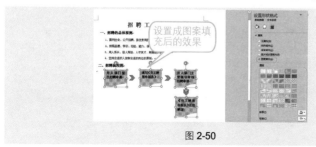

图 2-50

为了让文档的视觉效果更立体，可以将文档中的图形设置成立体化效果，程序内置了预设的立体效果，可以直接套用，如果对预设的效果不满意，还有"棱台""阴影""映像""发光"等效果供选择。下面以设置"棱台"效果为例介绍其操作步骤。

选中图形，在"绘图工具"→"格式"→"形状样式"选项组中单击"图形效果"按钮，在下拉列表中将鼠标指针指向"棱台"，在子菜单中可选择棱台样式，如选择"角度"命令（见图 2-51），即可让图片呈现立体化效果，如图 2-52 所示。

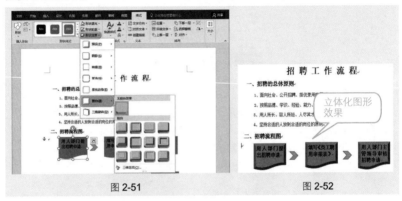

图 2-51 　　　　　　　　　　　　图 2-52

应用扩展

在"图形效果"按钮的下拉列表中可以看到有一个"预设"选项，展开的子菜单中是程序预设的几种效果（见图 2-53），可以直接套用，也能达到快速美化的目的。

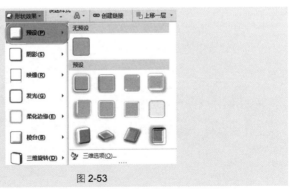

图 2-53

技巧 18　在图形上编辑文字

文档中添加的图形一般都与文字结合，用于直观说明问题。通过以下操作可以直接在图形中添加并编辑文字。

❶ 选中绘制的图形，单击鼠标右键，在弹出的快捷菜单中选择"添加文字"命令，如图 2-54 所示。

❷ 在图形中输入文字后，在"开始"→"字体"选项组中对文字进行字形、字号等设置，设置后效果如图 2-55 所示。

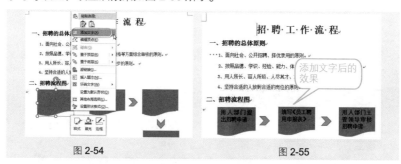

图 2-54　　　　　　　图 2-55

技巧 19　多个对象的快速排列对齐

在文档中插入图形以后，为了保持页面的整齐，需要将图形排列对齐。虽然可以拖动鼠标对齐，但是较麻烦而且不易对齐，此时可以使用 Word 提供的对齐功能，快速将图形或图片整齐排列。

❶ 打开文档，按住"Ctrl"键不放，依次选中需要排列的所有图形，在"形状格式"→"排列"选项组中单击"对齐"按钮，在弹出的下拉菜单中选择需要对齐的方式，这里选择"顶端对齐"命令，如图 2-56 所示。

图 2-56

❷ 此时选中的所有图形即可按照选择的顶端对齐的方式排列，效果如图 2-57 所示。

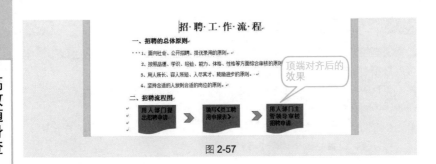

图 2-57

专家点拨

如果一次对齐还是达不到理想的效果，可以在"对齐"列表中多次选择其他合适的对齐方式即可。

技巧 20　多个对象的叠放次序调整

当文档中插入多图形组合排列时，可能由于插入次序问题导致一些重要信息被覆盖，此时只要重新调整图形排列次序即可。

❶ 选中要设置叠放次序的图形，本例选中图中的三角形图形，在"形状格式"→"排列"选项组中单击"下移一层"下拉按钮，在下拉菜单中选择"置于底层"命令，如图 2-58 所示。

❷ 执行上述操作，所选择的图形移置底层，效果如图 2-59 所示。

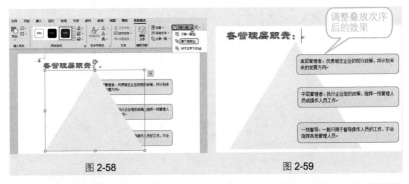

图 2-58　　　　　　　　　　图 2-59

技巧 21　图形格式的快速借用

在文档中精心设置好一个图形的格式以后，如果希望其他图形也呈现相同的效果，可以利用格式刷快速套用。

选中已设置好格式的图形，在"开始"→"剪贴板"选项组中单击"格式刷"按钮，当鼠标指针变为箭头和刷子形状时，单击其他图形（见图 2-60），其他图形即可呈现相同效果，如图 2-61 所示。

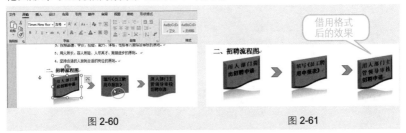

图 2-60   图 2-61

技巧 22 将设计完成的多个对象组合为一个对象

当文档中图形排列好之后，如果要移动图形，需要逐个操作，这样既浪费时间，又容易将图形顺序打乱，破坏之前设置好的效果。此时，可以将设置好的图形组合成一个对象。组合之后，所有图形将作为整体被复制或移动等。

按住 "Ctrl" 键不放，选中要组合在一起的所有图形，单击鼠标右键，在弹出的快捷菜单中将鼠标指针指向 "组合"，在弹出的子菜单中选择 "组合" 命令（见图 2-62），即可将所有图形组合成一个对象，如图 2-63 所示。

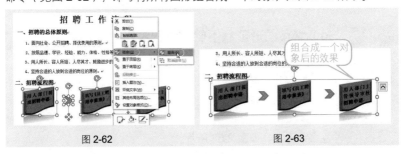

图 2-62   图 2-63

技巧 23 插入 SmartArt 图形

SmartArt 图形是 Office 已布局好的图形，利用这种图形可以很好地表达一定的逻辑关系，同时也让版面的排版效果更加丰富，对文档编辑起辅助作用，下面介绍插入 SmartArt 图形的方法。

❶ 在 "插入" → "插图" 选项组中单击 "SmartArt" 按钮，打开 "选择 SmartArt 图形" 对话框。单击左侧的 "列表" 选项，在右侧列表框中选择需要的类型，如图 2-64 所示。

❷ 单击 "确定" 按钮，即可在文档中插入图形，如图 2-65 所示。

❸ 此时图形框呈可编辑状态，可在其中编辑文本，如图 2-66 所示。

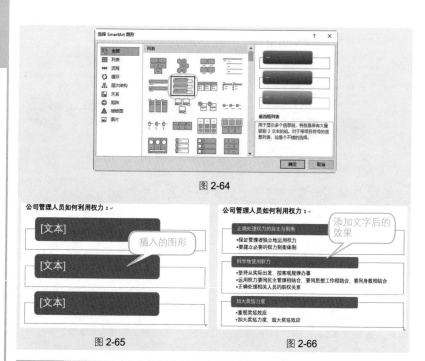

图 2-64

图 2-65   图 2-66

技巧 24   SmartArt 图形形状不够时快速添加

新建的 SmartArt 图形形状都比较少，如果要输入的内容有较多的条目，通常需要再添加新的形状数量。

❶ 将鼠标光标定位于要添加新元素之前的文本窗格中，在"SmartArt 设计"→"创建图形"选项组中单击"添加形状"按钮（见图 2-67），即可在后面插入一个空白的形状，如图 2-68 所示。

❷ 依次添加多个形状并输入文字信息，如图 2-69 所示。

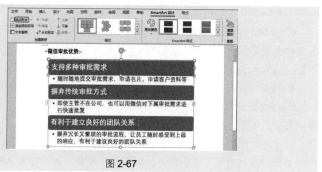

图 2-67

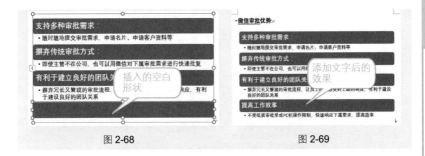

图 2-68   图 2-69

📑 应用扩展

　　根据 SmartArt 图形类型的不同，有的图形下还有下级图形，这时在"添加图形"按钮的下拉列表中则包含不同的选项。例如，选中如图 2-70 所示的图形，选择"在后面添加形状"命令，添加后效果如图 2-71 所示（添加的是同级形状）。选择"在下方添加形状"命令，添加后效果如图 2-72 所示（添加的是下级形状）。

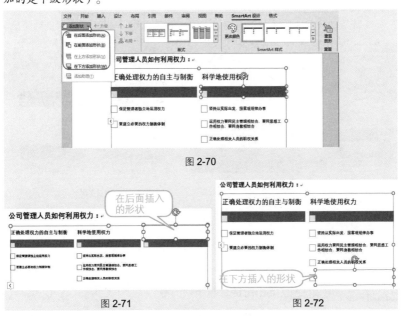

图 2-70

图 2-71   图 2-72

技巧 25　形状的升级或降级调整

　　在 SmartArt 图形中编辑文本时，会涉及目录级别的问题，如某些文本是上一级文本的细分说明，这时就需要通过调整文本的级别来清晰地表达文本之间的层次关系。如图 **2-73** 所示，"产品优势"文本的以下两行是属于对该标题的细分说明，所以应该调整其级别到下一级中，以达到如图 **2-75** 所示的效果。

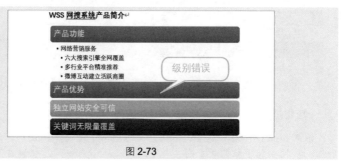

图 2-73

❶ 在文本窗格中将"独立网站安全可信"和"关键词无限量覆盖"两行一次性选中，然后在"SmarArt 设计"→"创建图形"选项组中单击"降级"按钮，如图 **2-74** 所示。

❷ 降级处理后，对图形进行格式设置，即可达到如图 **2-75** 所示的效果。

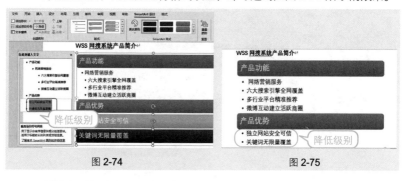

图 2-74　　　　　　　　　　图 2-75

📢 **专家点拨**

无论是升级还是降级调整，操作方法都是如此。当发现添加的图形级别不对时，只要理清自己的设计思路，按此法调整即可。

技巧 26　重新更改 SmartArt 图形布局

在文档中插入 **SmartArt** 图形，并且添加了文本后，可能会发现所使用的图形布局不够理想，此时无须重新创建，按以下步骤操作即可更改其图形布局。

❶ 选中 **SmartArt** 图形，在"SmartArt 设计"→"布局"选项组中单击"其他"下拉按钮 (见图 **2-76**)，在下拉列表中重新选择所需要的布局，如图 **2-77** 所示。

❷ 执行上述操作即可完成 SmartArt 图形布局的更改。更改后如果有的文本不能完整显示，则可以自行调整图形，效果如图 2-78 所示。

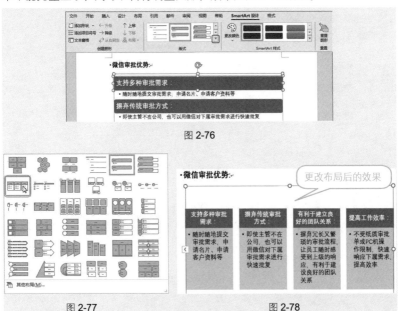

图 2-76

图 2-77   图 2-78

应用扩展

当对 SmartArt 图形进行多个设置后，如果有些设置不理想，需要将图形还原成原始图形，则可以按如下操作一次性还原。

在"SmartArt 设计"→"重置"选项组中单击"重设图形"按钮（见图 2-79），即可将 SmartArt 图还原到初始状态。

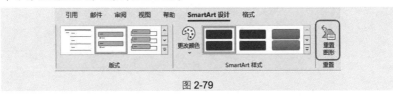

图 2-79

技巧 27　套用 SmartArt 图形样式快速美化

在文档中添加了 SmartArt 图形之后，可以对其进行适当的美化，程序也提供了一些美化方案，用户可以直接套用，快速美化。

❶ 在"SmartArt 设计"→"SmartArt 样式"选项组中单击"其他"下拉

按钮▾，在下拉列表中选择样式，如图 2-80 所示。

❷ 单击即可应用，效果如图 2-81 所示。

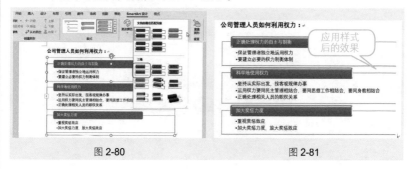

图 2-80　　　　　　　　　　　　　　图 2-81

应用扩展

除了应用样式，还可以通过更改颜色来设置增强 SmartArt 图形效果。

选中需要更改颜色样式的图形，在"SmartAr 设计"→"SmartArt 样式"选项组中单击"更改颜色"按钮，在下拉列表中根据需要选择一种颜色（见图 2-82），单击即可应用。

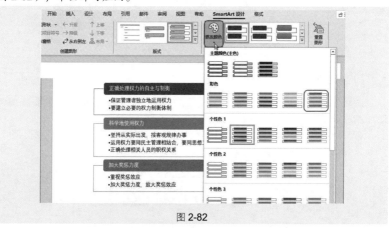

图 2-82

第**3**章 文字与段落格式的优化设置技巧

3.1 文字与段落优化设置技巧

技巧1 建立海报时使用特大号字体

默认情况下，在设置字体时可选用的字号最大为 72 号，但是在一些特定文档，如海报中，为突出显示关键信息，还需要将文本设置成更大的字号。例如，本例要在下面的促销海报中将标题文字设置成 80 号的字体，此时需要按如下方法操作。

选中文本，在"开始"→"字体"选项组中，直接在"字号"文本框中输入字号，如输入"80"，按"Enter"键即可应用，如图 3-1 所示。

图 3-1

技巧2 设置首字下沉的排版效果

为了使文档更加美观，在对其排版时，可以将第一段的第一个字设置成下沉的效果。操作方法如下。

❶ 将光标定位于需要首字下沉的段落，在"插入"→"文本"选项组中单击"首字下沉"按钮，在弹出的下拉菜单中选择"首字下沉选项"命令（见图3-2），打开"首字下沉"对话框。

❷ 在"位置"栏中选择"下沉"选项，在"选项"栏中设置"字体"为"黑体"，并设置"下沉行数"为"3"，如图3-3所示。

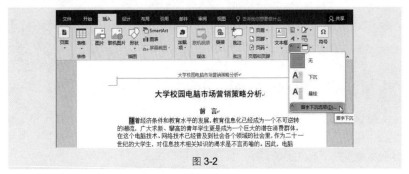

图 3-2

❸ 单击"确定"按钮返回到文档中，首字下沉效果如图3-4所示。

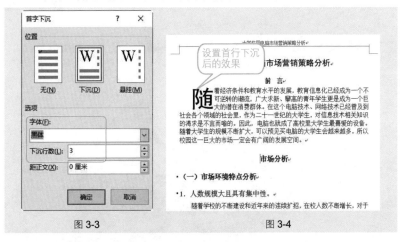

图 3-3   图 3-4

应用扩展

在设置了首字下沉效果后，用户可以随意更改下沉文字的大小和位置。

选中设置了下沉效果的文字，当光标变为 形状时，可以向左上方或右下方拖动鼠标以缩小或增大下沉文字，如图3-5所示。

选中设置了下沉效果的文字，当光标变为 形状时，按住鼠标左键拖动即可移动下沉文字的位置，如图3-6所示。

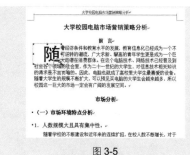

图 3-5

图 3-6

技巧 3　设置标题文字加圈特效

我们在阅读文档时，经常能看到如图 3-9 所示的加圈文字。为文字添加带圈效果是为了让文档看起来更新颖。一般建议为标题文字或一些需要特殊设计的文字设置带圈特效，正文不建议使用。

❶选中需要加圈的文字，在"开始"→"字体"选项组中单击"带圈字符"按钮（见图 3-7），打开"带圈字符"对话框。

图 3-7

❷单击"增大圈号"按钮，在"圈号"栏中选择需要的圈号，单击"确定"按钮（见图 3-8），即可为文字添加带圈效果。

❸按相同的操作设置其他需要添加带圈效果的文字，效果如图 3-9 所示。

图 3-8

图 3-9

专家点拨

带圈文字一次只能设置一个文字，因此需要逐一选中，逐一设置。

技巧4　设置双行标题效果

将文档标题设置成如图 3-12 所示的双行样式，可以使文档层次分明、样式新颖。在 Word 2021 中，通过"双行合一"功能可以将选中的文字以双行显示，下面介绍具体的设置步骤。

❶ 选中需要合并的文本，在"开始"→"段落"选项组中单击"中文版式"按钮，在下拉菜单中选择"双行合一"命令（见图 3-10），打开"双行合一"对话框。

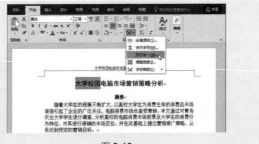

图 3-10

❷ 选中"带括号"复选框，在"括号样式"下拉列表中可以选择括号样式，如图 3-11 所示。

❸ 单击"确定"按钮，即可看到设置的双行标题效果，如图 3-12 所示。

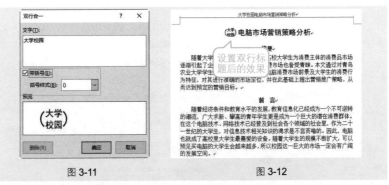

图 3-11　　　　　　　　　　　　　　图 3-12

技巧5　减小文字的字间距来紧缩排版

为了节约版面，在编辑文档时，可以通过减小文字字间距的方式来使版面紧缩。将部分文字紧缩，其他文本保持正常间距也可以使文本排版层次分明，重点突出。在"字体"对话框中即可设置文字间距。

❶ 选中需要紧缩的文本，在"开始"→"字体"选项组中单击"对话框启动器"按钮 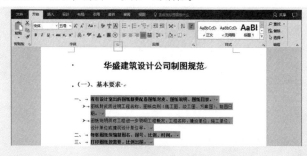（见图 3-13），打开"字体"对话框。

图 3-13

❷ 切换至"高级"选项卡，在"间距"下拉列表中选择"紧缩"选项，将紧缩"磅值"设置为"0.5 磅"，如图 3-14 所示。

❸ 设置完成后，单击"确定"按钮，即可使选中的文字呈现紧缩的效果，如图 3-15 所示。

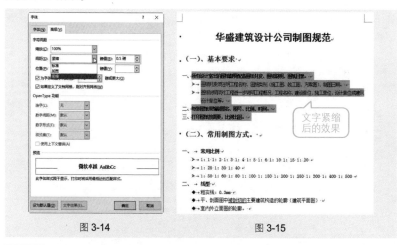

图 3-14   图 3-15

技巧 6   设置特定文本下画线效果 [①]

下画线在文档中经常出现，它的主要作用是突出重点或美化文档。Word

---

① 注：本书中办公软件截图中的"下划线"和正文中的"下画线"为同一内容，后文不再赘述。

提供了各种样式的下画线，用户可以根据文本需要选择合适的下画线，并且可以设置其样式。下面介绍为文本添加下画线的方法。

❶ 选中需要设置下画线的文本（可以一次性选择多处）。在"开始"→"字体"选项组中单击"下画线"按钮 **U** ▾，在下拉菜单中选择下画线样式，如果没有需要的样式，则选择"其他下画线"命令（见图 3-16），打开"字体"对话框。

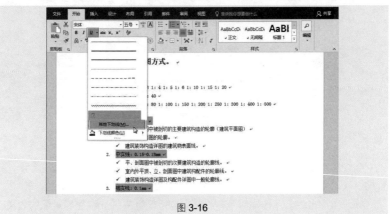

图 3-16

❷ 选择"字体"选项卡，在"所有文字"栏中单击"下画线线型"下拉按钮，在下拉列表框中选择样式，如图 3-17 所示。在"下画线颜色"列表框中还可以重新设置下画线颜色。

❸ 单击"确定"按钮返回文档，添加后的效果如图 3-18 所示。

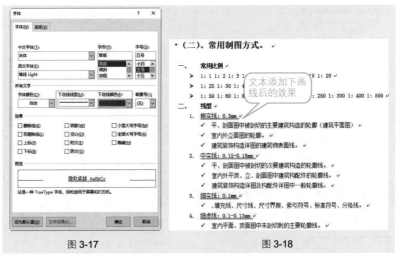

图 3-17   图 3-18

技巧 7　为特定文字设置底纹和边框效果

为特定文字设置底纹和边框效果也是为了突出重点或美化文档，默认的底纹与边框一般效果不佳，可以按如下方法自定义特定文字的底纹和边框效果。

❶ 选中需要设置边框底纹的文本区域（可以一次性选择多处），单击"开始"→"段落"选项组中的"下框线"按钮 田 右侧的下拉按钮，在弹出的下拉菜单中选择"边框和底纹"命令（见图 3-19），打开"边框和底纹"对话框。

❷ 选择"边框"选项卡，在"设置"列表中选择"方框"，在"样式"列表中选择线条样式，并设置线条的颜色、宽度等，如图 3-20 所示。

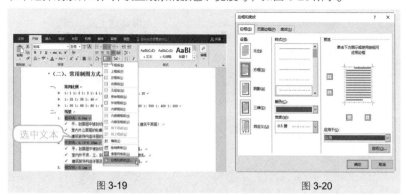

图 3-19　　　　　　　　　　　　　　　　　图 3-20

❸ 切换至"底纹"选项卡，单击"填充"设置框下拉按钮，在弹出的下拉列表框中选择填充颜色，如图 3-21 所示。

❹ 单击"确定"按钮返回文档，设置后的效果如图 3-22 所示。

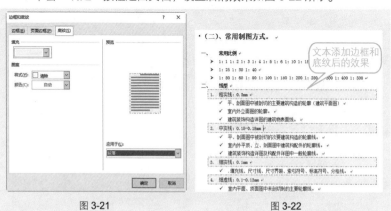

图 3-21　　　　　　　　　　　　　　　　　图 3-22

技巧 8　标题文本套用艺术样式

为了使文档标题更醒目，我们通常会对标题做一些美化的操作。对于美化能力较差的新手，则可以通过套用 Word 程序提供的艺术效果，达到快速修饰文本的目的。

选中标题文本，在"插入"→"文本"选项组中单击"艺术字"按钮，在下拉列表中选择艺术字样式（见图 3-23），单击即可直接套用，效果如图 3-24 所示。

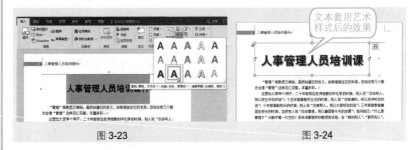

图 3-23　　　　　　　　　　图 3-24

技巧 9　设置艺术字的映像、发光等效果

在文档中添加艺术字之后，如果希望对其进一步的美化，可以按以下操作，对其进行艺术文本的特效设置。艺术文本的特效包括映像、发光、三维格式等效果。通过应用这些特效可以进一步美化特殊文本。

❶ 选中艺术文本，在"绘图工具"→"格式"→"艺术字样式"选项组中单击"文本效果"按钮，在下拉列表中将鼠标指针指向"映像"选项，在子菜单中选择合适的映像效果，如图 3-25 所示。

❷ 选中艺术文本，在"绘图工具"→"格式"→"艺术字样式"选项组中单击"文本效果"按钮，在下拉列表中将鼠标指针指向"发光"选项，在子菜单中选择合适的发光效果，如图 3-26 所示。

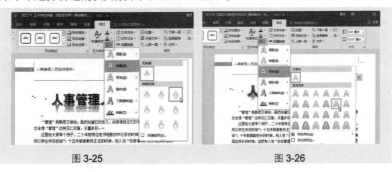

图 3-25　　　　　　　　　　图 3-26

③ 选中艺术文本，在"绘图工具"→"格式"→"艺术字样式"选项组中单击"文本效果"按钮，在下拉列表中将鼠标指针指向"棱台"选项，在子菜单中选择合适的棱台效果，设置后的效果如图 3-27 所示。

图 3-27

技巧 10　快捷键快速设置几种常用的行间距

在使用 Word 编辑文档时，可以根据版式要求对行距进行调整。行距的调整一般在"段落"对话框中进行，程序还根据实际效果提供几种常用的行距，用户可以使用快捷键在这几种行距之间进行切换使用。

❶ 选中需要设置行距的文本段落。

❷ 按"Ctrl+1"快捷键，即可将段落设置成单倍行距；按"Ctrl+2"快捷键，即可将段落设置成双倍行距；按"Ctrl+5"快捷键，即可将段落设置成 1.5 倍行距。

技巧 11　设置任意行间距

在对文档段落进行间距调整时，如果对预设的行距不满意，需要自定义行距，可以打开"段落"对话框进行设置。下面介绍设置的方法。

❶ 选中需要调整行距的文本，在"开始"→"段落"选项组中单击"行和段落间距"按钮，在下拉菜单中选择行间距，如果没有需要的选项，则选择"行距选项"命令（见图 3-28），打开"段落"对话框。

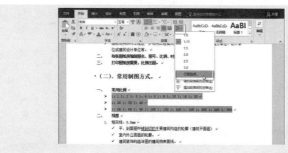

图 3-28

❷ 选择"缩进和间距"选项卡，在"间距"栏下单击"行距"设置框右侧的下拉按钮，在弹出的下拉菜单中选择"多倍行距"命令，然后在"设置值"文本框中输入数值，如图 3-29 所示。

❸ 单击"确定"按钮即可看到调整后的效果，如图 3-30 所示。

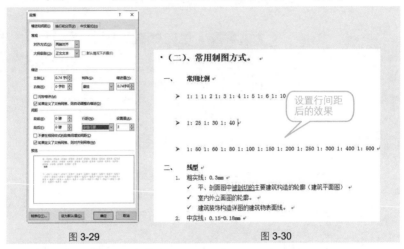

图 3-29　　　　　　　　　　　　图 3-30

技巧 12　设置段落自动缩进两个字符

正规文档每段段首都需要空两个字符来区分段落，如果在输入文本时或复制文本时没有在每段段首空两个字符，可以通过以下操作利用 Word 的首行缩进功能一次性让所有段落缩进两个字符。

❶ 选中文本，在"开始"→"段落"选项组中单击"对话框启动器"按钮 （见图 3-31），打开"段落"对话框。

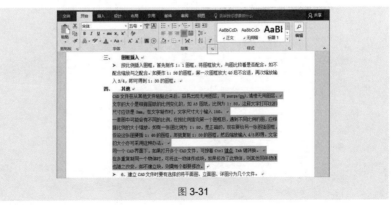

图 3-31

❷ 切换到"缩进和间距"选项卡，在"特殊"下拉列表中选择"首行"选项，将"缩进值"设置为"2 字符"，如图 3-32 所示。

❸ 单击"确定"按钮，即可让选中的段落首行自动缩进两个字符，如图 3-33 所示。

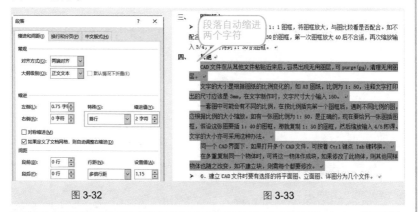

图 3-32　　　　　　　　图 3-33

技巧 13　使用标尺调整段落缩进

标尺是 Word 组件中一个重要工具，有了标尺可以轻松地调整边距、改变段落的缩进值、调节表格的行高及列宽和进行对齐方式的设置等。下面举例介绍使用标尺快速调整段落的首行缩进与悬挂缩进。

❶ 在"视图"→"显示"选项组中选中"标尺"复选框，或按"Alt+V+L"快捷键显示标尺。

❷ 选中要调整首行缩进值的段落，鼠标放在"首行缩进"调节钮上（见图 3-34），按住鼠标左键向右拖动即可调节选中段落的首行缩进值，如图 3-35 所示。

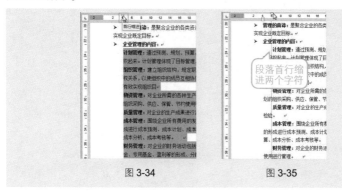

图 3-34　　　　　　　　图 3-35

❸ 选中要调整悬挂缩进值的段落，鼠标放在"悬挂缩进"调节钮上（见图 3-36），按住鼠标左键拖动鼠标即可调整选中段落的悬挂缩进值，如图 3-37 所示。

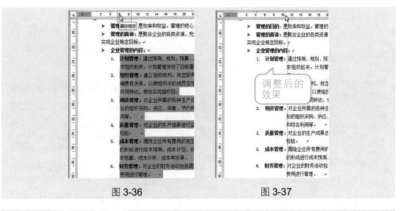

图 3-36　　　　　　　　　　图 3-37

技巧 14　使用标尺调整段落左、右缩进

在文档排版时，如果想对某些段落进行左右缩进值的设置，可以利用标尺快速调整在调节时可以观察到调整的效果，当达到需要效果时立即停止拖动即可。

❶ 在"视图"→"显示"选项组中选中"标尺"复选框，或按"Alt+V+L"快捷键显示标尺。

❷ 选中要调整左缩进值的段落，如果同时调整多段落则一次性选中，鼠标放在"左缩进"调节钮上（见图 3-38），按住鼠标左键向右拖动即可调节左缩进，再按相同方法对其进行右缩进，调整后的效果如图 3-39 所示。

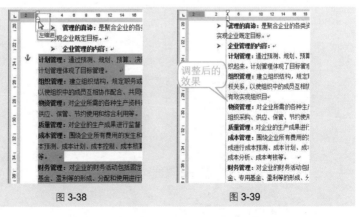

图 3-38　　　　　　　　　　图 3-39

技巧 15　使用命令按钮快速增加、减少缩进量

在调整段落缩进值时，除了可以使用标尺直观调整，还可以使用命令按钮快速调整。

选中要增加或减少缩进量的段落（可以一次性选中多个段落），在"开始"→"段落"选项组中单击"减少缩进量"或"增加缩进量"按钮（见图 3-40），即可调整段落缩进量。

图 3-40

技巧 16　用格式刷快速引用格式

通过格式刷不仅可以复制文字格式，还可以使文本的段落引用所复制文本的格式，从而减少编辑文档时的重复劳动，有效地提高排版效率。

❶选中已经设置好格式的文本区域，单击"开始"→"剪贴板"选项组中的"格式刷"按钮 ，如图 3-41 所示。

❷此时指针变成 状，拖动指针到需要复制格式的区域，释放鼠标，如图 3-42 所示。

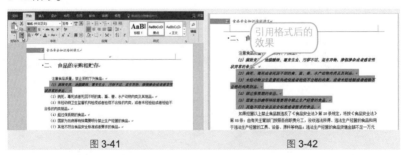

图 3-41　　　　　　　　　　　　　　图 3-42

技巧 17　清除文本所有格式

设置了文本格式之后，如果对所设置的格式不满意，可以一次性将所有的格式删除，然后再重新设置。下面介绍清除所有格式的方法。

❶按"Ctrl+A"快捷键选中整个文档，在"开始"→"字体"选项组中单击"清除所有格式"按钮 ，如图 3-43 所示。

❷单击后，即可清除所选内容的所有格式，如图 3-44 所示。

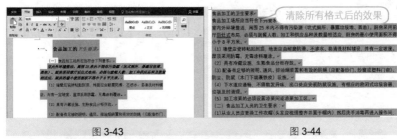

图 3-43   图 3-44

技巧 18　自定义 Word 默认文字格式

在新建 Word 文档并输入文字时，其默认的文字字体为"宋体"，字号为"五号"，如图 3-45 所示。如果编辑的文档经常需要设置成其他格式的字体，可以将该格式的字体设置成默认格式，以后输入文字时文档都默认使用该格式，避免反复设置的麻烦。

❶ 在"开始"→"字体"选项组中单击"对话框启动器"按钮 🔳（见图 3-45），打开"字体"对话框。

图 3-45

❷ 在"字体"选项卡下设置"字形""字号"等字体格式，如图 3-46 所示。
❸ 设置完成后单击"设为默认值"按钮，弹出提示框，选中"所有基于 Normal.dotm 模板的文档（A）？"单选按钮，如图 3-47 所示。单击"确定"按钮完成设置。

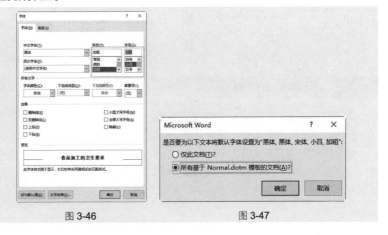

图 3-46   图 3-47

❹ 返回 Word 文档，此时的默认文字格式已经更改，如图 3-48 所示。

图 3-48

3.2　文档样式与格式设置技巧

技巧 19　快速应用样式

样式是指一组已经命名的字符和段落格式，规定了文档中标题以及正文等各个文本元素的格式。可以将一种样式应用于某个段落，或者段落中选定的字符上。所选定的段落或字符便具有这种样式定义的格式。在编排一篇长文档时，需要对多处文字和段落进行相同的排版工作，如果只是利用字体格式编排和段落格式编排功能，不但花费时间，还很难使文档格式一直保持一致。使用样式能减少许多重复的操作，在短时间内编排出高质量的文档。下面介绍一下如何应用样式。

1. 通过"样式库"来应用样式

"样式库"是程序内置的一套样式，通过套用样式可以实现一级标题、节标题、正文等一次性格式设置。

❶ 在"设计"→"文档格式"选项组中单击"其他"按钮，如图 3-49 所示。

图 3-49

❷ 在弹出的下拉菜单中预览程序预设的样式集，鼠标指针指向时预览样式效果，单击即可应用样式，如图 3-50 所示。

❸ 设置完成后，套用样式的效果如图 3-51 所示。

图 3-50

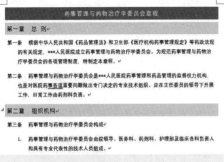

图 3-51

2. 通过"快速样式"来应用样式

样式集中的快速样式可以便捷地为某些文本应用某一特定的样式。

选中文本，在"开始"→"样式"选项组中单击"其他"按钮，在弹出的下拉菜单中单击需要的样式即可应用样式，如图 3-52 所示。

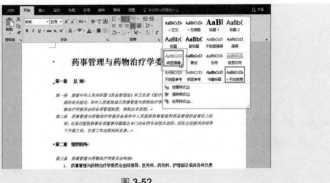

图 3-52

技巧 20　修改样式

如果用户对文档的样式有特殊要求，而程序自带的样式又不能满足需求，则可以对其进行修改。例如下面要修改"标题1"样式。

❶ 在"开始"→"样式"选项组中，右击"标题1"样式，在弹出的快捷菜单中选择"修改"命令，如图3-53所示。

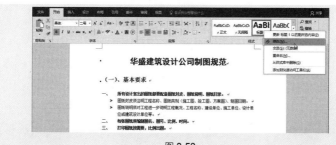

图 3-53

❷ 打开"修改样式"对话框，在"格式"栏下将"字体"设置为"黑体"，"字号"设置为"二号"，"文字颜色"设置为"深红"，单击"确定"按钮，如图3-54所示。

❸ 返回文档中，为需要的文本应用新设置的"标题1"格式，效果如图3-55所示。

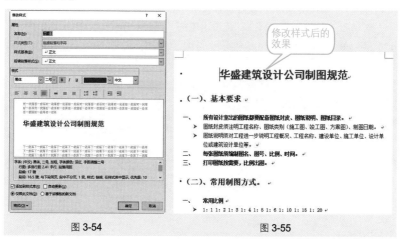

图 3-54　　　　　　　　　　　　图 3-55

应用扩展

在修改格式时，还可以单击左下角"格式"按钮，在下拉菜单中看到还可以对段落格式、边框格式等进行修改设置，如图 3-56 所示。选择相应的命令选项，即可打开对话框进行设置。

图 3-56

技巧 21　根据工作需要创建个性化样式

如果程序自带的样式不能满足需求，我们也可以新建符合自己需求的特殊样式，之后在编辑文档时，就可以直接应用。

❶ 单击"开始"→"样式"选项组中的"样式"按钮，打开"样式"任务窗格，单击"新建样式"按钮（见图 3-57），打开"根据格式设置创建新样式"对话框。

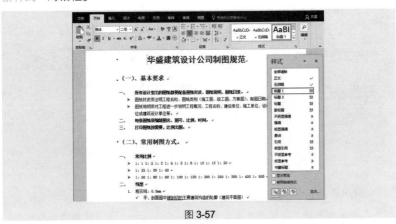

图 3-57

❷ 在"名称"文本框中输入新样式的名称，在"格式"栏下设置新样式的字体、字号等格式，如图 3-58 所示。

❸ 单击"格式"按钮，展开菜单，选择"段落"选项（见图 3-59），打开"段落"对话框。根据需要设置段前段后间距、行距等，如图 3-60 所示。

❹ 设置完成后，依次单击"确定"按钮，返回"样式"任务窗格，即可看到新建的"样式 1"，如图 3-61 所示。

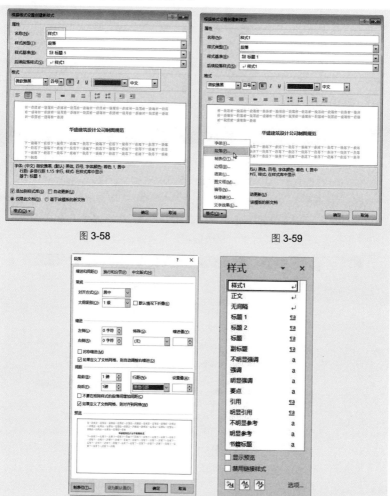

图 3-58

图 3-59

图 3-60

图 3-61

❺ 在编辑文档时，如果需要使用这一格式，将光标定位于目标段落中，打

开"样式"任务窗格，单击"样式1"即可应用该格式，如图 3-62 所示。

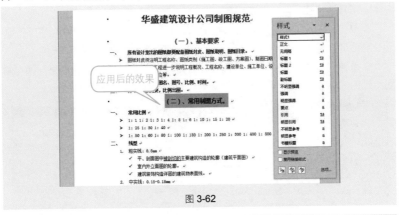

图 3-62

在编辑文本的过程中，如果对一段文本的格式非常满意，也可以将此格式快速保存到样式库中，从而让这样的样式在以后编辑文本时能很方便地使用。

❶ 选中设置了格式的文本，在"开始"→"样式"选项组中单击右下角的"其他"下拉按钮，在弹出的下拉菜单中选择"创建样式"命令（见图 3-63），打开"根据格式化创建新样式"对话框。

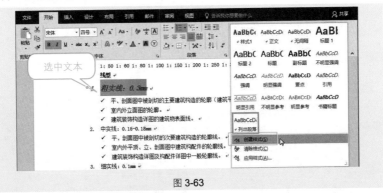

图 3-63

❷ 在"名称"文本框中输入名称，如输入"制图规范样式"，如图 3-64 所示。

❸ 单击"确定"按钮即可完成样式的建立。需要使用这个样式时，选中文本，在"样式"任务窗格中选择"制图规范样式"，即可应用相同的文字格式，如图 3-65 所示。

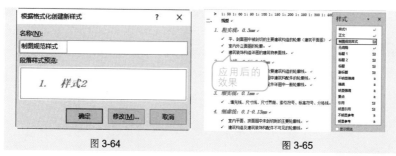

图 3-64 图 3-65

3.3 项目符号和编号使用技巧

技巧 23 为特定文档添加项目符号

为了使文档内容条理更加清晰，更易阅读，可以为文本添加项目符号。Word 程序为用户提供了几种项目符号供选择。

❶ 选中需要添加项目符号的文本，在"开始"→"段落"选项组中单击"项目符号"下拉按钮 ≡▾，在下拉菜单中选择需要使用的项目符号，如本例选择 "◆"，如图 3-66 所示。

❷ 单击即可应用，效果如图 3-67 所示。

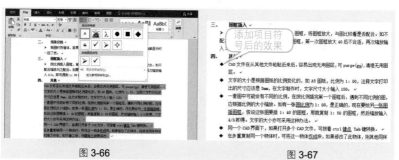

图 3-66 图 3-67

技巧 24 导入图片作为项目符号使用

如果希望项目符号的效果更新颖，更有个性，除了使用默认的项目符号外，还可以将自己保存的图片添加为项目符号，使文本更易识别。

❶ 选中需要设置项目符号的内容，在"开始"→"段落"选项组中单击"项目符号"下拉按钮 ≡▾，在下拉菜单中选择"定义新项目符号"命令，如图 3-68 所示。

❷ 打开"定义新项目符号"对话框，单击"图片"按钮（见图3-69），打开"插入图片"提示框，单击"浏览"按钮，打开"插入图片"对话框，找到并选中要插入的图片，单击"打开"按钮，如图3-70所示。

❸ 依次单击"确定"按钮，即可完成图片项目符号的设定，如图3-71所示。

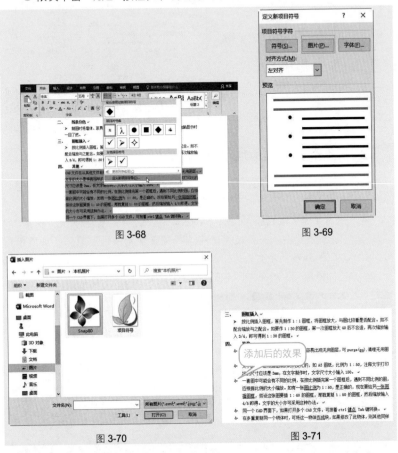

图 3-68　　　　　　　图 3-69

图 3-70　　　　　　　图 3-71

技巧 25　调整项目符号的级别

默认情况下添加的项目符号都为同一级别，如果某级文档下还包含细分项目时，为了使文档具有条理性，还需要重新调整其级别。

❶ 选中文本，单击"开始"→"段落"选项组，单击"项目符号"下拉按钮三▾，将鼠标指针指向"更改列表级别"命令，在子菜单中选择级别，如图 3-72 所示。

❷ 执行上述操作，可以看到调整级别后的效果如图 **3-73** 所示。

图 3-72　　　　　　　　　　　　　　　　图 3-73

技巧 26　自定义编号样式"第一种"

在阅读文档时经常看到如第 1 条、项目 1、条款 1 等样式的编号，在编写文档时，如果对程序提供的有限的编号样式不满意，也可以将编号自定义为这种样式。下面介绍设置的方法。

❶ 打开文档，在"开始"→"段落"选项组中单击"编号"右侧下拉按钮，在打开的下拉菜单中选择"定义新编号格式"命令（见图 **3-74**），打开"定义新编号格式"对话框。

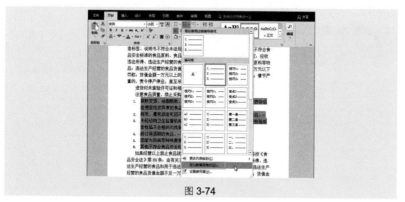

图 3-74

❷ 单击"编号样式"下拉按钮，在下拉列表中选择一种编号样式，如图 **3-75** 所示。

❸ 在"编号格式"设置框中保持灰色阴影编号代码不变，根据实际需要在代码前面输入"第"，在代码后面输入"种"，并将默认添加的点号删除。然

后单击"对齐方式"设置框右侧的下拉按钮，在弹出的下拉列表中选择合适的对齐方式，如图 3-76 所示。

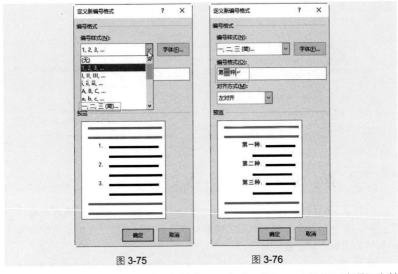

图 3-75　　　　　　　　　图 3-76

❹ 单击"确定"按钮，返回文档窗口，在"开始"→"段落"选项组中单击"编号"下拉按钮，在打开的下拉列表中可以看到自定义的新编号格式（见图 3-77），单击即可应用，如图 3-78 所示。

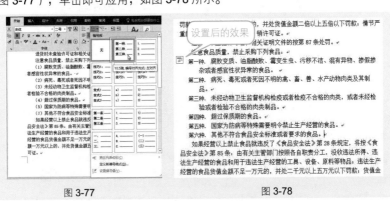

图 3-77　　　　　　　　　　　图 3-78

第 4 章　页面布局与图文混排技巧

4.1　页面设置技巧

技巧 1　拖动标尺以调整页边距

在编辑文档时，为了使页面效果更美观或者方便打印，需要设置合适的页边距。页边距的设置可以在"页面设置"对话框中进行，也可以通过拖动标尺直观地设置。下面介绍拖动标尺调整页边距的方法。

❶ 将鼠标指针放在水平标尺的左侧，当光标变为双向箭头并出现"左边距"提示框时（见图 4-1），按住鼠标左键向左拖动减小页边距，或向右拖动增大页边距（如图 4-2 所示为增大左边距之后的效果）。

图 4-1　　　　　　　　　　　　　　图 4-2

❷ 将鼠标指针放在垂直标尺的上方，当光标变为双向箭头并出现"上边距"提示框时（见图 4-3），按住鼠标左键向上拖动减小上边距，向下拖动增大上边距（如图 4-4 所示为增大上边距后的效果）。

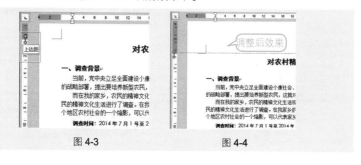

图 4-3　　　　　　　　　　　　　　图 4-4

❸ 将鼠标指针定位到标尺的右侧，当出现"右边距"提示框时（见图 4-5），按住鼠标左键向左拖动则增大页边距，向右拖动则减小页边距。

❹ 将鼠标指针定位到标尺的下方，当出现"下边距"提示框时（见图 4-6），按住鼠标左键向上拖动则增大下边距，向下拖动则减小下边距。

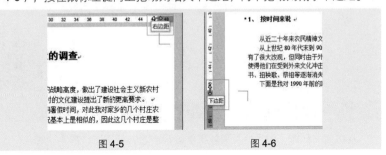

图 4-5   图 4-6

📝 应用扩展

如果页面中找不到横纵标尺，可在"视图"→"显示"选项组中选中"标尺"复选框，页面即可显示横纵标尺，如图 4-7 所示。

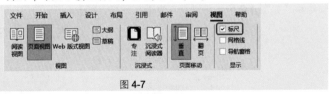

图 4-7

技巧 2　为需要装订的文档预留装订线的位置

预留装订线是指在文档的页边距外空出位置，便于在文档打印后进行装订。装订线的位置常根据大多数人的阅读习惯而定，一般在左边或者上边。如图 4-8 所示为未预留装订线的效果，如图 4-9 所示为预留装订线的效果。

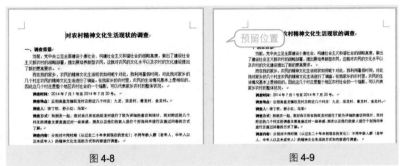

图 4-8   图 4-9

❶ 在"布局"→"页面设置"选项组中单击"对话框启动器"按钮▣，打开"页面设置"对话框。

❷ 切换到"页边距"选项卡，在"装订线"数值框中输入需要设置的装订线数值；在"装订线位置"下拉列表中选择"靠左"或者"靠上"选项来确定实际位置，如设置装订线为 2 厘米，装订线位置在左边，如图 4-10 所示。

❸ 设置完成后，单击"确定"按钮即可完成装订线的设置。

图 4-10

技巧 3　设置部分页面的方向

默认情况下，文档显示方式为纵向，为文档设置横向纸张或纵向纸张后，整篇文档都会以同一方向显示或打印。但有时需要使文档某部分页面横向显示（见图 4-11）。要使文档有纵横两种不同的页面设置，可以把有别于正常页面的内容独立设置成节，然后再进行页面方向的调整。下面具体介绍操作方法。

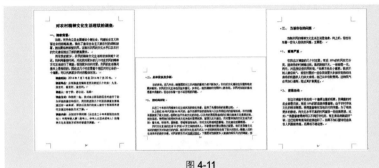

图 4-11

❶ 将光标定位到第 3 页页首位置，在"布局"→"页面设置"选项组中单击"分隔符"按钮，在下拉菜单中选择"下一页"命令（见图 4-12），使第 3 页成为一个新节。

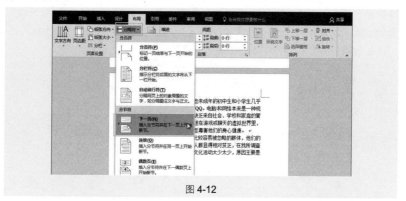

图 4-12

❷ 将光标定位到第 2 页页首位置，在"布局"→"页面设置"选项组中单击"纸张方向"按钮，在下拉菜单中选择"横向"命令（见图 4-13），第 2 页（第 2 节）的页面由纵向更改为横向，其他页面仍保持纵向。

图 4-13

技巧 4 指定每页包含行数与每行字符数

有些文档对排版有比较严格的要求，例如要求每页排列多少行，每行排列多少字。对于这样的文档，需要借助"文档网格"功能进行快速设置。本例要求文档每页排列 12 行，每行排列 15 个字符。下面介绍具体的操作步骤。

❶ 在"布局"→"页面设置"选项组中单击"对话框启动器"按钮📭（见图 4-14），打开"页面设置"对话框。

图 4-14

❷ 在"文档网格"→"网格"栏中选中"指定行和字符网格"单选按钮，接着在"每行"数值框中输入"15"，在"每页"数值框中输入"12"，如图 4-15 所示。

❸ 单击"确定"按钮，返回文档中，系统依据设置的网格自动排列文档内容，效果如图 4-16 所示。

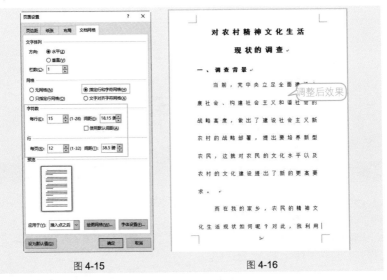

图 4-15　　　　　　　　　　图 4-16

技巧 5 改变新建文档时默认的页面大小

在新建文档时，其默认的纸张大小为 A4 纸张，但是在实际工作中，如果要求统一使用其他大小的纸张（如 16 开），则可以通过设置默认值的方式，实现新建文档时就使用指定的页面大小。

❶ 打开文档，在"布局"→"页面设置"选项组中单击"对话框启动器"按钮，打开"页面设置"对话框。

❷ 切换到"纸张"选项卡，单击"纸张大小"设置框的下拉按钮，在展开的下拉列表中选择需要设置的纸张大小（见图 4-17），或者通过"自定义大小"选项设置纸张大小。

❸ 设置纸张后，单击"设为默认值"按钮，系统弹出提示框，提示更改页面的设置会影响基于 NORMAL 模板的所有新文档，如图 4-18 所示。单击"是"按钮即可完成设置。

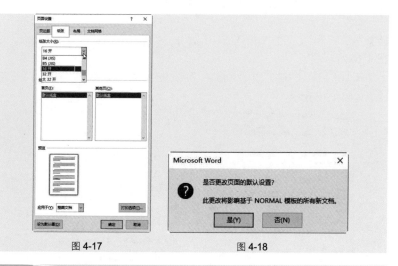

图 4-17　　　　　　　　　　　图 4-18

技巧6　设置文档默认页边距

在创建办公文档时，如果这些办公文档都要求使用统一的页边距，可以按如下操作重新设置默认的页边距。

❶ 打开文档，单击"布局"→"页面设置"选项组中的"对话框启动器"按钮，打开"页面设置"对话框。

❷ 切换到"页边距"选项卡，在"页边距"栏下的"上""下""左""右"设置框中输入边距值，如图 **4-19** 所示。

图 4-19

❸ 单击"确定"按钮，即可更改文档页边距。

技巧 7   设置文档水印效果

文档中的文字水印指的是在文档的背景中加入部分文字，用于传递信息或者美化文档，使得办公文档更加规范。用户可以使用 Word 程序自带的水印，也可以自定义水印。下面介绍为文档设置水印效果的方法。

1. 利用模板快速设置水印

在"设计"→"页面背景"选项组中单击"水印"按钮，在展开的下拉列表中选择需要的水印模板（拖动滚动条即可看到更多的水印模板），如图 4-20 所示，单击即可应用。

2. 利用"水印"对话框设置水印

❶ 在"设计"→"页面背景"选项组中单击"水印"按钮，在弹出的下拉列表中选择"自定义水印"选项（见图 4-21），打开"水印"对话框。

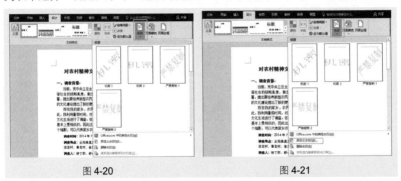

图 4-20   图 4-21

❷ 选中"文字水印"单选按钮，在"文字"后的文本框中输入自定义水印内容，设置字体、字号、颜色和版式，如图 4-22 所示。

❸ 设置完成后单击"确定"按钮，效果如图 4-23 所示。

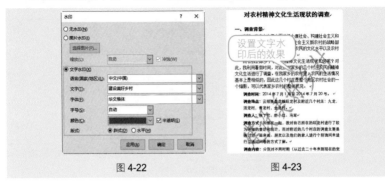

图 4-22   图 4-23

📢 **专家点拨**

在"水印"对话框中设置字体时，其下拉列表中显示的字体与软件中安装的字体同步。因此，如果想使用特殊字体效果，需要事先安装该字体。

技巧8 设置图片水印效果

如果觉得文字水印过于单一，希望提高文本的视觉效果，可以导入图片作为文档的水印。

❶ 打开"水印"对话框，选中"图片水印"单选按钮，单击"选择图片"按钮，如图 4-24 所示。在打开的提示框中单击"浏览"按钮，打开"插入图片"对话框，选中需要的图片，如图 4-25 所示。

图 4-24　　　　　　　　　　图 4-25

❷ 单击"插入"按钮返回"水印"对话框，单击"确定"按钮，水印效果如图 4-26 所示。

图 4-26

技巧9 为文档添加封面

如果要制作出一份专业的文档，如商务计划、招标文件等，除了标准的文档格式之外，有时需要为文档添加合适的封面。在 Word 2021 中，系统提供了多种文档的封面效果以供用户选择，用户可以挑选自己喜欢的模板作为文档封面。

❶ 在"插入"→"页面"选项组中，单击"封面"按钮，在下拉列表框中可以选择合适的封面，如图 4-27 所示。

❷ 单击即可在文档中插入封面，在插入文档里的封面样式中，单击该封面样式提供的文本框，可根据实际需要编辑内容，如图 4-28 所示。

图 4-27

图 4-28

添加封面后的效果

4.2 页眉页脚设置技巧

技巧10 套用 Word 内置页眉

文档顶端的空白区域称为页眉区域，页眉是正规文档必须包含的元素（如公司基本信息、公司 LOGO、日期、文档标题等）。Word 程序内置多款页眉，用户可以根据文档风格选择合适的页眉直接套用。下面介绍具体的操作步骤。

❶ 在"插入"→"页眉和页脚"选项组中单击"页眉"按钮，在下拉列表中选择合适的页眉样式（见图 4-29），即可直接套用内置页眉。

❷ 在页眉区域中输入文字即可使用，如图 4-30 所示。

图 4-29 图 4-30

技巧 11 在页眉中使用图片

插入页眉之后，可以对其进行适当的编辑与设置，如插入日期、图片等。将企业的 LOGO 插入页眉区域，还可以使文档看起来更专业，更易识别。将图片插入页眉后需要进行调整才能得到最佳效果。

❶ 双击页眉区域，进入页眉和页脚编辑状态，在"页眉和页脚"→"设计"→"插入"选项组中选择"图片"→"此设备"选项（见图 4-31），打开"插入图片"对话框。

❷ 找到待使用的图片并选中，单击"插入"按钮（见图 4-32），即可在页眉中插入图片。

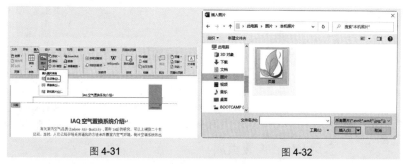

图 4-31 图 4-32

❸ 单击图片右上角的"布局选项"按钮，在下拉菜单中选择"衬于文字下方"命令，如图 4-33 所示。

❹ 执行上述操作后，图片即为可编辑状态，可调节大小，也可移动其位置，调整后如图 4-34 所示。

图 4-33 图 4-34

技巧 12　在页脚指定位置处插入页码

在编辑多页文档时通常要为其添加页码，通过如下操作可以实现在页脚指定位置处插入页码。

❶ 在页脚位置双击进入页脚编辑状态，将光标定位到想显示页码的位置处。

❷ 在"页眉和页脚"→"页眉和页脚"选项组中单击"页码"下拉按钮，鼠标指针指向"当前位置"选项，在子菜单中会出现多种程序预设的页码效果，如图 4-35 所示。

❸ 找到合适样式，单击即可在指定位置插入页码。在文档中任意位置双击，即可退出页脚编辑状态，如图 4-36 所示。

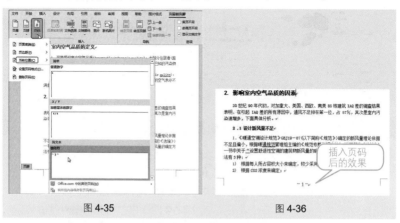

图 4-35 图 4-36

技巧 13　设置在页边距或任意位置处显示页码

除了在页面顶端和页面底端添加页码外，还可以在页面其他位置添加页码，这里介绍在页边距上显示页码的方法。将页码设置在页边距上显示，可以使文档页面更新颖。

❶ 在"插入"→"页眉和页脚"选项组中单击"页码"下拉按钮，鼠标指针指向"页边距"，在展开的子菜单中选择页码样式，如图 4-37 所示。

❷ 单击即可在页边距上显示页码。

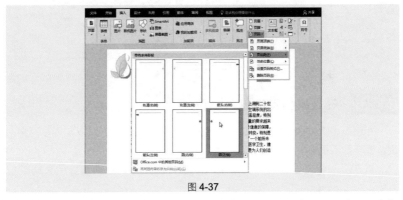

图 4-37

❸ 如果想将页码显示在其他位置，可以先进入页眉页脚编辑状态，用鼠标指针指向添加的页码，然后拖移至目标位置即可，如图 4-38 所示。

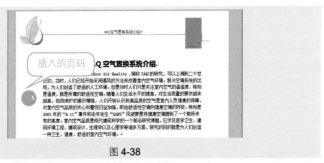

图 4-38

　　在页眉中插入自动更新的日期和时间

为了便于对一些特殊文档进行管理，用户可以在页眉中插入日期和时间，并且可以让插入的日期和时间自动更新。

❶ 双击页眉区域，进入页眉和页脚编辑状态，在"页眉和页脚"→"插入"选项组中单击"日期和时间"按钮（见图 4-39），打开"日期和时间"对话框。

❷ 在"可用格式"列表框中选择合适的日期与时间格式，选中"自动更新"复选框，如图 4-40 所示。

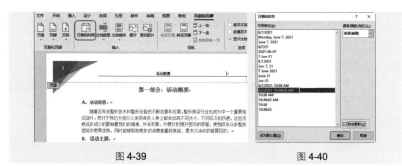

图 4-39   图 4-40

❸ 单击"确定"按钮，即可在页眉处插入自动更新的日期和时间，如图 4-41 所示。

图 4-41

技巧 15　将文档的起始页码设置为指定值

在为文档添加页码时，其起始页码都是第 1 页。如果编辑的是延续性的文档，其页码编号就需要延续前面的编号，此时则需要重新设置该文档的起始页码。

❶ 插入页码后，进入页码的编辑状态，在"页眉和页脚"→"页眉和页脚"选项组中，单击"页码"下拉按钮，在下拉菜单中选择"设置页码格式"命令，如图 4-42 所示。

❷ 打开"页码格式"对话框，在"页码编号"栏下选中"起始页码"单选按钮，并设置需要的起始页码，这里设置为 5，如图 4-43 所示。

❸ 单击"确定"按钮，当前文档就从"5"开始编排页码。

图 4-42   图 4-43

技巧 16　设置页眉页脚距边界的尺寸

在文档中添加的页眉页脚距边界有默认的尺寸，如果用户对默认尺寸不满意，可以按以下操作重新设置。

❶ 双击页眉进入页眉编辑状态下，切换到"页眉和页脚"→"位置"选项组，在"页眉顶端距离"和"页脚底端距离"设置框中设置页眉页脚距离页边距边界的距离，如图 4-44 所示。

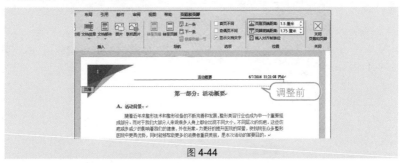

图 4-44

❷ 根据实际需要设置即可（可以单击数值框右侧的上下箭头边调整边观察结果），如图 4-45 所示。

图 4-45

4.3　图文混排技巧

技巧 17　让文字环绕图片显示

在文档中插入的图片默认为嵌入型，为了使得文字和图片更好地融合，在文档中使用图片时，通常将图文设置为文字环绕图片的显示效果。

❶ 选中图片，单击"布局选项"按钮，然后在下拉菜单中选择"四周型"命令，如图 4-46 所示。

图 4-46

❷ 执行上述操作后即可实现让文字环绕图片四周的显示效果，如图 **4-47**
所示。

❸ 根据实际需要调整图片位置，文字始终环绕图片，如图 **4-48** 所示。

图 4-47　　　　　　　　　　　　　图 4-48

技巧 18　　让图片衬于文字下方

将文档中插入的图片设置为衬于文字下方，可以让图片作为文档背景使
用，让文档页面更美观。

❶ 选中图片，单击"布局选项"按钮，然后在下拉菜单中选择"衬于文字
下方"命令，如图 **4-49** 所示。

❷ 执行上述操作后即可看到图片衬于文字下方显示，再按需要调整图片的
大小，如图 **4-50** 所示为调整后图片作为背景的效果。

图 4-49

图 4-50

技巧 19　设置表格环绕文字显示

如果在文档中插入的表格较窄，为了使文档布局更紧凑，可以将表格设置为环绕文字显示。

❶ 选中表格，在"布局"→"表"选项组中，单击"属性"按钮（见图 4-51），打开"表格属性"对话框。

图 4-51

❷ 选择"表格"选项卡，在"对齐方式"栏中选择"左对齐"命令，在"文字环绕"栏中选择"环绕"命令，如图 4-52 所示。

❸ 单击"确定"按钮完成设置，表格即可环绕文字显示，如图 4-53 所示。

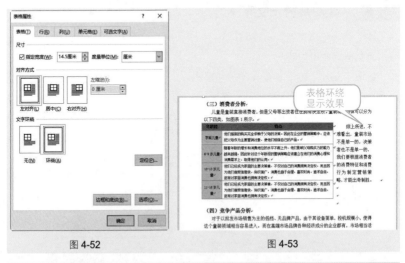

图 4-52　　　　　　　　　　　　　　图 4-53

技巧 20　设置环绕图片与文本间的距离

图片环绕文字显示时，图片与文字间的距离为默认值。如果这个默认间隔不符合当前的排版要求，则可以按如下方法自定义设置间隔。

❶ 选中图片，单击"布局选项"按钮，在下拉菜单中选择"查看更多"命令，如图 4-54 所示。

图 4-54

❷ 打开"布局"对话框，切换到"文字环绕"选项卡，在"距正文"栏下设置文本与图片的距离，效果如图 4-55 所示。

❸ 单击"确定"按钮，即可完成对文本与图片距离的设置，效果如图 4-56 所示。

图 4-55   图 4-56

技巧 21　在有色背景上显示无边框、无填充的文本框

插入图片以后，可以通过添加文本框的方式显示注释信息。将添加的文本框设置为无边框、无填充的格式，可使注释信息与图片完美结合。

❶打开目标文档，在"插入"→"文本"选项组中单击"文本框"按钮，在下拉菜单中选择自己需要的文本框类型，这里选择"绘制文本框"命令，如图 4-57 所示。

❷此时鼠标指针变成了"＋"形状，在文档中需要插入文本框的位置单击开始绘制，拖动鼠标将文本框调至期望大小，输入文字注释内容，如图 4-58 所示。

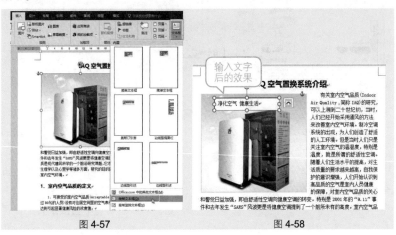

图 4-57　　　　　　　　　图 4-58

❸选中文本框，在"形状格式"→"形状样式"选项组中单击"形状填充"下拉按钮，在下拉菜单中选择"无填充"命令，如图 4-59 所示。

❹在"形状格式"→"形状样式"选项组中单击"形状轮廓"下拉按钮，在下拉菜单中选择"无轮廓"命令，如图 4-60 所示。

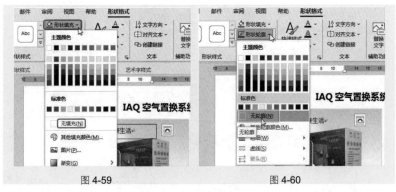

图 4-59　　　　　　　　　图 4-60

❺设置完成后，重设文字的字体、字号等文字格式，效果如图 4-61 所示。

图 4-61

技巧 22　美化文本框

默认添加的文本框为黑色边框白色填充的效果,如果用户对默认效果不满意,可以重设其填充颜色或边框效果。

❶ 选中文本框,在"形状格式"→"形状样式"选项组中单击"形状轮廓"下拉按钮,弹出下拉菜单。在"主题颜色"和"标准色"区域可以选择文本框的边框颜色(见图 4-62),单击即可应用。

❷ 将鼠标指针指向"粗细"命令,在子菜单中选择文本框的边框宽度,如图 4-63 所示。

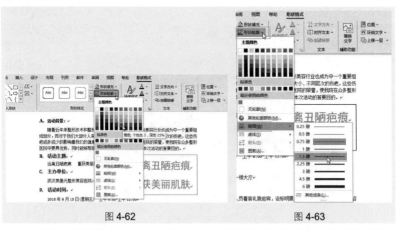

图 4-62　　　　　　　　　图 4-63

❸ 将鼠标指针指向"虚线"命令,在子菜单中选择文本框虚线边框形状,如图 4-64 所示。

❹ 设置完成后,文本框效果如图 4-65 所示。

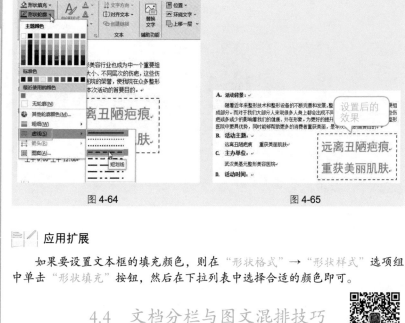

图 4-64　　　　　　　　　　　　　图 4-65

📖✏️ **应用扩展**

　　如果要设置文本框的填充颜色，则在"形状格式"→"形状样式"选项组中单击"形状填充"按钮，然后在下拉列表中选择合适的颜色即可。

4.4　文档分栏与图文混排技巧

技巧 23　实现不等宽分栏效果

　　设置文档分栏时，默认各栏的宽度一样，如果想实现各栏栏宽不等（见图 4-66）的分栏效果，可以按如下方法操作。

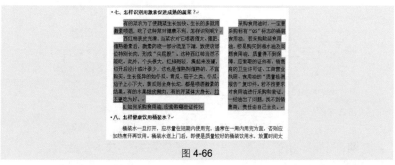

图 4-66

　❶ 选中需要设置分栏的文本，在"布局"→"页面设置"选项组中，单击"分栏"按钮，在展开的下拉菜单中选择"更多分栏"命令（见图 4-67），打开"栏"对话框。

❷ 在"栏数"设置框中输入需要设置的分栏数，如"2"，取消选中"栏宽相等"复选框，在"宽度和间距"设置框中输入需要设定的宽度和间距，如图 4-68 所示。

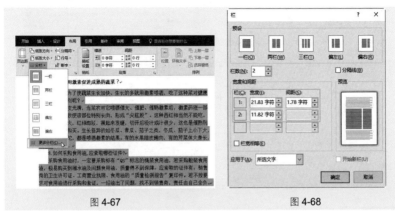

图 4-67　　　　　　　　　　图 4-68

❸ 单击"确定"按钮，即完成所选文字的分栏设置。

技巧 24　在任意位置上分栏（如让引文后的文档分栏）

在为文档进行分栏设置时，默认会对整篇进行分栏，其中也包括标题，如果想让文档只在需要的位置进行分栏（如引文之后才开始分栏），可以选中引文之后的文本再执行分栏，但是当文档较长时，这样分栏较费时。此时，可以通过如下方法进行设置。

❶ 将光标定位在需要分栏的位置（光标位置以后的文档会被分栏），在"布局"→"页面设置"选项组中单击"分栏"按钮，在展开的下拉菜单中选择"更多分栏"命令（见图 4-69），打开"栏"对话框。

图 4-69

❷ 选择"两栏"样式，并在"应用于"下拉列表框中选择"插入点之后"选项，如图 4-70 所示。

❸ 单击"确定"按钮，即可让光标位置之后的文档分栏，如图 4-71 所示。

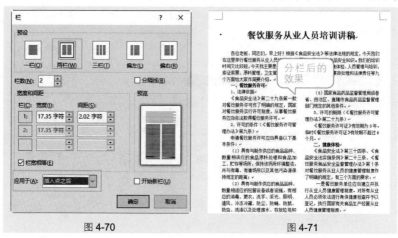

图 4-70　　　　　　　　　　图 4-71

技巧 25　实现文档混合分栏效果

对文档进行排版时，为了增加文档的层次感，使文档更美观，会遇到部分文字需要被分为两栏，而其他文本不需要分栏或者需要分更多栏的情况，这时需要进行多栏混排，如图 4-72 所示。

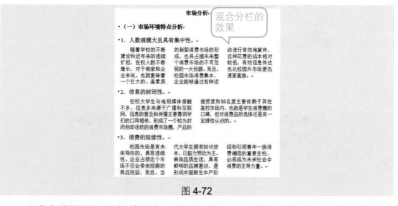

图 4-72

❶ 选中需要设置分栏的文本，在"布局"→"页面设置"选项组中单击"分栏"按钮，在下拉菜单中选择要设置的栏数，如图 4-73 所示。

❷ 这里选择"三栏"，单击即完成分栏设置，如图 4-74 所示。

❸ 当其他文本需要分栏时，按相同的方法先选中文本，然后再设置分栏，即可达到混合分栏的效果。

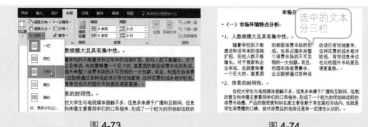

图 4-73   图 4-74

技巧 26　分栏后的文档各栏保持水平

如图 4-75 所示，文档分栏后通常会出现最后一栏与前面的分栏不能保持水平的情况，这样既不美观也浪费页面。通过如下设置可以让分栏后的文档各栏保持水平，达到如图 4-76 所示的效果。

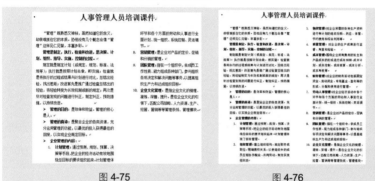

图 4-75   图 4-76

将光标定位到最后一栏的结束位置，在"布局"→"页面设置"选项组中单击"分隔符"按钮，在下拉菜单中选择"分节符"命令下的"连续"选项（见图 4-77），即可实现两栏基本保持水平。

图 4-77

第5章 文档目录创建技巧及域功能

5.1 文档目录的创建与编辑技巧

技巧 1 套用样式快速创建目录

如果文档不是很长，级别较少，在建立文档目录时，通过套用"样式集"中的某些样式可以直接生成。下面介绍套用样式创建目录的方法。

选中标题文本，在"开始"→"样式"选项组中单击"标题 1"（见图5-1），即可将其设置为目录标题，如图 5-2 所示。

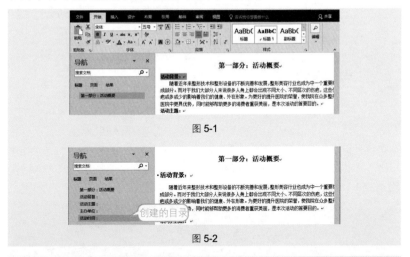

图 5-1

图 5-2

技巧 2 在大纲视图中建立文档目录

除了通过套用样式创建目录的方法以外，还可以在大纲视图中建立文档目录。Word 的大纲视图主要用于对文档纲要、目录的处理。下面介绍在大纲视图建立目录的具体操作步骤。

❶ 在"视图"→"视图"选项组中单击"大纲"按钮（见图5-3）即可进入大纲视图中。

图 5-3

❷ 选中要设置为目录的文本，在"大纲显示"→"大纲工具"选项组中单击"正文文本"下拉按钮，在弹出的下拉列表中选择目录级别，如图5-4所示为选中的文本应用"2级"。

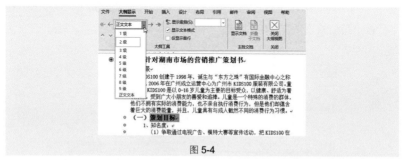

图 5-4

❸ 重复操作，按实际需要设置文档其他目录级别。设置完成后，在"大纲"→"关闭"选项组中单击"关闭大纲视图"按钮，回到页面视图中即可看到目录，如图5-5所示。

图 5-5

技巧3 附带子级目录重调目录顺序

当文档内容发生变化时，不需要重建目录，只需要调整顺序即可。但是需要调整的目录包含子目录时，在调整前必须先将该目录折叠再调整。本例要将目录"食品的采购和贮存"所包含的内容调整至目录"食品加工的卫生要求"下，由于其包含下级目录，需要先将其折叠。具体操作步骤如下。

❶ 在大纲视图下，选中需要调整的目录所包含的内容，在"大纲显示"→"大纲工具"选项组中单击"折叠"按钮，如图5-6所示。

❷ 在"大纲显示"→"大纲工具"选项组中单击"上移"按钮，如图5-7所示。

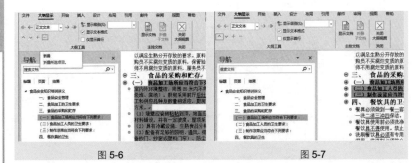

图 5-6　　　　　　　　　　　　　图 5-7

❸ 上移后的效果如图 5-8 所示，然后单击"关闭大纲视图"按钮，退出大纲视图即可。

图 5-8

技巧 4　目录级别的升级与降级

完成文档大纲级别设定后，如果目录级别较多，当某一目录在文档中级别发生变化时，可以利用以下方法调整级别。本例目录"食品加工场所应当符合下列要求"原为 2 级标题，需要调整为 3 级，具体操作如下。

❶ 单击"视图"→"视图"选项组的"大纲"按钮，切换到大纲视图状态。

❷ 选中需要调整的目录，单击"正文文本"下拉按钮，选择想调整为的级别，如"3 级"，则直接降到 3 级。或者单击旁边的"降级"按钮➡，逐级降级，如图 5-9 所示。

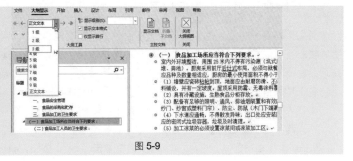

图 5-9

技巧5　相同目录级别的快速套用

当文档较长时，通过为文档创建目录的方式可以使脉络清晰，方便阅读。创建文档目录的方法有几种，当文档某一个标题设置了目录级别之后，通过格式刷可以让其他同级别的标题快速应用相同文字格式的同时也套用相同的目录级别。下面介绍通过套用样式快速创建目录的方法。

❶选中已设置的标题，在"开始"→"剪贴板"选项组中单击"格式刷"按钮，如图5-10所示。

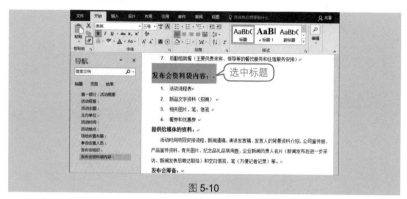

图 5-10

❷鼠标指针变成刷子形状后，在第二个标题上拖动，即可将其设置为同级别目录，如图5-11所示。

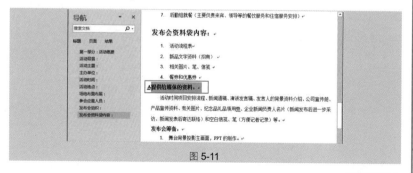

图 5-11

5.2　文档目录的提取技巧

技巧6　提取文档目录

5.1节所介绍的目录都需要在文档的"导航"窗格中查看。在正式的文档中，如果文本内容较长，为了使读者快速了解内容，可以在正文之前插入目录。Word 具备提取文档目录的功能，通过该功能，用户可以直接将目录添加在文档开头，无须手动输入。

❶ 打开文档，将光标置于起始位置，在"引用"→"目录"选项组中单击"目录"按钮，在下拉菜单中选择"自定义目录"命令（见图 5-12），打开"目录"对话框。

❷ 设置"制表符前导符"为细点线；设置"显示级别"为 3 级，如图 5-13 所示。

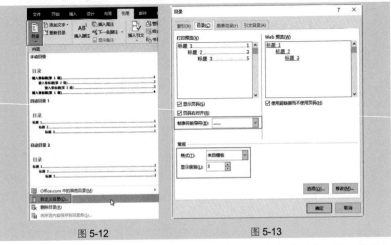

图 5-12   图 5-13

❸ 单击"确定"按钮，即可根据文档的层次结构自动创建目录，效果如图 5-14 所示。

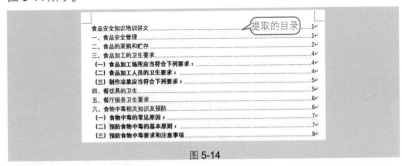

图 5-14

技巧 7 目录的快速更新

如图 5-15 所示文档中删除了标题"四"和"五"的内容，但是目录仍保存着这些内容，需要对目录做相应调整（见图 5-16）。下面介绍通过目录更新快速刷新目录的方法。

选中目录，在"引用"→"目录"选项组中单击"更新目录"按钮（见图 5-15），即可快速更新目录。

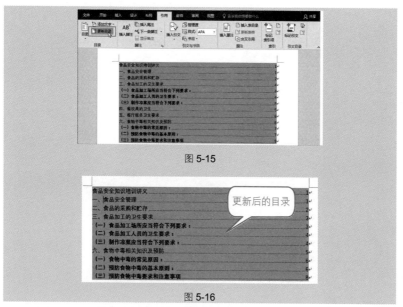

图 5-15

图 5-16

技巧 8　通过目录快速定位到文档

在文档中添加了提取的目录之后，即创建了目录与文档内容之间的超链接，因此通过单击目录可以快速定位到文档。

打开文档，将鼠标指针放在要查看的目录标题上，此时提示"按住 Ctrl 并单击可访问链接"（见图 5-17），即可定位到所需内容。

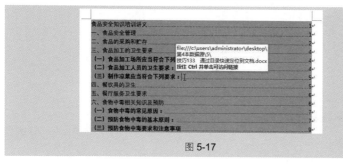

图 5-17

　　提取的目录默认为五号宋体，较简易，不具备其他格式（如图 5-18 所示为默认格式）。为了使目录更美观，提高阅读的愉悦性，可以通过套用目录样式快速美化目录。如图 5-19 所示为应用指定目录样式后的效果。

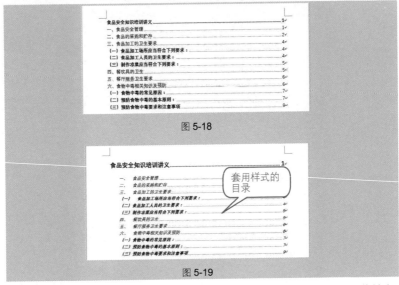

图 5-18

图 5-19

　　❶ 在"引用"→"目录"选项组中单击"目录"下拉按钮，在下拉菜单中选择"自定义目录"选项（见图 5-20），打开"目录"对话框。

　　❷ 单击"格式"下拉按钮，选择"正式"选项，如图 5-21 所示。

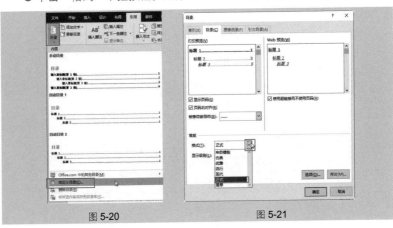

图 5-20

图 5-21

高效随身查——Office 2021 必学的高效办公应用技巧（视频教学版）

❸ 单击"确定"按钮，即可得到不同格式的目录样式。

5.3　域及邮件合并技巧

技巧 10　常用长短语的替换输入法

　　在编辑文档过程中，经常需要输入一些较长的专业术语、专利代码或公司名称之类的文本，此时可以通过"自动更正"功能设置实现只需输入其中两个字即可输入长短语。下面介绍具体的操作步骤。

❶ 选择"文件"→"选项"命令，打开"Word 选项"对话框。

❷ 单击"校对"标签，然后在右侧单击"自动更正选项"按钮（见图 5-22），打开"自动更正"对话框。

❸ 切换到"自动更正"选项卡，在"替换"框中输入"远帆"；在"替换为"框中输入"重庆远帆汽车销售有限公司"，单击"添加"按钮，如图 5-23 所示。

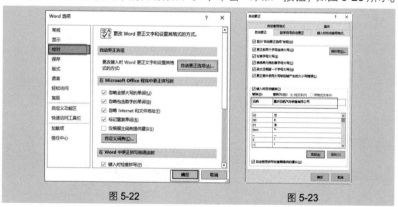

图 5-22　　　　　　　　　　　　　　图 5-23

❹ 设置完成后，依次单击"确定"按钮即可完成此项设置。

❺ 回到文本输入界面，再次输入"远帆"并按"Enter"键，即可自动输入"重庆远帆汽车销售有限公司"，如图 5-24 所示。

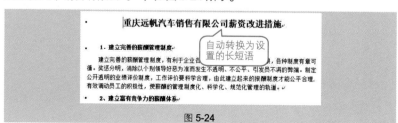

图 5-24

113

技巧 11　创建自己的自动图文集

在制作公司宣传文件或报价单等文档时，经常需要添加公司名称、联系方式等相同的文本或图片，用户可以事先将这一系列文本添加到"自动图文集"，下次需要使用时可快速插入此内容，避免反复输入的麻烦。下面介绍创建属于个人的自动图文集的方法。

❶ 选中要添加为自动图文集的文本区域，在"插入"→"文本"选项组中单击"文档部件"按钮，在弹出的下拉菜单中选择"自动图文集"命令，在子菜单中选择"将所选内容保存到自动图文集库"命令，如图 5-25 所示。

❷ 执行上述操作，弹出"新建构建基块"对话框（见图 5-26）。单击"确定"按钮完成设置。

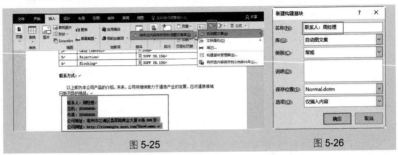

图 5-25　　　　　　　　　　　　　　图 5-26

下次输入该内容时，定位光标位置，在"插入"→"文本"选项组中单击"文档部件"按钮，在弹出的下拉菜单中选择"自动图文集"命令，在子菜单中单击文本即可快速输入。

技巧 12　创建"交叉引用"快速定位到指定的目录

利用文档的"交叉引用"功能可以快速定位到指定的目录，在编写文档时，使用"交叉引用"功能将需要提及的某个内容插入文档特定位置，在阅读文档时，即可迅速定位到该目录。而且当文档中页码或者标题改变时，通过更新域，引用的位置也会自动发生改变。

❶ 定位光标到需要引用的位置，在"引用"→"题注"选项组中单击"交叉引用"按钮（见图 5-27），打开"交叉引用"对话框。

❷ 在"引用类型"下拉列表中选择"标题"选项，在"引用内容"下拉列表中选择"页码"选项，设置"引用哪一个标题"为"2. 信息的封闭性。"，如图 5-28 所示。

❸ 单击"插入"按钮，插入后的效果如图 5-29 所示，按住"Ctrl"键并单击，将跳转到指定位置。

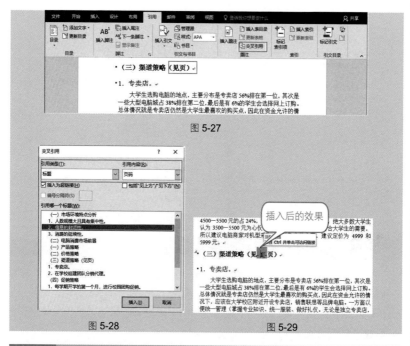

图 5-27

图 5-28

插入后的效果

图 5-29

技巧 13　为专业术语标记出索引项

在一些专业文档中，为了使文档中的专业术语方便理解，可以在文档中添加索引。要编制索引，首先需要设置标记文档中概念名词和短语等的索引项。

❶选中标记为索引的文字，单击"引用"→"索引"选项组中的"标记条目"按钮，如图 5-30 所示。

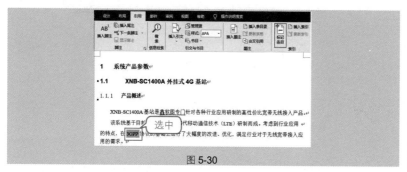

图 5-30

❷打开"标记索引项"对话框，在"主索引项"文本框中自动显示已选择的内容，单击"标记"按钮，然后再单击"关闭"按钮（见图 5-31），即可

在文档中标记出索引项，效果如图 5-32 所示。

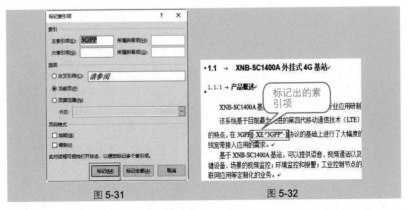

图 5-31 图 5-32

技巧 14 为专业文档添加脚注与尾注

专业文档（如学术报告、试验总结等）通常包含专业的词语描述，为了便于读者理解文章，需要使用脚注对专业术语进行相应的解释或翻译。或者因为版权的问题，引用内容时需要使用尾注标明引用内容的出处，这样会使编撰的文档显得更加专业。

1. 添加脚注

❶ 选中需要插入脚注的文本，在"引用"→"脚注"选项组中单击"插入脚注"按钮，如图 5-33 所示。

❷ 输入脚注内容后，将光标定位到插入脚注的文字上，出现时，即可查看脚注内容，如图 5-34 所示。

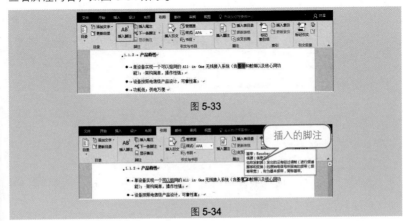

图 5-33

图 5-34

2. 添加尾注

选择要插入尾注的文字后，在"引用"→"脚注"选项组中单击"插入尾注"按钮，在文档的结尾处输入尾注内容，即可为文字添加尾注，如图 5-35 所示。

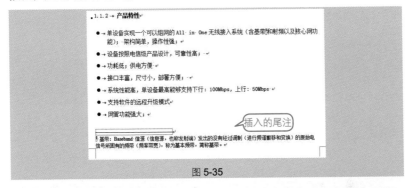

图 5-35

技巧 15　批量制作通知单

在日常工作中经常要制作各种通知单，如成绩通知单、会议通知单或聘用通知单等。通过邮件合并功能可以自动填写通知单中的姓名等信息，轻松实现批量制作。

❶ 在"邮件"→"开始邮件合并"选项组中单击"选择收件人"按钮，在弹出的下拉菜单中选择"使用现有列表"命令，如图 5-36 所示。

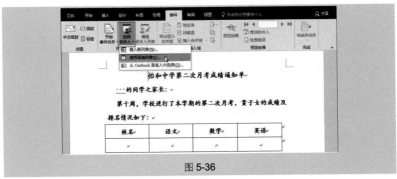

图 5-36

❷ 打开"选取数据源"对话框，找到需要的数据源，如"初一（2）班"（这里选择的 Excel 文件是事先创建好的一个统计表，需要事先建立好），如图 5-37 所示。

❸ 单击"打开"按钮，打开"选择表格"对话框，选择需要的成绩表，如图 5-38 所示。

图 5-37　　　　　　　　　　　　图 5-38

❹ 单击 "确定" 按钮，此时 Excel 数据表与 Word 已经实现关联。

❺ 将光标定位于需要插入域的位置上（如填写姓名的位置），在 "邮件" → "编写和插入域" 选项组中单击 "插入合并域" 按钮，在弹出的下拉列表中选择 "姓名" 选项（见图 5-39），完成一个域的插入。

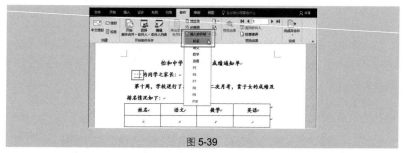

图 5-39

❻ 依次按如上步骤插入其他合并域。

❼ 在 "邮件" → "完成" 选项组中单击 "完成并合并" 按钮，在弹出的下拉菜单中选择 "编辑单个文档" 命令（见图 5-40），打开 "合并到新文档" 对话框。

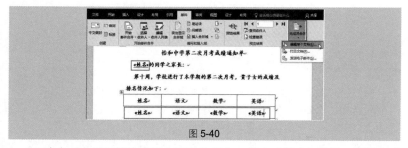

图 5-40

❽ 选中 "全部" 单选按钮（见图 5-41），单击 "确定" 按钮，设置完成后成绩单文档如图 5-42 所示。

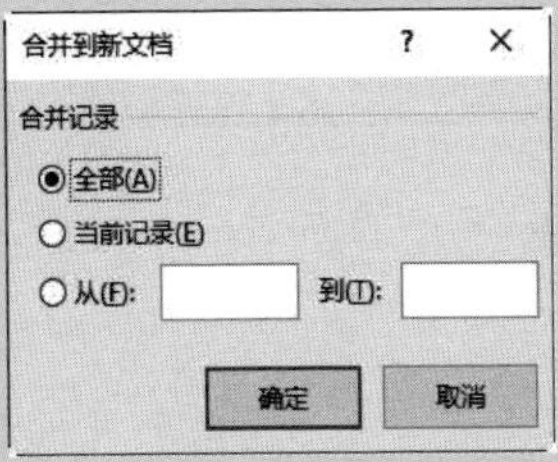

图 5-41 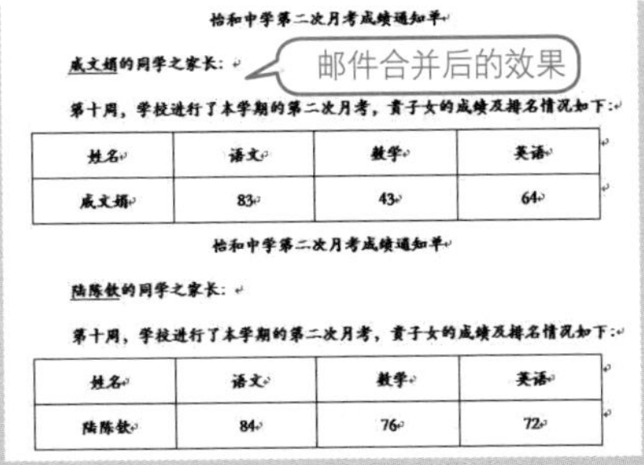　　　　　　　　　　图 5-42

技巧 16　邮件合并部分内容

在使用 Word 邮件合并内容时，有时并不需要合并数据源中的所有数据，此时可通过编辑收件人实现只合并部分邮件。

❶利用 Word 编辑模板文档，按技巧 15 依次进行到步骤 ❹ 结束。

❷在"邮件"→"开始邮件合并"选项组中单击"编辑收件人列表"按钮（见图 5-43），打开"邮件合并收件人"对话框。

❸如果不需要生成某些成绩单，则取消选中相应的复选框，如图 5-44 所示。单击"确定"按钮，即可完成邮件合并收件人设置。

图 5-43　　　　　　　　　　图 5-44

❹在模板文档的各个相应位置插入合并域，然后在"邮件"→"完成"选项组中单击"完成并合并"按钮，即可执行合并。

技巧 17　利用邮件合并功能制作工资条

制作工资条是财务人员每月必做的工作。利用邮件合并的功能可以批量制作工资条，其操作并不复杂，而且很实用。

❶在 Word 程序中编辑好工资条模板，如图 5-45 所示。

图 5-45

❷ 在"邮件"→"开始邮件合并"选项组中单击"选择收件人"按钮，在弹出的下拉菜单中选择"使用现有列表"命令，打开"选取数据源"对话框。

❸ 找到需要的数据源，如"工资统计表"（这里选择的 Excel 文件是事先创建好的工资统计表，如果没有则需要新建），如图 5-46 所示。

❹ 单击"打开"按钮，打开"选择表格"对话框，选择"Sheet1"，如图 5-47 所示。

图 5-46   图 5-47

❺ 单击"确定"按钮，此时 Excel 数据表与 Word 已经实现关联。

❻ 将光标定位于需要插入域的位置上（如填写姓名的位置），在"邮件"→"编写和插入域"选项组中单击"插入合并域"按钮，在弹出的下拉列表中选择"姓名"选项（见图 5-48），完成一个域的插入。

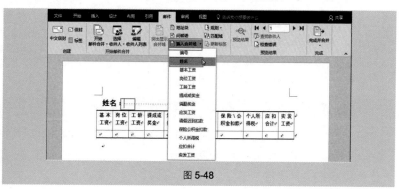

图 5-48

⑦ 依次按如上步骤插入其他合并域，如图 5-49 所示为设置好的所有合并域的效果。

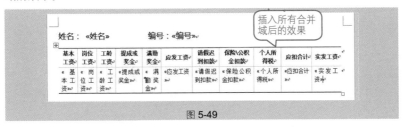

图 5-49

⑧ 在"邮件"→"完成"选项组中单击"完成并合并"按钮，执行"全部"邮件合并，得到工资条文档如图 5-50 所示。准备好打印机打印文档，然后裁切即可形成工资条。

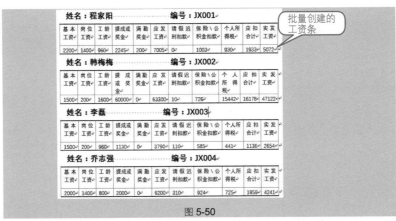

图 5-50

技巧 18　批量制作相同内容标签

工作中经常需要制作如考试座位号之类的标签，利用 Word 2021 提供的批量制作标签的功能，可快速生成包含需要内容的标签。将制作的标签打印出来，再裁切即可使用。

❶ 在"邮件"→"创建"选项组中单击"标签"按钮（见图 5-51），打开"信封和标签"对话框。

图 5-51

❷ 切换到"标签"选项卡，在"地址"列表框中输入标签文字，然后单击"选项"按钮（见图 5-52），打开"标签选项"对话框。

❸ 单击"新建标签"按钮（见图 5-53），打开"标签详情"对话框。

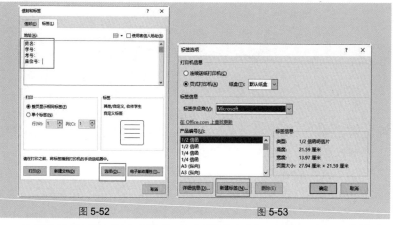

图 5-52　　　　　　　　　　　　　　　　图 5-53

❹ 设置标签名称以及各项数值，单击"页面大小"下拉按钮，设置页面大小，单击"确定"按钮，如图 5-54 所示。

❺ 返回"信封和标签"对话框，单击"新建文档"按钮，即可一次性制作大量标签，效果如图 5-55 所示。

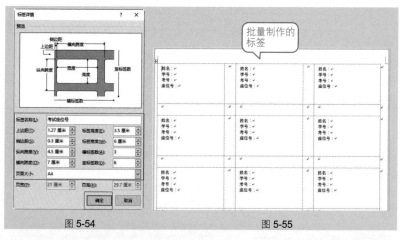

图 5-54　　　　　　　　　　　　　　　　图 5-55

技巧 19　批量制作员工档案盒标签

为了便于管理，公司人事部门需要对每一位员工建立档案盒。制作档案盒之前，先要批量制作档案盒封面信息，如员工编号、姓名、职位、所属部门以及入职时间等。下面介绍结合使用 Word 2021 的邮件合并以及制作标签的功能快速创建档案盒封面的方法。

❶ 在"邮件"→"创建"选项组中单击"标签"按钮（见图 5-56），打开"信封和标签"对话框。

图 5-56

❷ 切换到"标签"选项卡，单击"新建文档"按钮（见图 5-57），即可一次性制作大量标签。

❸ 在第一个标签中添加文本信息，在"邮件"→"开始邮件合并"选项组中单击"选择收件人"按钮，在弹出的下拉菜单中选择"使用现有列表"命令，如图 5-58 所示。

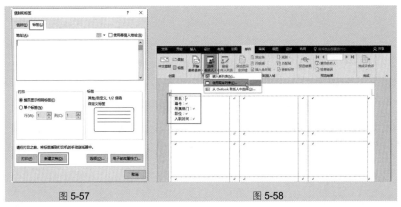

图 5-57 图 5-58

❹ 打开"选取数据源"对话框，找到需要的数据源，如"员工花名册"（这里选择的 Excel 文件是事先创建好的表格，如果没有则需要新建），如图 5-59 所示。

❺ 单击"打开"按钮，打开"选择表格"对话框，选择需要的表格，如图 5-60 所示。

❻ 单击"确定"按钮，此时 Excel 数据表与 Word 已经实现关联。

❼ 将光标定位于需要插入域的位置上（如填写姓名的位置），在"邮件"→"编写和插入域"选项组中单击"插入合并域"按钮，在弹出的下拉列表中选择"姓名"选项（见图 5-61），完成一个域的插入。

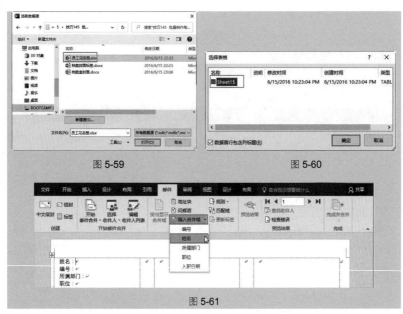

图 5-59　　　　　　　　　图 5-60

图 5-61

❽ 依次按如上步骤插入其他合并域，设置好所有合并域后，在"邮件"→"编写和插入域"选项组中单击"更新标签"按钮，在每一个标签中都插入"下一条记录"，如图 5-62 所示。

图 5-62

❾ 设置完成后，在"邮件"→"完成"选项组中单击"完成并合并"按钮，在弹出的下拉菜单中选择"编辑单个文档"命令（见图 5-63），打开"合并到新文档"对话框，选中"全部"单选按钮，即可一次性建立所有员工的档案盒封面信息，如图 5-64 所示。

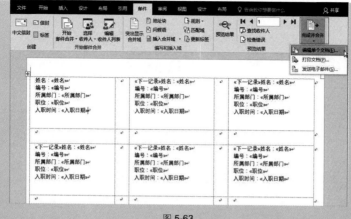

图 5-63

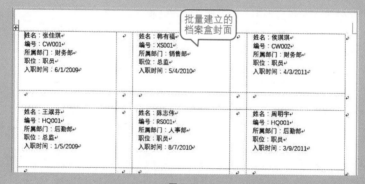

图 5-64

第 **6** 章 表格数据输入及批量输入技巧

6.1 数据输入技巧

技巧 1 在任意需要位置上强制换行

表格中有时需要输入大量的文字信息，如图 6-1 所示。当单元格中文本内容过长时，可以对其文本进行强制换行处理，即在任意想行的位置上换行，实现表格文本分段呈现的效果，使其条理更清晰。

将光标定位到需要强制换行的位置，如第 1 个"每"字前，然后按"Alt+Enter"快捷键，即可将光标后的内容换行，如图 6-2 所示。

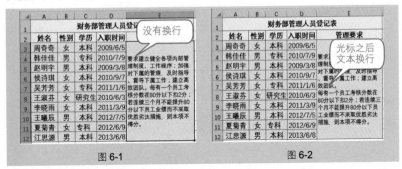

图 6-1   图 6-2

技巧 2 当前日期与时间的快捷键输入法

在制作表格时，经常需要将当前的日期或时间添加到表格中，可以使用如下方法来添加当前日期和时间。

❶ 在 D13 单元格中，在键盘上按下 "Ctrl+;" 快捷键，即可输入当前的日期，效果如图 6-3 所示。

❷ 在 D13 单元格已输入的日期后按下两次空格键（目的是为了将后面输入的时间与前面的日期间隔开），接着在键盘上按下 "Ctrl+Shift+;" 快捷键，即可输入当前的时间，效果如图 6-4 所示。

图 6-3	图 6-4

技巧3　运用"墨迹公式"手写复杂公式

　　Excel 2021 中的墨迹公式功能可以让 Excel 工作表插入复杂的数学公式。使用鼠标将公式写下来，系统会自动将其转换为文本，在进行书写的过程中还可以擦除、选择以及更正所写入的内容。该功能对于教育、科研人员而言，是非常好的帮手。

　　❶ 选中 B2 单元格，在"插入"→"符号"选项组中单击"公式"按钮，在下拉菜单中选择"墨迹公式"命令，如图 6-5 所示。

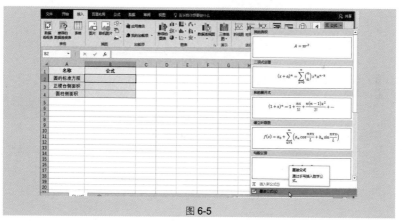

图 6-5

　　❷ 打开"数学输入控件"对话框，使用鼠标在"在此处写入数学表达式"输入框中输入公式，如图 6-6 所示。在输入过程中，可以在预览栏中查看输入的公式是否正确，如果不正确，也可以单击"擦除"按钮，将输入的内容擦除后重新输入。

　　❸ 输入完成后，单击"插入"按钮，即可完成公式的输入。再按相同的方法输入其他公式，效果如图 6-7 所示。

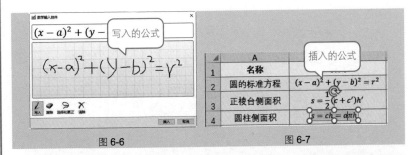

图 6-6

图 6-7

技巧4　在不连续单元格中一次性输入相同数据

批量输入数据时经常是在连续的单元格中进行，如果一个表格中有多处不连续的单元格需要输入相同的数据，可以利用下面介绍的方法一次性输入。如本例在 C 列中需要多次输入"本科"，可先选中需要输入相同数据的所有单元格，然后一次性输入。

❶ 按"Ctrl"键不释放，依次选中需要输入相同数据的单元格，如图 6-8 所示。

图 6-8

❷ 在编辑栏中输入数据"本科"，如图 6-9 所示。

❸ 按"Ctrl+Enter"快捷键即可一次输入"本科"到所有选中的单元格中，如图 6-10 所示。

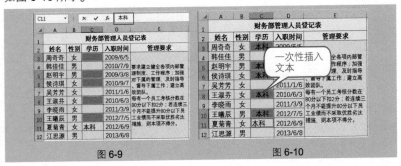

图 6-9

图 6-10

技巧5　在多张工作表中输入相同数据

　　数据的批量输入不仅可以在同一张工作表中进行，还可以在多张工作表中相同位置输入相同的数据，先将多张工作表建立一个临时工作组即可。如本例中在"上海分部""北京分部""广州分部" 3 张工作表中同时输入产品名称。

　　❶ 按 "Ctrl" 键不放，依次单击"上海分部""北京分部""广州分部" 3 张工作表，此时 3 张工作表组合成一个工作组，如图 6-11 所示。

　　❷ 依次在"上海分部"工作表中 A2:A6 单元格区域内输入"冰箱""洗衣机"等产品名称，如图 6-12 所示。

图 6-11　　　　　　　　　　　图 6-12

　　❸ 输入结束后，切换到"北京分部"和"广州分部"工作表，可看到 A2:A6 单元格区域同样输入了产品名称，如图 6-13 和图 6-14 所示。

图 6-13　　　　　　　　　　　图 6-14

技巧6　让输入的数据自动插入小数点

　　在一些正规的工作表中，特定数值如金额等都具有两位小数，为了避免反复输入小数点，在输入前可以按以下方法设置，让输入的数据自动插入小数点。

　　❶ 选择"文件"→"选项"命令，打开"Excel 选项"对话框。

　　❷ 选择"高级"标签，在"编辑选项"栏下选中"自动插入小数点"复选框，并在"小位数"数值框中输入"2"，如图 6-15 所示。

　　❸ 单击"确定"按钮返回工作表，在工作表中输入数值型数据时，会自动转换为显示两位小数的数值，如输入 59689，则自动显示为 596.89，效果如图 6-16 所示。

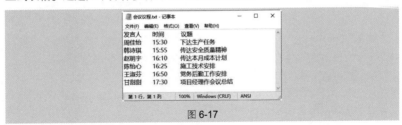

图 6-15　　　　　　　　　　　图 6-16

技巧 7　导入文本文件数据

如图 6-17 所示，需要把"会议议程"文本文件导入 Excel 工作表中形成正式表格。通过如下操作步骤可以快速实现转换。

图 6-17

❶ 在"数据"→"获取和转换数据"选项组中单击"从文本 /CSV"按钮（见图 6-18），打开"导入数据"对话框，找到并选择需要导入的"会议议程"文本文件，如图 6-19 所示。

图 6-18　　　　　　　　　　　图 6-19

❷ 单击"导入"按钮，打开"会议议程"文本加载向导。保持默认选项，如图 6-20 所示。

❸ 单击"加载"按钮,数据导入完成,结果如图 6-21 所示。

图 6-20　　　　　　　　　　　　　　　　图 6-21

专家点拨

将文本文件导入 Excel 中,通常文本文件中的数据需要设置特定的格式,如通过空格作为分隔符,或者通过"Tab"键作为分隔符。当把文本文档导入 Excel 中时,就可通过相应的分隔符实现自动划分数据列。

技巧8　导入网页中的有用表格

工作中经常需要借鉴使用网页中的某些表格的数据或表格的结构等,此时可以只导入需要的内容,而无须导入全部页面的内容。

❶ 在 Excel 的工作表中选中存放数据区域的起始单元格。在"数据"→"获取和转换数据"选项组中单击"自网站"按钮,打开"从 Web"对话框。

❷ 在地址栏中输入需要导入的表格所在的网址,单击"确定"按钮(见图 6-22),打开该网页。

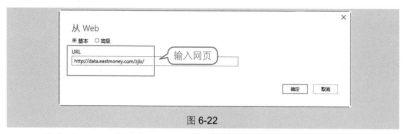

图 6-22

❸ 单击"Table 1"表单后,即可在右侧预览表格应用的效果,如图 6-23 所示。

❹ 单击"Table 3"表单后,即可在右侧预览表格应用的效果,如图 6-24 所示。

❺ 单击"加载"按钮,即可导入指定的表单数据,效果如图 6-25 所示。

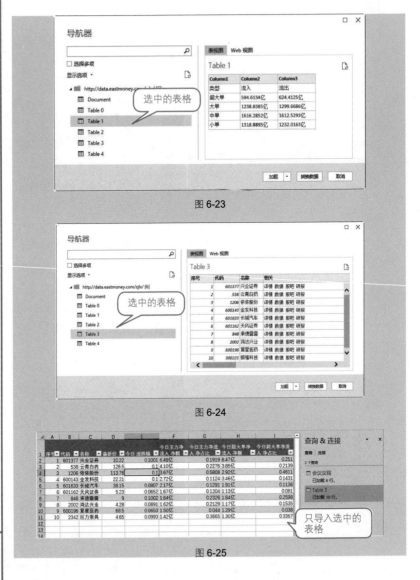

图 6-23

图 6-24

图 6-25

🔈 **专家点拨**

如果需要导入网页中的多个区域，可以先选中"选择多项"复选框，再依次选中多个表单加载即可。

6.2 数据批量填充的技巧

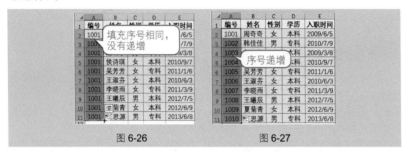

技巧 9　快速填充递增序号

在 A2 单元格中输入类似"1001"这样的编号，如果直接填充，将出现如图 6-26 所示的结果（填充后各单元格序号相同）。通过本技巧可以实现序号递增填充。

❶ 在 A2 单元格中输入"1001"，选中 A1 单元格，按住"Ctrl"键不放，向下拖动 A2 单元格右下角的填充柄。

❷ 填充结束时释放鼠标与"Ctrl"键，可以得到如图 6-27 所示的填充结果（序号递增）。

图 6-26　　　　　　　　图 6-27

应用扩展

如果想填充不连续的序号，则可以从输入的填充源上着手。

例如在 A2 单元格中输入"1001"，在 A3 单元格中输入"1003"，那么选中 A2:A11 单元格区域，可以得到如图 6-28 所示的填充结果。

图 6-28

如果想让日期间隔指定天数填充，也可以先输入首个日期，再接着输入指定间隔天数的第二个日期，然后再进行填充。

技巧 10　在连续单元格中输入相同日期

在 A2 单元格中输入日期，直接拖动填充柄填充，日期将逐日递增显示，如图 6-29 所示。怎样可以在连续的单元格中填充相同的日期呢？

❶ 在 A2 单元格中输入日期，按住"Ctrl"键不放，向下拖动 A2 单元格右下角的填充柄。

❷ 拖动到填充单元格时释放鼠标与"Ctrl"键，可以得到如图 6-30 所示的填充结果（各单元格日期相同）。

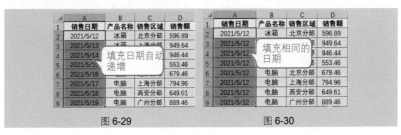

图 6-29　　　　　　　　　　　图 6-30

📢 专家点拨

如果想在单元格中填充相同的数据，当输入的数据是日期或具有增序或减序特性时，需要先按住"Ctrl"键再进行填充。

如果想填充序列，当输入的数据是日期或具有增序或减序特征时，直接填充即可；如果输入的数据是数字，需要先按住"Ctrl"键再进行填充。

技巧 11　快速输入 2 月份的工作日日期

如图 6-31 所示，正常情况下使用填充柄填充日期时，会填充每一天的日期，现在要求输入 2 月份的工作日（周六日除外），如图 6-32 所示。

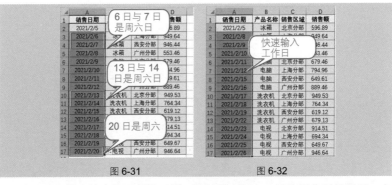

图 6-31　　　　　　　　　　　图 6-32

❶ 在 A2 单元格中输入首个日期，拖动填充柄向下填充到本月的最后一个日期，释放鼠标后，可以看到有一个按钮（填充选项）。

❷ 单击按钮，在弹出的下拉菜单中选中"以工作日填充"单选按钮即可，如图 6-33 所示。

图 6-33

📖 应用扩展

按类似的方法还可以选择让日期以月填充（间隔一个月显示），以年填充等。只要在按钮 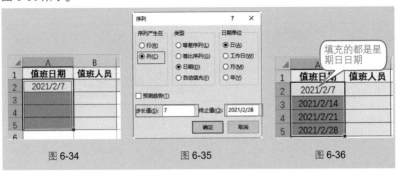 的下拉菜单中选中相应的单选按钮即可。

技巧 12 一次性输入 2 月份的星期日日期

要想一次性输入指定月份中的星期日日期，可以通过填充的方法来实现。

❶ 在 A2 单元格中输入首个星期日日期，选中包括 A2 单元格在内的多个单元格，如图 6-34 所示。

❷ 在"开始"→"编辑"选项组中单击"填充"按钮 ，在弹出的下拉菜单中选择"序列"命令，打开"序列"对话框。

❸ 设置"步长值"为"7"，"终止值"为"2021-2-28"，其他选项不变，如图 6-35 所示。

❹ 单击"确定"按钮即可在选中的单元格区域填充输入星期日日期，如图 6-36 所示。

图 6-34 图 6-35 图 6-36

📖 **应用扩展**

"序列产生在"栏中的"行"与"列"两个单选按钮用于设置填充的方向。如果在填充前只选择了单行单元格区域或单列单元格区域，这里会自动判断填充方向。如果填充前选择了多行或多列单元格区域，那么需要根据实际需要来选择填充方向。

例如，选中 A2:E9 单元格区域，打开"序列"对话框后，选中按"行"方向填充（见图 6-37），填充结果如图 6-38 所示。

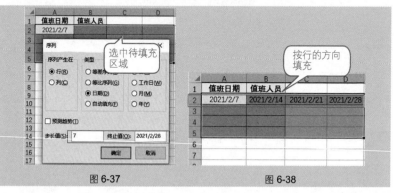

图 6-37   图 6-38

技巧 13　填充时间时按分钟数递增

新培养一批试验细菌，培养后需在每天不同的时间段查看其生长的趋势，每次查看间隔 10 分钟。下面通过填充的方法快速计算出每天的查看时间。

❶ 首先在 B2:B3 单元格区域输入前两个间隔的时间，如图 6-39 所示。

❷ 然后选中 B2:B3 单元格区域，将指针移至 B3 单元格右下角，当鼠标指针变成黑色十字形时，向下拖动鼠标至填充位置释放鼠标，即可按每 10 分钟方式递增填充时间，如图 6-40 所示。

	A	B
1	日期	查看时间
2	2021/5/6	7:30
3	2021/5/7	7:40
4		
5		
6	2021/5/10	
7	2021/5/11	
8	2021/5/12	
9	2021/5/13	
10	2021/5/14	
11	2021/5/15	
12	2021/5/16	

图 6-39

	A	B
1	日期	查看时间
2	2021/5/6	7:30
3	2021/5/7	7:40
4	2021/5/8	7:50
5	2021/5/9	8:00
6	2021/5/10	8:10
7	2021/5/11	8:20
8	2021/5/12	8:30
9	2021/5/13	8:40
10	2021/5/14	8:50
11	2021/5/15	9:00
12	2021/5/16	9:10

图 6-40

📖 **应用扩展**

用上面相同的方法，还可以按秒递增。

输入前两个时间，如 "7:30:10" 和 "7:30:12"，选中 B2:B3 单元格区域，将指针移至 B3 单元格右下角，当鼠标指针变成黑色十字形时，向下拖动鼠标指针至填充位置释放鼠标，即可按每 2 秒的方式递增填充时间，如图 6-41 所示。

图 6-41

👉 **专家点拨**

让时间按分钟数、秒数递增时，需要至少输入两个填充源。若只输入一个填充源，默认按小时递增。

技巧 14 让空白单元格自动填充上面的数据

在如图 6-42 所示的表格中，"品种" 列中数据非常多，对于重复的区域只输入了第一个。现在要求让 B 列中的空白单元格自动填充与上面单元格中相同的数据，即达到如图 6-43 所示的效果。

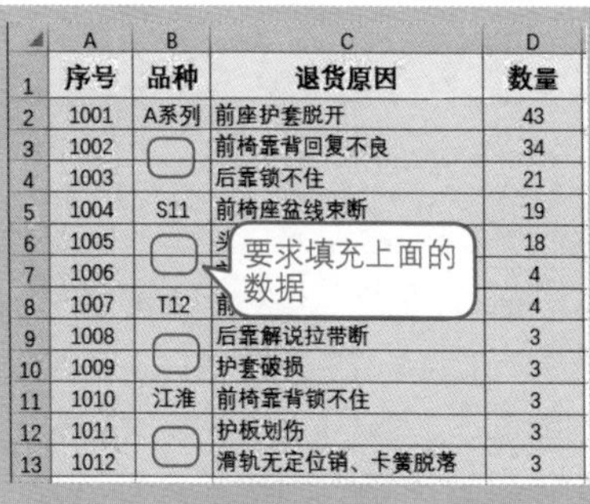

	A	B	C	D
1	序号	品种	退货原因	数量
2	1001	A系列	前座护套脱开	43
3	1002		前椅靠背回复不良	34
4	1003		后靠锁不住	21
5	1004	S11	前椅座盆线束断	19
6	1005		要求填充上面的数据	18
7	1006			4
8	1007	T12	前	4
9	1008		后靠解说拉带断	3
10	1009		护套破损	3
11	1010	江淮	前椅靠背锁不住	3
12	1011		护板划伤	3
13	1012		滑轨无定位销、卡簧脱落	3

图 6-42

	A	B	C	D
1	序号	品种	退货原因	数量
2	1001	A系列	一次性填充了上面的数据	43
3	1002	A系列		34
4	1003	A系列	后	21
5	1004	S11	前椅座盆线束断	19
6	1005	S11	头枕不能锁止、发涩	18
7	1006	S11	前椅滑轨异响	4
8	1007	T12	前椅滑动困难	4
9	1008	T12	后靠解说拉带断	3
10	1009	T12	护套破损	3
11	1010	江淮	前椅靠背锁不住	3
12	1011	江淮	护板划伤	3
13	1012	江淮	滑轨无定位销、卡簧脱落	3

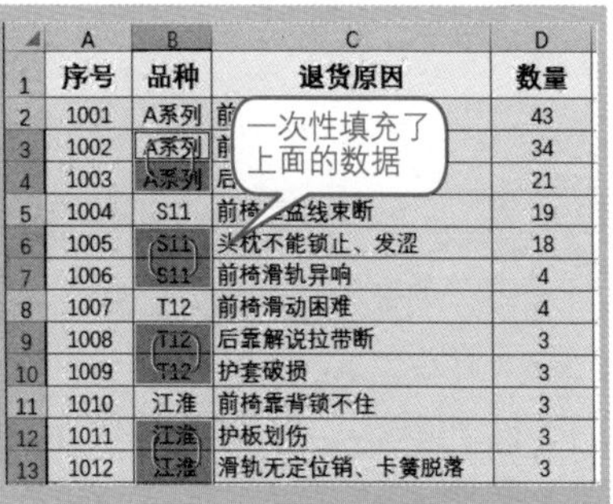

图 6-43

❶ 选中 B 列中的数据区域，在 "开始" → "编辑" 选项组中单击 "查找和选择" 按钮，在弹出的下拉菜单中选择 "定位条件" 命令，打开 "定位条件" 对话框，选中 "空值" 单选按钮，如图 6-44 所示。

❷ 单击"确定"按钮，可以看到 B 列中所有空值单元格都被选中，如图 6-45 所示。

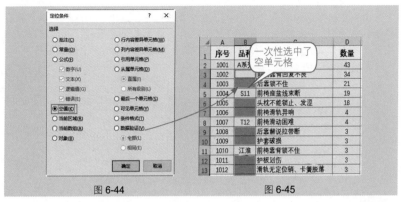

图 6-44　　　　　　　　图 6-45

❸ 将鼠标定位到编辑栏中，输入"=B2"，按"Ctrl+Enter"快捷键即可完成数据的填充输入，如图 6-46 所示。

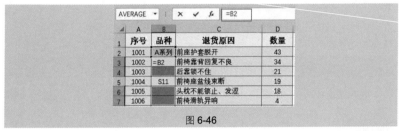

图 6-46

6.3　设置单元格格式输入特殊数据的技巧

技巧 15　大批量序号的快速填充

当工作表较大，数据较多时，需要输入的序号相应地也较多。例如，要在下面工作表的 A2:A101 单元格自动生成序号 1:100（甚至更多），手动填充序号既浪费时间，又容易出错。通过如下操作即可准确快速地生成批量序号。

❶ 在"名称框"中输入"A2:A101"（见图 6-47），按"Enter"键，即可一次性选中 A2:A101 单元格区域。

❷ 选中目标单元格区域后，在公式编辑栏中输入公式"{=-1+ROW()}"，按"Ctrl+Shift+Enter"组合键，即可一次性在 A2:A101 单元格区域输入序号，

效果如图 6-48 所示。

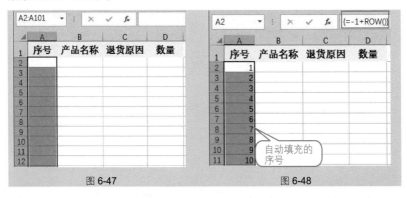

图 6-47　　　　　　　　　　图 6-48

技巧 16　海量相同数据的快捷填充

如果很大一块区域（如 A2:A1080）需要输入相同的数据，通过拖动填充柄的方法操作不便。通过下面的技巧操作会很方便，也不会出错。

❶ 切换到当前工作表中，按 "F5" 键，打开 "定位" 对话框，在 "引用位置"文本框中输入 "A2:A1080"，如图 6-49 所示。

❷ 单击 "确定" 按钮即可一次性选中 A2:A1080 单元格区域，输入数据，如 "华中地区"，如图 6-50 所示。

❸ 按 "Ctrl+Enter" 快捷键，A2:A1080 单元格区域一次性输入了相同数据，如图 6-51 所示。

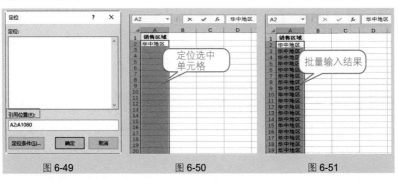

图 6-49　　　　　　　　图 6-50　　　　　　　　图 6-51

技巧 17　输入会计用大写人民币值

如图 6-52 所示，C6 单元格显示了大写的金额值。在建立财务单据时，经常需要使用到大写的金额值。

可以通过如下技巧实现快速将小写金额转换为大写金额。

❶选中需要输入（或者已经输入）大写人民币值的单元格区域，在"开始"→"数字"选项组中单击"对话框启动器"按钮 ，打开"设置单元格格式"对话框。

❷在"分类"列表框中选择"特殊"选项，然后在"类型"列表框中选择"中文大写数字"选项，如图6-53所示。

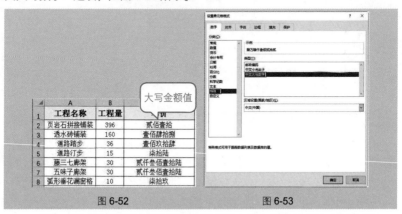

图6-52   图6-53

❸单击"确定"按钮，可以看到该单元格中的金额值显示为大写金额。

专家点拨

这种方法显示的大写金额不同于手工输入的，二者区别如下。

直接以大写的方式来输入人民币金额，一是输入麻烦，二是这个金额变成一个文本数据，不能参与数据计算。

通过上面的方法输入的大写金额可以参与数据的计算（计算返回结果仍然是大写的金额），实际上它还是一个数值，只是在单元格中的显示方式发生了改变。

技巧 18　解决编辑前面 0 被省略问题

当输入以 0 开头的数据时，系统默认是数值数据，所以会自动删除数据前面的 0。如在单元格中输入"001001"（见图6-54），而显示值为"1001"，如图6-55所示。

序号	品种	退货原因	数量
001001	A系列	前座护套脱开	43
	A系列	前椅靠背回复不良	34
	A系列	后靠锁不住	21
	S11	前椅座盆线束断	19

图6-54

序号	品种	退货原因	数量
1001		0 被省略开	43
	A系列	前椅靠背回复不良	34
	A系列	后靠锁不住	21
	S11	前椅座盆线束断	19

图6-55

若想让数据前面的 0 不省略，则可按如下操作实现。

1. 先设置单元格格式再输入

❶ 选中要输入数据的单元格区域，在"开始"→"数字"选项组中单击"常规"右侧的下拉按钮，在下拉菜单中选择"文本"命令（见图 6-56），即可将单元格设置成文本格式。

❷ 在 A2:A13 单元格区域中输入以 0 开始的数据，即可实现数据完整输入，如图 6-57 所示。

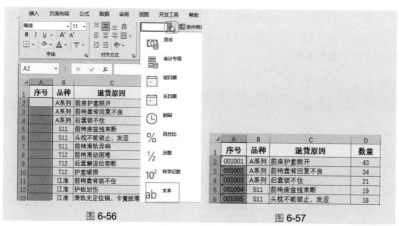

图 6-56　　　　　　　　图 6-57

2. 以半角的"'"符号（单撇号）开头

在输入数字前，首先切换至半角输入状态下输入一个"'"符号（单撇号），再输入数据（见图 6-58），按"Enter"键即可正确显示数据，如图 6-59 所示。

图 6-58　　　　　　　　图 6-59

技巧 19　快速输入有部分重复的数据

在输入产品的货号时，由于同类产品货号前面的编码都是相同的，因此可以通过设置实现在输入时只输入后面不同的编码，前面重复的部分自动输入。如图 6-60 所示输入"435"，按"Enter"键后自动返回"MYP_L435"，如图 6-61 所示。

▲	A	B	C	D	E
1	序号	货号	品种	退货原因	数量
2	1001	435	A系列	前座护套脱开	43
3	1002		A系列	前椅靠背回复不良	34
4	1003		A系列	后靠锁不住	21
5	1004		S11	前座盆线束断	19
6	1005		S11	头枕不能锁止、发涩	18
7	1006		S11	前椅滑轨异响	4

图 6-60

▲	A	B	C	D	E
1	序号	货号	品种	退货原因	数量
2	1①1	MYP_L435	A系列	前座护套脱开	43
3	1002		A系列	前椅靠背回复不良	34
4	1003		A系列	后靠锁不住	21
5	1004		S11	前座盆线束断	19
6	1005		S11	头枕不能锁止、发涩	18
7	1006		S11	前椅滑轨异响	4

图 6-61

❶ 选中目标单元格区域，在"开始"→"数字"选项组中单击右下角"对话框启动器"按钮 ▪，打开"设置单元格格式"对话框。

❷ 在"分类"列表框中选择"自定义"选项，然后在"类型"文本框中输入""MYP_L"@"（注意，双引号要在半角状态下输入，"MYP_L"为重复部分），如图 6-62 所示。

图 6-62

❸ 单击"确定"按钮回到工作表中，输入产品货号的后几位数，按"Enter"键即可自动在前面添加"MYP_L"。

技巧 20 | 根据数据大小区间自动显示不同颜色

通过自定义单元格的格式，可以实现数据根据数值大小显示出不同的颜色。如图 6-63 所示，当退货数量小于等于 20 时，显示为红色；当数量大于等于 40 时，显示为蓝色；当数量在 20~40 时，显示为绿色。

图 6-63

❶ 选中"数量"列中的数据，在"开始"→"数字"选项组中单击右下角的"对话框启动器"按钮 ▣，打开"设置单元格格式"对话框。

❷ 在"分类"列表框中选择"自定义"选项，然后在"类型"文本框中输入"[蓝色][>=40]0;[红色][<=20]0;[绿色]0"，如图 6-64 所示。

❸ 单击"确定"按钮，即可看到不同的数量显示出不同的颜色。

📑🖊 应用扩展

"[]"中括号在自定义格式中有两个用途：一是使用颜色代码，二是使用条件。

条件由比较运算符和数值两部分组成。比较运算符包括 =（等于）、>（大于）、<（小于）、>=（大于等于）、<=（小于等于）和 <>（不等于）。

图 6-64

当前有两张工作表分别为"上半年退货额"与"下半年退货额"，现在在"下半年退货额"工作表中建立一列用于对退货额进行比较，如图 6-65 所示。

当下半年的退货额高于上半年的退货额时，在数据前添加"增长"前缀；当下半年的退货额低于上半年的退货额时，在数据前添加"减少"前缀，如图 6-66 所示。

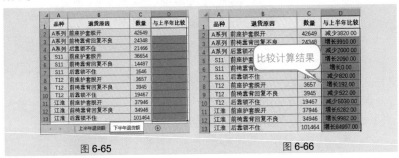

图 6-65　　　　　　　　　　　　　　图 6-66

❶ 在"下半年退货额"表中，选中 D 列的单元格，在"开始"→"数字"选项组中单击右下角的"对话框启动器"按钮 ，打开"设置单元格格式"对话框。

❷ 在"分类"列表框中选择"自定义"选项，然后在"类型"文本框中输入""增长 "0.00 ;"减少 "0.00"，如图 6-67 所示。

❸ 单击"确定"按钮完成设置。

❹ 选中 D2 单元格，在公式编辑栏中输入公式为"=C2-上半年退货额 !C2"，按"Enter"键，当计算结果为负值时添加"减少"前缀（见图 6-68），当计算结果为正值时添加"增长"前缀。

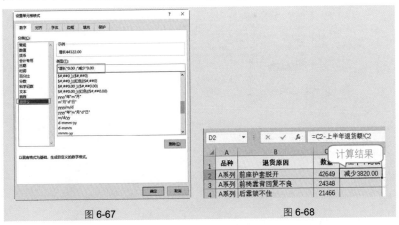

图 6-67　　　　　　　　　　　　　　图 6-68

技巧 22　约定数据宽度不足时用零补齐

设置当前要输入的会员卡号全部以"AL_"开头，后面再由至少 4 位数字组成（当不足 4 位时前面用 0 补齐，超出 4 位时直接显示）。

设置完成后，所达到的效果是，如输入"8"，按"Enter"键，显示为"AL_0008"，如图 6-69 所示；如输入"125"，按"Enter"键，显示为"AL_0125"，如图 6-70 所示。

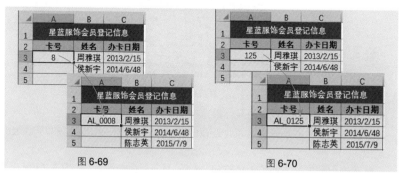

图 6-69　　　　　　　　　　　　图 6-70

❶ 选中要约定显示的数据列，在"开始"→"数字"选项组中单击右下角的"对话框启动器"按钮，打开"设置单元格格式"对话框。

❷ 在"分类"列表框中选择"自定义"选项，然后在"类型"文本框中输入""AL_"0000"，如图 6-71 所示。

❸ 单击"确定"按钮即可完成设置。

图 6-71

高效随身查——Office 2021 必学的高效办公应用技巧（视频教学版）

通过上面的一系列技巧可发现，自定义单元格的格式对日常工作帮助非常大。但是自定义格式显示的数据只是显示方式改变了，它实际仍然为原数据，在编辑栏中可以看到，如图 6-72 所示。

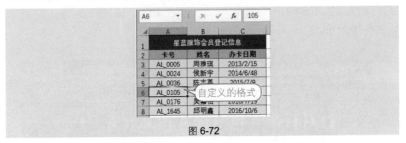

图 6-72

如果将自定义格式转换为实际数据，使用起来就会更加方便了。

❶ 选中要转换的单元格区域，连按两次"Ctrl+C"快捷键复制的同时调出剪贴板。

❷ 单击剪贴内容右侧的下拉按钮，选择"粘贴"命令即可，如图 6-73 所示。

❸ 此时再选中单元格，通过在编辑栏中查看，可以看到已经转换为实际值了，即单元格中显示什么，值就是什么，如图 6-74 所示。

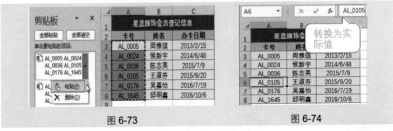

图 6-73　　　　　　　　　　　　图 6-74

6.4　数据输入的验证设置技巧

技巧 24　　只允许输入限额内的数值

利用数据验证可以快速限定单元格输入的数据类型，如只允许输入整数数据、只允许输入指定数值范围内的数据等。下面以限定某单元格区域只能输入小于 5000 的整数为例介绍操作方法。

❶ 选中"活动经费"列，在"数据"→"数据工具"选项组中单击"数据验证"按钮，打开"数据验证"对话框。

❷ 切换至"设置"选项卡，在"允许"下拉列表中选择"整数"选项；在"数据"下拉列表中选择"小于"选项；在"最大值"文本框中输入"5000"，如图 6-75 所示。

❸ 单击"确定"按钮完成设置。当在"活动经费"列输入不符合要求的数据时，按"Enter"键即会弹出提示对话框，如图 6-76 所示。

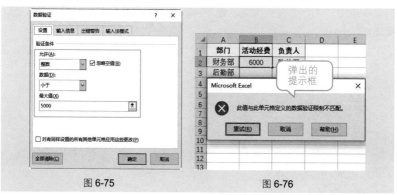

图 6-75　　　　　　　　　　　　图 6-76

📢 **专家点拨**

在"允许"下拉列表中可以选择整数、时间等类型，选择数据类型后，还可以对数据值进行界定设置。

技巧 25　限制单元格只能输入日期

公司的很多报表都包含日期数据，在输入时，经常因为粗心导致输入的数据不是正规的日期格式，如果逐个检查，不仅浪费时间还容易遗漏。下面介绍通过数据验证设置来限定输入数据类型的方法，实现当输入不规则的日期数值时弹出如图 6-77 所示的提示框。

图 6-77

❶ 选中"办卡日期"列，在"数据"→"数据工具"选项组中单击"数据验证"按钮，打开"数据验证"对话框。

❷切换至"设置"选项卡，在"允许"下拉列表中选择"日期"选项；在"数据"下拉列表中选择"大于或等于"选项；设置"开始日期"为"2021/1/1"，如图 6-78 所示。

❸切换至"出错警告"选项卡，在"标题"和"错误信息"文本框中输入自定义的出错警告信息，如图 6-79 所示。

❹单击"确定"按钮完成设置。当输入不规范的日期值时就会弹出错误提示。

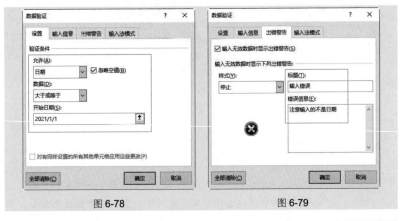

图 6-78　　　　　　　　　　图 6-79

技巧 26　建立可选择输入的序列

如果某一列单元格中输入的数据只有可选择性的几项（如输入部门、性别、学历等）。为了有效保证单元格中输入数据的准确性，可通过设置数据验证将要在该列单元格中输入的几个数据设置成可选择的序列，直接通过下拉列表选择输入。

❶选中"产品名称"列，在"数据"→"数据工具"选项组中，单击"数据验证"按钮，打开"数据验证"对话框。

❷切换至"设置"选项卡，在"允许"下拉列表中选择"序列"选项，在"来源"文本框中输入"美颜堂,欧兰素,雅韵"（这里使用半角状态下的逗号），如图 6-80 所示。

❸单击"确定"按钮完成设置。返回工作表，选中设置数据验证的单元格，其右边都会出现一个下拉箭头，单击即可打开下拉菜单，从中选择所需要的序列即可，如图 6-81 所示。

高效随身查——Office 2021 必学的高效办公应用技巧（视频教学版）

图 6-80   图 6-81

技巧 27　避免输入重复值

　　在下面的工作表中安排了下月公司每个工作日的值班人员，要求值班人员一列的数据不能重复。当工作表中出现一些独一无二的特定信息时，可以通过设置数据验证，实现当输入重复值时弹出提示框，快速而准确地保证输入数据的唯一性，如图 6-82 所示。

图 6-82

　　❶ 选中"值班人员"列，在"数据"→"数据工具"选项组中单击"数据验证"按钮，打开"数据验证"对话框。

　　❷ 切换至"设置"选项卡，在"允许"下拉列表中选择"自定义"选项，接着在"公式"文本框中输入公式"=COUNTIF($B$2:$B$16,B2)=1"，如图 6-83 所示。

　　❸ 切换至"出错警告"选项卡，在"标题"和"错误信息"文本框中输入相应的内容，如图 6-84 所示。

　　❹ 单击"确定"按钮完成设置，所选择的单元格区域不可输入重复的编码，否则会弹出提示对话框，如图 6-82 所示。单击"取消"按钮。重新输入数据即可。

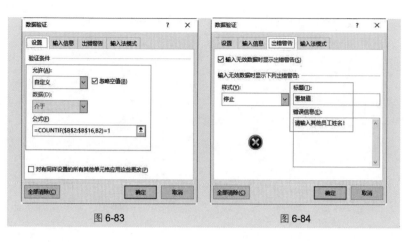

图 6-83   图 6-84

📢 专家点拨

COUNTIF 函数计算区域中满足给定条件的单元格的个数。公式 "=COUNTIF($B$2:$B$16,B2)=1" 是判断指定单元格中是否有重复的数据，如果有，就会弹出出错警告。

技巧 28 设置禁止输入文本值

在输入数据时，通过数据验证的设置，可以避免在特定的单元格中输入文本值。设置后，在该单元格区域任意单元格输入文本值都会出现如图 6-85 所示的提示框。

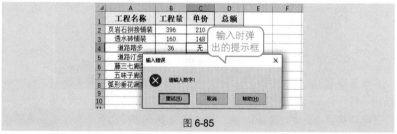

图 6-85

❶ 选中 "单价" 列，在 "数据" → "数据工具" 选项组中单击 "数据验证" 按钮，打开 "数据验证" 对话框。

❷ 切换至 "设置" 选项卡，在 "允许" 下拉列表中选择 "自定义" 选项，接着在 "公式" 文本框中输入公式 "IF(ISDONTEXT(C2),FALSE,TRUE)=FALSE"，如图 6-86 所示。

❸ 切换至 "出错警告" 选项卡，在 "标题" 和 "错误信息" 文本框中输入

相应的内容，如图 6-87 所示

④ 单击"确定"按钮完成设置，所选择的单元格区域不可输入文本值，否则会弹出提示对话框，如图 6-85 所示。单击"取消"按钮，重新输入数据即可。

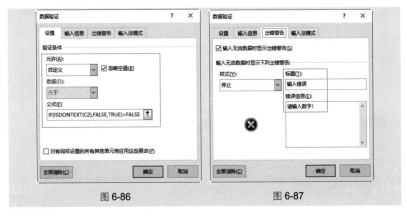

图 6-86　　　　　　　　　　　图 6-87

📢 专家点拨

ISDONTEXT 函数用于判断引用的参数是否为文本值，如果是则返回 TRUE，不是则返回 FALSE。公式"IF(ISDONTEXT(C2），FALSE,TRUE)= FALSE"用于判断 C2 单元格的值是否为文本值，如果不是则允许输入，如果是则会弹出提示信息。

公式依次向下取值，即判断完 C2 单元格后再判断 C3 单元格，依次向下。

技巧 29　制作二级联动列表

本例为员工籍贯登记表，在 B 列和 C 列中需要录入每一位员工的省市名称。为了让录入更方便快捷、提高准确率，可以实现建立数据验证序列，如将省 / 直辖市建立一个序列，再将市 / 区建立一个序列，方便数据的快速录入。

制作二级下拉菜单需要涉及自定义公式以及名称定义，方便数据来源的正确引用。

① 打开表格，选中 E1:H7 单元格区域（见图 6-88），根据前面章节介绍的名称定义技巧进行名称定义，如图 6-89 所示。

② 选中 B2:B14 单元格区域，在"数据"→"数据工具"选项组中单击"数据验证"按钮（见图 6-90），打开"数据验证"对话框。

③ 切换至"设置"选项卡，在"允许"下拉列表中选择"序列"选项；在"来源"文本框中输入"= 省市"，如图 6-91 所示。

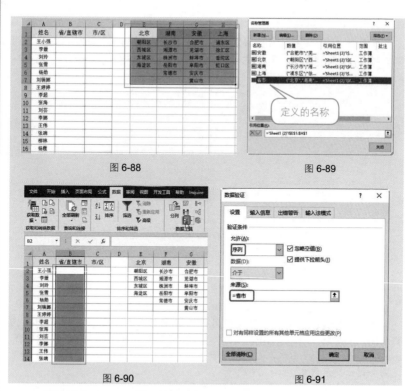

图 6-88　　　　　　　　　　　　　　图 6-89

图 6-90　　　　　　　　　　　　　　图 6-91

❹ 继续选中 C2:C14 单元格区域，在"数据"→"数据工具"选项组中单击"数据验证"按钮（见图 6-92），打开"数据验证"对话框。

❺ 切换至"设置"选项卡，在"允许"下拉列表中选择"序列"选项；在"公式"文本框中输入"=INDIRECT(B2)"，如图 6-93 所示。

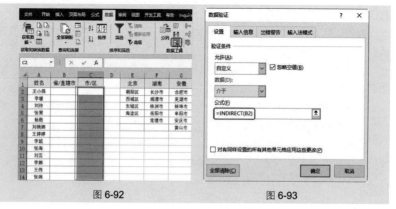

图 6-92　　　　　　　　　　　　　　图 6-93

❻ 单击 "确定" 按钮完成设置，当单击 B2 单元格右侧的下拉按钮，可以在打开的下拉列表选择一个省或直辖市名称（见图 6-94），再单击市/区下方单元格右侧的下拉按钮，可以在下拉列表选择省/直辖市对应的市/区名称，如图 6-95 所示。

❼ 选择 "湖南" 后，会在市区列表中显示湖南省的所有市区名称，如图 6-96 所示。选择 "北京" 后，会在市区列表中显示北京市的所有市区名称，如图 6-97 所示。

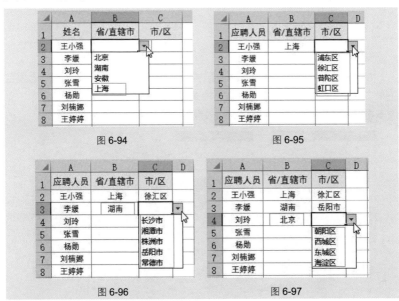

图 6-94 图 6-95

图 6-96 图 6-97

技巧 30 圈释无效数据

Excel 2021 具备圈释无效数据的功能，通过该功能可以将工作表中不符合要求的数据标识出来。例如在下面工作表中需要将考试成绩不及格的分数圈出来，即可一目了然地了解本次月考学生的考试情况。

❶ 选中 B2:D9 单元格区域，在 "数据" → "数据工具" 选项组中单击 "数据验证" 按钮（见图 6-98），打开 "数据验证" 对话框。

❷ 切换至 "设置" 选项卡，在 "允许" 下拉列表中选择 "整数" 选项，在 "数据" 下拉列表中选择 "大于或等于" 选项，接着在 "最小值" 文本框中输入 "60"，如图 6-99 所示。

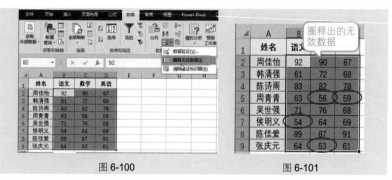

图 6-98　　　　　　　　　　　图 6-99

❸ 单击"确定"按钮回到工作表中，在"数据"→"数据工具"选项组中单击"数据验证"下拉按钮，在下拉菜单中选择"圈释无效数据"命令（见图 6-100），即可圈释出表格中的无效数据，如图 6-101 所示。

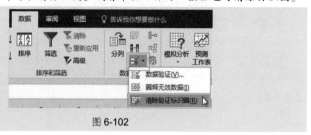

图 6-100　　　　　　　　　　　图 6-101

📢 **专家点拨**

查找出无效的数据后，若需要取消无效数据标识圈，可按如下方法操作。

单击"数据验证"下拉按钮，在下拉列表中选择"清除验证标识圈"命令（见图 6-102），即可取消标识圈。或者单击"保存"按钮也可清除标识圈。

图 6-102

技巧 31 复制数据验证条件

在某些单元格中设置了数据验证之后，如果想将相同的数据验证设置应用到其他单元格区域，可以通过复制的方法快速实现。例如图 6-103 所示表格中"入职日期"列只允许输入日期，现要将"离职日期"列设置为与之相同的数据验证条件。

图 6-103

❶ 选中设置了数据验证的单元格，按"Ctrl+C"快捷键进行复制。

❷ 在"开始"→"剪贴板"选项组中单击"粘贴"按钮，在下拉菜单中选择"选择性粘贴"命令（见图 6-104），打开"选择性粘贴"对话框。

❸ 选中"验证"单选按钮（见图 6-105），单击"确定"按钮退出即可完成数据验证的复制。

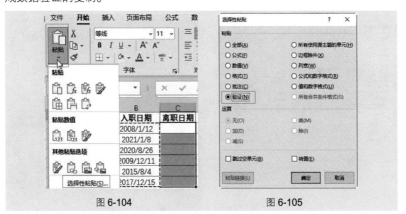

图 6-104   图 6-105

7.1 常用编辑技巧

技巧 1 为表格标题添加会计用下画线

在 Excel 中创建财务表格后，为标题添加会计用下画线，可以使表格更加专业与美观。

❶选中标题所在单元格，如 A1 单元格。在"开始"→"字体"选项组中单击"对话框启动器"按钮 ⌐，弹出"设置单元格格式"对话框。

❷切换到"字体"选项卡，单击"下画线"设置框的下拉按钮，在下拉列表中选择"会计用双下画线"选项，单击"确定"按钮（见图 7-1），即可为单元格添加下画线，如图 7-2 所示。

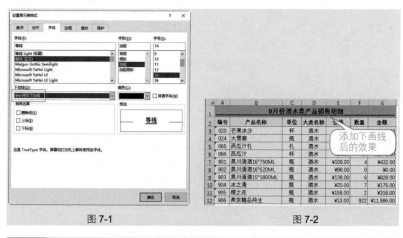

图 7-1　　　　　　　　　　　　　图 7-2

技巧 2 跨列居中显示表格的标题

在制作报表时，标题行一般都如图 7-3 所示在表格上方正中间的位置，所以要按以下操作将标题文本设置为跨列居中显示。

在 A1 单元格中输入标题文本，并设置好标题文本的字体、字号等格式，然后选中标题文本将要显示的单元格区域，在"开始"→"字体"选项组中单击"合并后居中"按钮 ▣ ▾（见图7-4），即可让标题文本跨列居中显示。

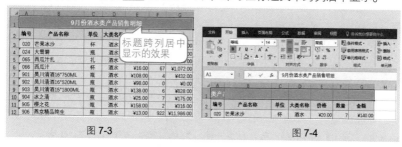

图7-3   图7-4

技巧 3　数据竖向显示效果

在工作表中输入的数据默认为横向显示，如图7-5所示表格中A列单元格中文本需要竖向显示才更美观。此时，可以按以下操作进行让Excel单元格中默认的横向显示变成竖向显示，即达到如图7-6所示的效果。

图7-5   图7-6

❶ 选中目标单元格，在"开始"→"对齐方式"选项组中单击"方向"按钮 ❖ ▾，在下拉菜单中选择"竖排文字"命令，如图7-7所示。

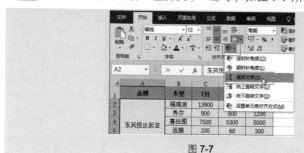

图7-7

❷ 执行上述操作后，即可实现单元格文字竖向显示。

在 Excel 工作表中，默认的单元格框线是虚拟线，如果工作表需要打印，默认的网格线并不会被打印出来，因此需要为表格添加框线。另外，将部分单元格框线设置成特殊颜色，也可以突出此部分单元格。

❶ 选中整张表格，在"开始"→"数字"选项组中单击"对话框启动器"按钮 ⤓，打开"设置单元格格式"对话框，如图 7-8 所示。

❷ 切换至"边框"选项卡，在"样式"列表栏中选择框线样式；单击"颜色"下拉按钮，选择颜色；单击"外边框"和"内部"按钮（见图 7-9）。然后单击"确定"按钮即可完成对单元格框线的设置，效果如图 7-10 所示。

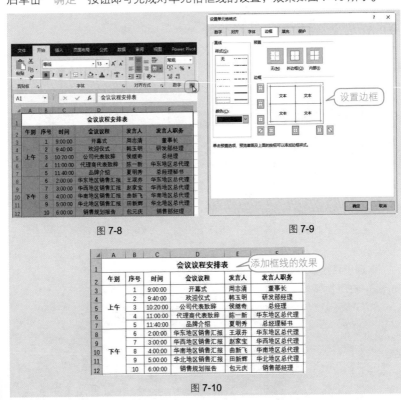

图 7-8　　　　　　　　　　　图 7-9

图 7-10

🔊 **专家点拨**

如果内外边框想使用不同的线条，则可以分别设置。先设置线条样式与颜色，单击"外边框"按钮；再重新设置线条样式与颜色，单击"内部"按钮。

技巧 5　创建个性化单元格样式

由于商务工作表较专业，一般每种商务表格都有其固定的表格样式。Excel 2021 提供了一些可供套用的样式，但有时并非理想样式。此时，用户可以自己设计并创建表格样式。建立的样式会显示于样式库中，后期需要使用时直接套用即可。

❶ 在"开始"→"样式"选项组中单击"单元格样式"按钮，在弹出的下拉菜单中选择"新建单元格样式"命令，如图 7-11 所示。

❷ 打开"样式"对话框，在"样式名"文本框中输入"会议议程"，单击"格式"按钮，如图 7-12 所示。

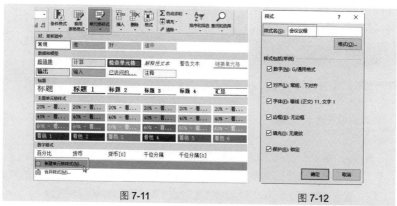

图 7-11　　　　　　　　　　　　图 7-12

❸ 打开"设置单元格格式"对话框，在"字体"选项卡中设置单元格的字体格式；在"填充"选项卡中设置填充颜色，如图 7-13 和图 7-14 所示。

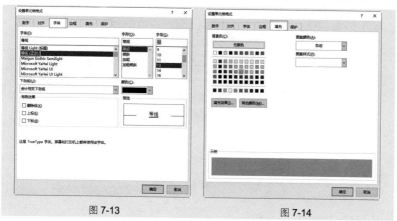

图 7-13　　　　　　　　　　　　图 7-14

④ 单击"确定"按钮返回"样式"对话框中，单击"确定"按钮完成样式的创建。

⑤ 当需要使用该个性化样式时，可以先选中要引用的单元格或单元格区域，在"单元格样式"下拉菜单的"自定义"栏下即可看到所自定义的"会议议程"样式。选择需要应用格式的单元格，单击即可应用，如图 7-15、图 7-16 所示。

图 7-15   图 7-16

技巧 6   将现有单元格的格式添加为样式

如果用户对现有工作表中某一处单元格区域的格式较满意，希望在以后建表时方便使用该格式，则可以将该区域的格式创建为样式保存到样式库中。

① 选中需要保存样式的单元格，在"开始"→"样式"选项组中单击"单元格样式"按钮，在下拉菜单中选择"新建单元格样式"命令，如图 7-17 所示。

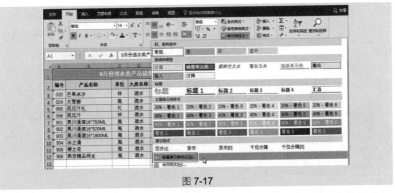

图 7-17

② 打开"样式"对话框，在"样式名"文本框中输入样式名"常用表格样式"，在"样式包括"栏下可看到该单元格的样式，单击"确定"按钮，如图 7-18 所示。

③ 创建样式后可以在"单元格样式"下拉菜单中看到，如图 7-19 所示。

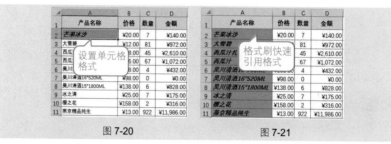

图 7-18 图 7-19

技巧 7 用格式刷快速引用格式

当为某个单元格设置了格式后（见图 7-20 中 A2 单元格），如果其他单元格也想使用相同的格式（见图 7-21 中 A3:A11 单元格），可以使用"格式刷"来快速引用其格式，避免重新设置的重复工作。

图 7-20 图 7-21

❶ 选中 A2 单元格，在"开始"→"剪贴板"选项组中单击"格式刷"按钮，如图 7-22 所示。

❷ 此时鼠标指针变为刷子形状，在 A3:A11 单元格区域上拖动鼠标（见图 7-23），即可快速引用 A2 单元格格式。

图 7-22 图 7-23

为单元格设置格式包括数字格式、文字格式、边框底纹等。如果表格不再需要使用格式，可以一次性快速清除所有格式。

❶ 选中要清除格式的单元格区域，在"开始"→"编辑"选项组中单击"清除"按钮，在弹出的下拉菜单中选择"清除格式"命令，如图 7-24 所示。

❷ 执行上述操作后即可在单元格中只保留输入的文字，效果如图 7-25 所示。

图 7-24　　　　　　　　　　图 7-25

专家点拨

"清除"下拉菜单中包含"全部清除""清除格式""清除内容""清除批注"和"清除超链接"几个命令，用户可以根据自身需要，选择合适的命令，以达到不同的目的。

当选中的单元格区域中不止有一个数据时，选择"合并单元格"命令，会弹出如图 7-26 所示的对话框。如果想让合并后的单元格保留所有数据，可按如下技巧操作。

❶ 在工作表的空白位置上选中单元格并进行合并（选中的单元格数量与实际要合并的单元格数量一致），如图 7-27 所示。

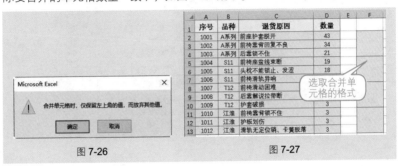

图 7-26　　　　　　　　　　图 7-27

高效随身查——Office 2021 必学的高效办公应用技巧（视频教学版）

❷选中F列中合并的单元格区域，在"开始"→"剪贴板"选项组中单击"格式刷"按钮，如图7-28所示。

❸此时鼠标指针变为刷子形状，在B2:B13单元格区域上拖动鼠标（见图7-29），即可快速引用F列中辅助区域的格式。

图 7-28

图 7-29

技巧 10　合并两列数据并自动删除重复值

如图7-30所示，B列中显示的是晨光电器港汇店在售的产品，C列中显示的是国购店在售的产品。现在要建立一列显示出该品牌所有在售的产品，如图7-31所示。可按如下步骤操作。

	A	B	C
1	在售产品	港汇店	国购店
2		冰箱	热水器
3		洗衣机	洗衣机
4		微波炉	柜式空调
5		热水器	冰柜
6		柜式空调	壁挂空调

图 7-30

	A	B	C
1	在售产品	港汇店	国购店
2	冰箱	冰箱	热水器
3	洗衣机	洗衣机	洗衣机
4	微波炉	微波炉	柜式空调
5	热水器	热水器	冰柜
6	柜式空调	柜式空调	壁挂空调
7	冰柜		
8	壁挂空调		

图 7-31

❶分别将B列和C列的数据复制到A列。选中A列任意单元格，在"数据"→"数据工具"选项组中单击"删除重复值"按钮（见图7-32），弹出"删除重复值"对话框。

❷单击"取消全选"按钮，选中"在售产品"复选框（见图7-33），单击"确定"按钮，即可删除A列所有重复的产品。

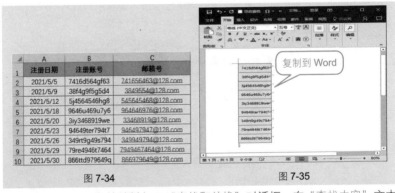

图 7-32

图 7-33

技巧 11　借助 Word 批量去掉单元格中的字母

如图 7-34 所示表格中统计了某网站邮箱用户的注册日期和注册账号，其中注册账号基本都是数字与字母相结合型数据，需要将其中的字母删除，更改为只有数字的数据作为 C 列邮箱号前一部分使用。要想批量整理这一数据表，通过以下操作将 Excel 与 Word 相结合进行操作，即可快速解决问题。

❶ 选中 B2:B10 单元格区域，按"Ctrl+C"快捷键复制单元格内容。切换到 Word 文档中，按"Ctrl+V"快捷键将复制的内容粘贴到文档中，如图 7-35 所示。

注册日期	注册账号	邮箱号
2021/5/5	7416d564gf63	741656463@128.com
2021/5/9	38f4g9f5g5d4	3849554@128.com
2021/5/12	5j4564546hg8	545645468@128.com
2021/5/18	9646u469u7y6	964646976@128.com
2021/5/20	3iy3468919we	33468919@128.com
2021/5/23	94649ter794t7	946497947@128.com
2021/5/26	349rt9g49s794	349949794@128.com
2021/5/29	79re4946t7464	7949467464@128.com
2021/5/30	866ttd979649q	866979649@128.com

图 7-34

图 7-35

❷ 按"Ctrl+H"快捷键打开"查找和替换"对话框，在"查找内容"文本框中输入"^$"，单击"全部替换"按钮（见图 7-36），即可将文档中的字母全部删除。

❸ 将删除字母后的 Word 内容全部复制后，切换到 Excel 工作表中，选中要粘贴位置的起始单元格，在"开始"→"剪贴板"选项组中单击"粘贴"按钮，在下拉菜单中选择"匹配目标格式"命令（见图 7-37），即可将删除字母后的数据粘贴至工作表中。

高效随身查——Office 2021 必学的高效办公应用技巧（视频教学版）

图 7-36　　　　　　　　　　　图 7-37

7.2　快速定位与查找、替换技巧

技巧 12　快速准确定位多个任意的单元格区域

利用定位功能或在地址栏中输入单元格地址，可以快速选取指定的单元格区域。

❶ 按 "F5" 键，打开 "定位" 对话框，在 "引用位置" 栏中输入单元格区域的地址（多区域间用半角逗号隔开），如图 7-38 所示。

❷ 单击 "确定" 按钮，即选中了 C2:C12 和 E2:E12 单元格区域，如图 7-39 所示。

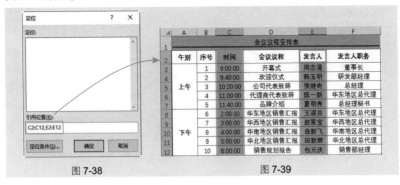

图 7-38　　　　　　　　　　　图 7-39

应用扩展

除了上述定位方法外，还可通过在地址栏输入地址以实现快速定位。

操作方法：单击编辑栏左侧单元格地址框，输入单元格地址"B4:E4,B6:F6"（见图7-40），然后按"Enter"键即可。

另外，还可以利用"Shift+F8"快捷键定位。

操作方法：选中第一个要选择的单元格或区域，然后按"Shift+F8"快捷键，此时状态栏右侧会出现"添加"字样（见图7-41）。依次选择多个单元格区域，全部选择完成后，按"Shift+F8"快捷键或按"Esc"键退出"添加"状态即可。

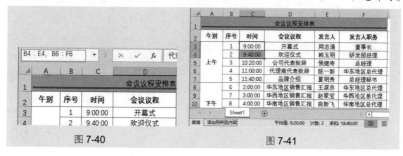

图 7-40   图 7-41

技巧 13　快速定位超大单元格区域

当表格较大，数据较多时，如果要选取的单元格区域非常大，拖动鼠标选取既不准确也容易出错。此时，可以利用名称框中输入单元格地址来选取任意单元格区域。

❶ 打开工作表，在左上角的地址栏中输入"B4:G20"，如图7-42所示。

❷ 按"Enter"键，即可快速选中B4:G20单元格区域，如图7-43所示。

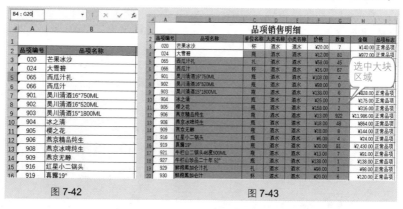

图 7-42   图 7-43

📖✎ 应用扩展

除了上述定位方法外，也可以使用之前介绍的方法，在"定位"对话框的地址栏中输入大范围单元格区域的地址即可。

技巧 14　一次性选中所有空值单元格

如图 7-44 所示，要求一次性将表格中所有空值单元格都选中。最快捷的办法是使用"定位条件"对话框一次性定位。

❶ 选中表格的编辑区域，按"Ctrl+G"快捷键，打开"定位"对话框，单击"定位条件"按钮，打开"定位条件"对话框，选中"空值"单选按钮，如图 7-45 所示。

❷ 单击"确定"按钮，返回到工作表中，即可选中所有空值单元格。

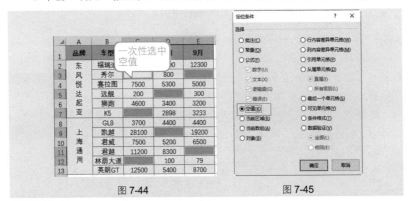

图 7-44　　　　　　　　　　　　　　　　　　图 7-45

技巧 15　数据替换时自动设置格式

通过在"查找和替换"对话框中进行相关设置，可以实现在替换数据的同时为其设置格式，以达到突出显示的作用。

如图 7-46 所示，要求将 B 列中所有"大专"替换为"专科"，并在替换的同时设置格式，如图 7-47 所示。

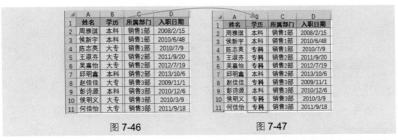

图 7-46　　　　　　　　　　　　　　　　　　图 7-47

❶ 在当前工作表的"开始"→"编辑"选项组中单击"查找和选择"按钮，在弹出的下拉菜单中选择"替换"命令，打开"查找和替换"对话框，并单击"选项"按钮，打开隐藏的选项。分别输入查找内容与替换内容，然后再单击

"替换为"右侧的按钮 [格式(M)...]，如图 **7-48** 所示。

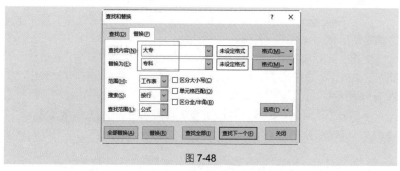

图 7-48

❷ 打开"替换格式"对话框，切换到"字体"选项卡在"字体"列表框中选择"黑体"，接着在"字号"列表框中选择"12"号，在"字形"列表框中选择"加粗"，在"颜色"下拉列表框中选择"蓝色"，如图 **7-49** 所示。

❸ 单击"确定"按钮，返回到"查找和替换"对话框，单击"替换"按钮，即可对文档进行替换，并弹出提示框，如图 **7-50** 所示。

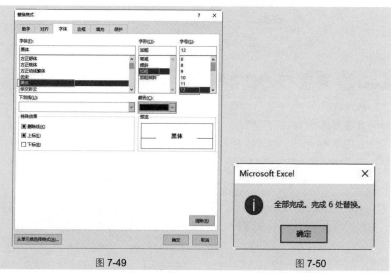

图 7-49   图 7-50

❹ 单击"确定"按钮，返回到工作表中即可看到替换后的结果。

技巧 16 完全匹配的查找

在如图 **7-51** 所示表格中查找产品规格为"TBB-05"的订单编号时，查找到了三条信息，其中两条信息并非"TBB-05"产品，而是在编号中包含"TBB-05"

的订单，这是 Excel 中的默认查找方式。如果我们想精确地找到所需要的数据，需要启用"单元格匹配"功能，具体操作如下。

❶ 按"Ctrl+H"快捷键，打开"查找和替换"对话框。在"查找内容"文本框中输入"TBB-05"，单击"选项"按钮，打开隐藏的选项，选中"单元格匹配"复选框，如图 7-52 所示。

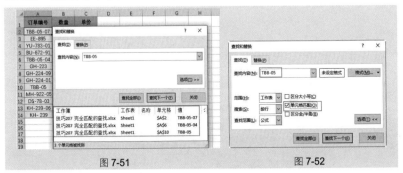

图 7-51　　　　　　　　　　图 7-52

❷ 单击"查找全部"按钮，即可准确找到所需查找的数据。

技巧 17　快速找到除某一数据之外的数据

在下面表格中需要定位 C 列除"0"以外的所有数据。由于需要找到的数据较多，查找起来很麻烦，此时，可以使用定位功能来实现快速查找除某一数据之外的所有数据。

❶ 选中 C 列单元格区域，然后按"Ctrl"键，单击"0"所在的单元格，如图 7-53 所示。

❷ 按"F5"键，打开"定位"对话框，单击"定位条件"按钮，打开"定位条件"对话框，选中"列内容差异单元格"单选按钮，如图 7-54 所示。

❸ 单击"确定"按钮，即可看到所有的非"0"值都被选中，如图 7-55 所示。

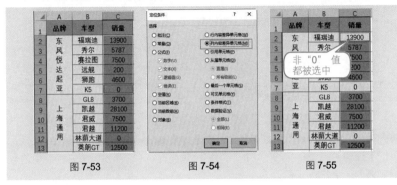

图 7-53　　　　　　图 7-54　　　　　　图 7-55

169

7.3 选择性粘贴的技巧

如图 7-56 所示表格中的数据无格式，那么利用复制的方法将数据粘贴到如图 7-57 所示的表格中时，可以看到数据仍然无格式显示。

图 7-56

图 7-57

现在要求让复制的数据自动匹配目标区域的格式，即达到如图 7-58 所示的效果。

复制数据，切换到目标位置上，执行粘贴命令，单击右下角的"粘贴选项"按钮，在弹出的下拉菜单中选择"值和数字格式"命令（见图 7-59），即可实现让粘贴的数据自动匹配目标区域的格式。

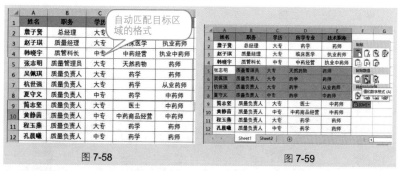

图 7-58

图 7-59

技巧 19　　让粘贴数据随原数据自动更新

粘贴数据随原数据自动更新，表示粘贴的数据与原数据是相链接的。例如，将"员工花名册"中的"姓名"与"2 月份销售指标"中的"姓名"相链接，可以实现当"员工花名册"中的"姓名"调整时，"2 月份销售指标"中的数据可以同步更新。

❶ 在"员工花名册"中选中"姓名"列数据，按"Ctrl+C"快捷键复制，如图 7-60 所示。

❷ 切换到"2 月份销售指标"中，选中起始单元格，在"开始"→"剪贴板"选项组中单击"粘贴选项"按钮，在打开的下拉菜单中单击"粘贴链接"按钮▤，如图 7-61 所示。

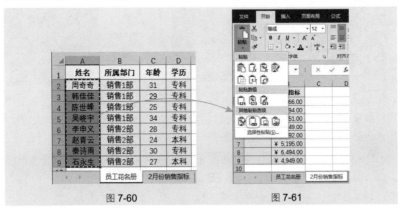

图 7-60   图 7-61

❸ 此时，当"员工花名册"中的"姓名"调整时（见图 7-62），"2 月份销售指标"中的"姓名"同步更新，如图 7-63 所示。

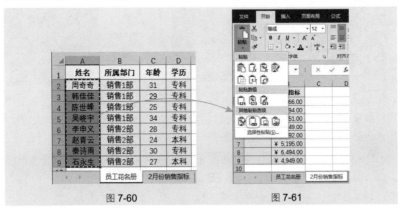

图 7-62   图 7-63

技巧 20　将表格快速转换为图片

表格转换为图片，可以利用选择性粘贴功能来实现。粘贴得到的图片可以直接复制到 Word、PPT 等文档中使用。

❶ 选中表格，按"Ctrl+C"快捷键复制表格，如图 7-64 所示。

❷ 在"开始"→"剪贴板"选项组中单击"粘贴"按钮，在弹出的下拉菜单中单击"图片"按钮，如图 7-65 所示。

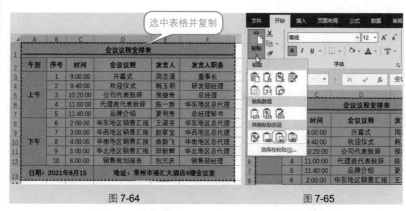

图 7-64　　　　　　　　　图 7-65

❸ 执行上述命令后即可将表格转换为图片，且该图片是浮于文字之上的，可以移动到其他位置上，如图 7-66 所示。

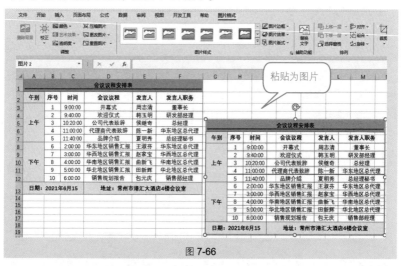

图 7-66

技巧 21　复制数据表保持行高、列宽不变

将图 7-67 所示的表格复制到图 7-68 所示的工作表中时，表格的行高和列宽都发生了变化。在 Excel 中复制表格再粘贴到新的区域后，表格行高、列宽匹配当前表格的格式，一般情况下都会发生变化，导致部分数据无法正常显示。若希望粘贴后的表格保持复制前的行高和列宽设置，可通过粘贴选项快速实现。

❶ 选中需要复制的表格，按"Ctrl+C"快捷键复制。

❷ 选中需要粘贴的单元格区域的起始单元格，按"Ctrl+V"快捷键粘贴（默

认列宽），单击“粘贴”按钮，在下拉菜单中选择“保留源列宽”命令，即可实现粘贴的数据保持原有列宽，如图 7-69 所示。

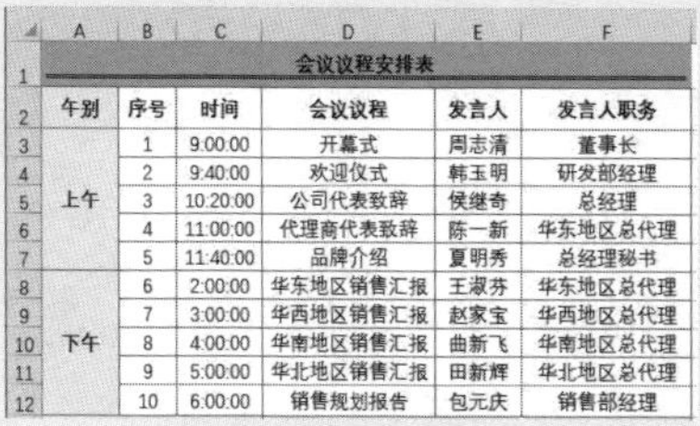

午别	序号	时间	会议议程	发言人	发言人职务
上午	1	9:00:00	开幕式	周志清	董事长
	2	9:40:00	欢迎仪式	韩玉明	研发部经理
	3	10:20:00	公司代表致辞	侯继奇	总经理
	4	11:00:00	代理商代表致辞	陈一新	华东地区总代理
	5	11:40:00	品牌介绍	夏明秀	总经理秘书
下午	6	2:00:00	华东地区销售汇报	王淑芬	华东地区总代理
	7	3:00:00	华西地区销售汇报	赵家宝	华西地区总代理
	8	4:00:00	华南地区销售汇报	曲新飞	华南地区总代理
	9	5:00:00	华北地区销售汇报	田新辉	华北地区总代理
	10	6:00:00	销售规划报告	包元庆	销售部经理

图 7-67

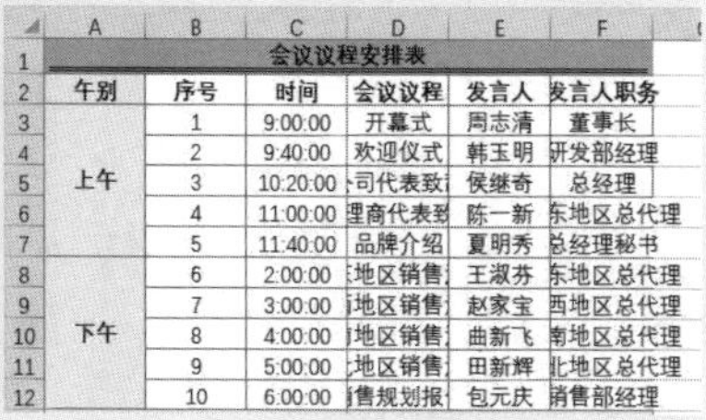

午别	序号	时间	会议议程	发言人	发言人职务
上午	1	9:00:00	开幕式	周志清	董事长
	2	9:40:00	欢迎仪式	韩玉明	研发部经理
	3	10:20:00	司代表致	侯继奇	总经理
	4	11:00:00	理商代表致	陈一新	东地区总代理
	5	11:40:00	品牌介绍	夏明秀	总经理秘书
下午	6	2:00:00	地区销售	王淑芬	东地区总代理
	7	3:00:00	地区销售	赵家宝	西地区总代理
	8	4:00:00	地区销售	曲新飞	南地区总代理
	9	5:00:00	地区销售	田新辉	北地区总代理
	10	6:00:00	售规划报	包元庆	销售部经理

图 7-68

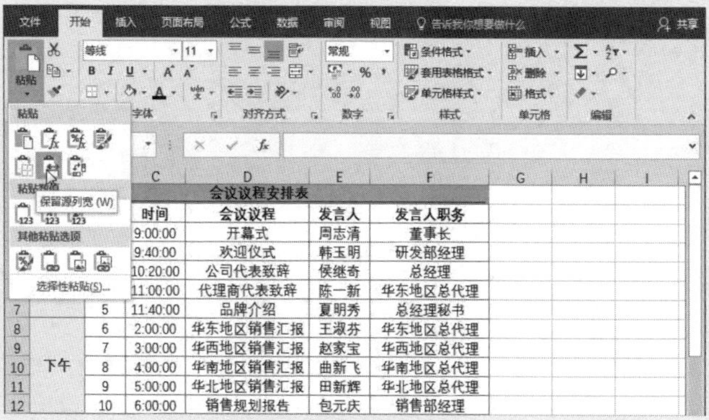

序号	时间	会议议程	发言人	发言人职务
	9:00:00	开幕式	周志清	董事长
	9:40:00	欢迎仪式	韩玉明	研发部经理
	10:20:00	公司代表致辞	侯继奇	总经理
	11:00:00	代理商代表致辞	陈一新	华东地区总代理
5	11:40:00	品牌介绍	夏明秀	总经理秘书
6	2:00:00	华东地区销售汇报	王淑芬	华东地区总代理
7	3:00:00	华西地区销售汇报	赵家宝	华西地区总代理
8	4:00:00	华南地区销售汇报	曲新飞	华南地区总代理
9	5:00:00	华北地区销售汇报	田新辉	华北地区总代理
10	6:00:00	销售规划报告	包元庆	销售部经理

图 7-69

技巧 22　将公式计算结果转换为数值

在表格中进行数据计算时，经常出现这样的情况：完成公式的运算后，当参与计算的数据位置发生变化或者删除了某列部分数据后，计算结果就会发生变化，甚至出现错误值。下面介绍将公式的计算结果转换为数值的方法，避免这种情况发生。

❶ 当前表格中 F 列是公式计算返回的结果，选中 F 列中的单元格区域，按“Ctrl+C”快捷键复制，如图 7-70 所示。

❷ 选中 F2:F11 单元格区域，在“开始”→“剪贴板”选项组中单击“粘贴”按钮，在下拉菜单中选择“值”命令（见图 7-71），即可只粘贴数值，将公式结果转换为数值，效果如图 7-72 所示。

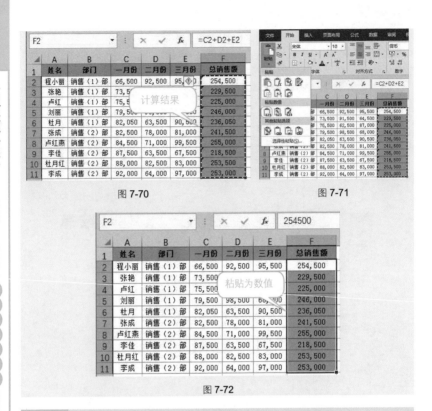

图 7-70

图 7-71

图 7-72

技巧 23　选择性粘贴实现单元格区域同增或同减数据

在处理数据时有时会需要让某一数据区域同时增加或减去某个数值。例如在统计员工年终奖时，由于当年公司业绩较好，需要在总金额基础上统一增加 500 元的奖励，可以使用"选择性粘贴"功能快速实现。

❶ 在任意空单元格中输入要统一进行运算的数据（此处输入 500），按"Ctrl+C"快捷键复制，如图 7-73 所示。

❷ 选中要进行同增或同减的单元格区域，在"开始"→"剪贴板"选项组中单击"粘贴"按钮，在下拉菜单中选择"选择性粘贴"命令（见图 7-74），打开"选择性粘贴"对话框。

❸ 在"运算"栏下选中"加"单选按钮，如图 7-75 所示。

❹ 单击"确定"按钮，即可实现将所有选中单元格区域中的数值增加 500 的效果，如图 7-76 所示。

图 7-73

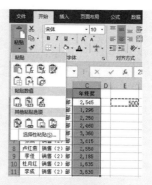

图 7-74

图 7-75

图 7-76

175

技巧 24 计算时忽略空单元格

在如图 7-77 所示的表格中,要在每个月提成额基础上进行一次性增加 100 的处理,但是要求忽略空单元格,即空单元格仍然保持为空,如图 7-78 所示。

	A	B	C	D	E
1	姓名	部门	一月份	二月份	三月份
2	程小丽	销售(1)部	650		
3	张艳	销售(1)部	750	950	650
4	卢红	销售(1)部	550	650	
5	刘丽	销售(1)部		50	60
6	杜月	销售(1)部	205	350	250
7	张成	销售(2)部	50		100
8	卢红燕	销售(2)部	450	100	350
9	李佳	销售(2)部	750	350	750
10	杜月红	销售(2)部		250	300
11	李成	销售(2)部	500	640	700

图 7-77

	A	B	C	D	E
1	姓名	部门	一月份	二月份	三月份
2	程小丽	销售(1)部	750	1050	650
3	张艳	销售(1)部	850	1050	750
4	卢红	销售(1)部	650	750	
5	刘丽	销售(1)部		150	160
6	杜月	销售(1)部	305	450	350
7	张成	销售(2)部	150		200
8	卢红燕	销售(2)部	550	200	450
9	李佳	销售(2)部	850	450	850
10	杜月红	销售(2)部		350	400
11	李成	销售(2)部	600	740	800

图 7-78

❶ 在空白单元格中输入数字"100"，选中该单元格，按"Ctrl+C"快捷键复制。

❷ 选中显示提成额的单元格区域，按"F5"键，打开"定位"对话框，单击"定位条件"按钮，打开"定位条件"对话框，选中"常量"单选按钮，如图 7-79 所示。

❸ 单击"确定"按钮即可选中所有常量（空值除外），如图 7-80 所示。

❹ 在"开始"→"剪贴板"选项组中单击"粘贴"按钮，在打开的下拉菜单中选择"选择性粘贴"命令。

❺ 打开"选择性粘贴"对话框，在"运算"栏中选中"加"单选按钮。单击"确定"按钮，可以看到所有被选中的单元格同时进行了增加 100 的处理，即达到如图 7-78 所示的效果。

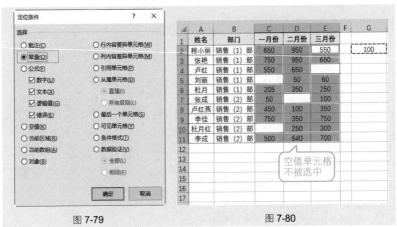

图 7-79　　　　　　　　　　　　　　图 7-80

高效随身查——Office 2021 必学的高效办公 应用技巧（视频教学版）

第 **8** 章 大数据整理技巧及条件格式

8.1 大数据整理技巧

技巧 1 **两列数据互换**

在编辑工作表时，如果想实现两列数据的整体互换，可以利用鼠标拖动的方法快速实现。

❶ 选中 D 列，将光标定位于该列的边框上，直到出现黑色十字形箭头，如图 8-1 所示。

❷ 按 "Shift" 键的同时，拖动光标至 C 列，这时可以看到 C 列边缘会有虚线框，如图 8-2 所示。

图 8-1	图 8-2

❸ 释放鼠标即可互换 C 列与 D 列数据，效果如图 8-3 所示。

图 8-3

技巧 2　一次性隔行插入空行

本例要求运用快捷的方法实现隔一行插入一个空行，即达到如图 8-4 所示的效果。

❶ 在最左侧插入一列辅助列，并在 A2 单元格中输入"1"，向下填充到 A15 单元格中，如图 8-5 所示。

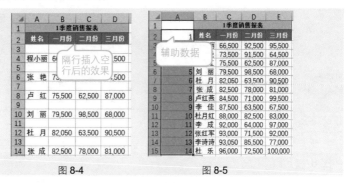

图 8-4　　　　　　　　　　图 8-5

❷ 复制 A2:A15 单元格区域数据到 A16:A29 单元格区域，选中 A2 单元格，在"数据"→"排序和筛选"选项组中单击"升序"按钮（见图 8-6），排序后的效果如图 8-7 所示。

图 8-6　　　　　　　　　　图 8-7

❸ 将建立的辅助列删除，即可实现隔行插入空行的效果。

技巧 3　实现只要某一列中单元格为空值时就删除该行

在当前数据表中，A 列中包含很多空值（见图 8-8），现在要求将 A 列为空值的所有行都删除（不管该行的其他单元格中是否有数据），即达到如图 8-9 所示的效果。

	A	B	C	D	E	F
1			品项销售明细			
2	编号	多个空值单元格	单位名称	价格	数量	金额
3	020	芒	杯	¥20.00	7	¥140.00
4	024	大雪碧	瓶	¥12.00	81	¥972.00
5		西瓜汁扎	扎	¥58.00	45	¥2,610.00
6	066	西瓜汁	杯	¥16.00	67	¥1,072.00
7	901	昊川清酒16*750ML	瓶	¥108.00	4	¥432.00
8		昊川清酒16*520ML		¥98.00		¥0.00
9	903	昊川清酒15*1800ML	瓶	¥138.00	6	¥828.00
10	904	冰之清	瓶	¥25.00	7	¥175.00
11	905	樱之花	瓶	¥158.00	2	¥316.00
12		燕京精品纯生		¥13.00	922	¥11,986.00
13	908	燕京冰啤纯生	瓶	¥18.00	48	¥864.00

图 8-8

	A	B	C	D	E	F
1			品项销售明细			
2	编号	品项名称	单位名称	价格	数量	金额
3	020	芒果冰沙	杯	¥20.00	7	¥140.00
4	024	大雪碧	瓶	¥12.00	81	¥972.00
5	066	西瓜汁	杯	¥16.00	67	¥1,072.00
6	901	昊川清酒16*750ML	瓶	¥108.00	4	¥432.00
7	903	昊川清酒15*1800ML	瓶	¥138.00	6	¥828.00
8	904	冰之清	瓶	¥25.00	7	¥175.00
9	905	樱之花	瓶	¥158.00	2	¥316.00
10	908	燕京冰啤纯生	瓶	¥18.00	48	¥864.00

（A 列为空值的所有行都被删除）

图 8-9

❶选中表格编辑区中的任意单元格，在"数据"→"排序"选项组中单击"筛选"按钮，可添加自动筛选。

❷单击 A2 单元格右侧的按钮，在打开的下拉菜单中取消选中"全选"复选框，选中"（空白）"复选框，如图 8-10 所示。

❸单击"确定"按钮即可筛选出 A 列为空值的所有行。

❹在行标上选中所有筛选出的空行并单击鼠标右键，在弹出的快捷菜单中选择"删除行"命令，如图 8-11 所示。

图 8-10

图 8-11

⑤ 在"数据"→"排序"选项组中单击"筛选"按钮取消筛选,即可一次性删除 A 列为空值的所有行。

技巧 4　删除整行为空的所有行

在整理数据表时出现了这样的情况,有些行的部分单元格中有数据,即不是整行都为空(见图 8-12)。现在要求将整行为空的行全部删除,包含部分数据的行不删除,即达到如图 8-13 所示的效果。

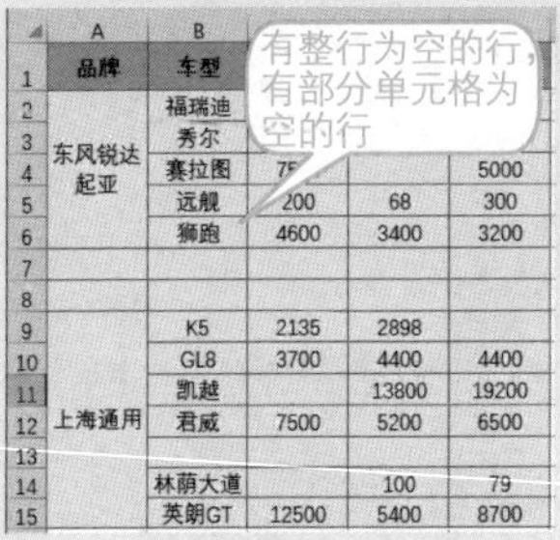

图 8-12

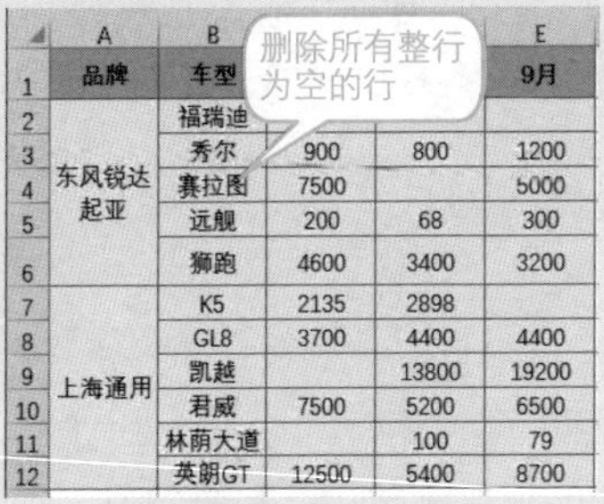

图 8-13

❶ 将 F 列作为辅助列。选中 F1 单元格,在公式编辑栏中输入公式"=COUNTA(A1:E1)",按"Enter"键,统计出 A1:E1 单元格区域中包含值的单元格的数量(如果统计结果为 0,表示该行整行都为空)。

❷ 选中 F1 单元格,拖动右下角的填充柄向下复制公式(复制的结束位置依据当前数据而定),如图 8-14 所示。

❸ 选中表格编辑区中的任意单元格,在"数据"→"排序"选项组中单击"筛选"按钮,可添加自动筛选。

❹ 单击 F1 单元格右侧的按钮⬇,在打开的下拉菜单中取消选中"全选"复选框,选中"0"复选框(见图 8-15),筛选结果如图 8-16 所示。

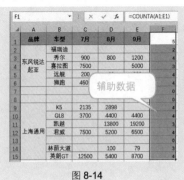

图 8-14

图 8-15

❺ 在行标上选中所有筛选出的空行并单击鼠标右键，在弹出的快捷菜单中选择“删除行”命令，如图 8-17 所示。

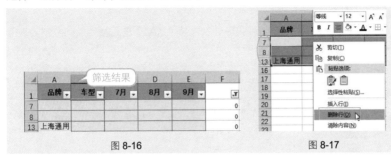

图 8-16

图 8-17

❻ 在“数据”→“排序”选项组中单击“筛选”按钮取消筛选，将辅助列删除，即可达到删除整行为空的所有行的效果。

专家点拨

COUNTA 函数用于返回指定单元格区域中包含任何值（包括数字、文本或逻辑数字等）的单元格数或项数。本技巧正是巧用这一函数来统计的，当统计结果为 0 时，表示这一行中没有任何值，即为空行。

技巧 5　数字形式转换为日期形式

如图 8-18 所示，在从考勤机中导入员工考勤信息时，日期是以数字形式显示的。

这样将每日数据复制到考勤表中时，不利于数据的查看和分析，此时可以通过如下方法将“日期”列的数字形式转换为日期形式。

❶ 选中 A2:A10 单元格区域，在“数据”→“数据工具”选项组中单击“分列”按钮，如图 8-19 所示。

图 8-18

日期	工号	姓名	上班时间	下班时间
20210605	MYT001	周庆宇	18:16:00	20:16:00
20210609	MYT011	陈嘉桓	17:57:00	23:20:00
20210612	MYT023	韩玉洁	17:47:00	21:30:00
20210615	MYT029	程　昱	18:30:00	23:01:00
20210621	MYT035	夏明秀	18:10:00	20:36:00
20210622	MYT040	陈景峰	18:24:00	22:49:00
20210625	MYT048	李秀清	18:27:00	20:10:00
20210628	MYT053	孙继尧	17:38:00	23:30:00
20210630	MYT059	苏晨曦	17:56:00	20:27:00

图 8-19

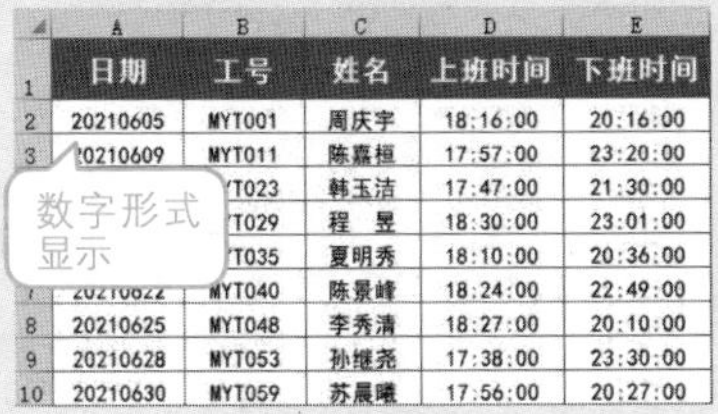

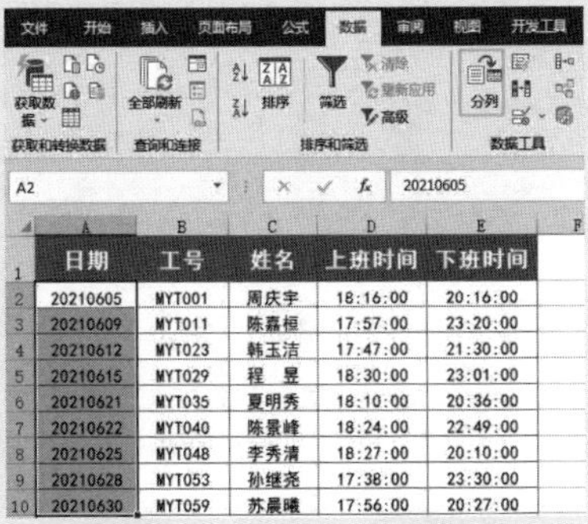

②打开"文本分列向导-第1步，共3步"对话框，依次单击"下一步"按钮，进入"文本分列向导-第3步，共3步"对话框中，选中"日期"单选按钮，如图 8-20 所示。

③单击"完成"按钮即可实现一次性将 A2:A10 单元格区域的数据转换为正确的日期形式，如图 8-21 所示。

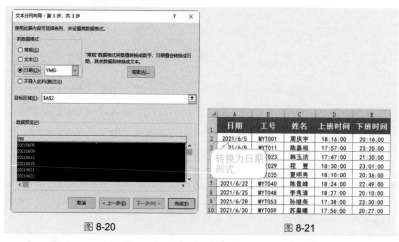

图 8-20   图 8-21

技巧 6　文本数字转换为数值数字

如图 8-22 所示，当对数据进行求和运算时，明明是数字计算结果却为 0。出现这种情况是因为用于计算的数据是文本格式，不能参与运算。

①选中参与计算的单元格区域，光标移到右上角的按钮 ❶ 上，单击右侧下拉按钮，在弹出的下拉菜单中选择"转换为数字"命令，如图 8-23 所示。

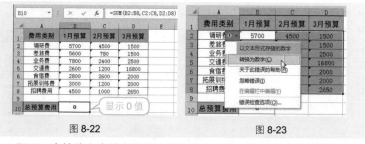

图 8-22   图 8-23

②即可一次性将文本数字转换为数值数字，从而得出正确的计算结果，如图 8-24 所示。

B10		▼	× ✓ f_x	=SUM(B2:B8,C2:C8,D2:D8)	

	A	B	C	D	E	F
1	费用类别	1月预算	2月预算	3月预算		
2	调研费	5700	4500	1500		
3	差旅费	5600	780	1500		
4	业务费	7800	2400	2500		
5	交通费	2600	1200	16800		
6	食宿费	2800	2600	2000		
7	拓展训练费	3000	1200	2000		
8	招聘费用	4500	1000	2650		
9						
10	总预算费用	74630	正确的计算结果			

图 8-24

技巧 7 一个单元格中的数据拆分为多列

A 列单元格中显示的数据如图 8-25 所示，现在想将 A 列单元格的数据转换为如图 8-26 所示的形式，可执行以下操作。

	A	B	C
1	产品名称	数量	单价
2	单位铜 (150gA4)	1	18
3	皮纹 (230gA4)	5	15
4	高光相纸 (120gA4)	2	
5	高光相纸 (135gA4)	2	
6	双铜 (160gA4)	2	
7	色卡 (240gA4)	6	
8	双铜 (230gA3)	2	
9	白卡 (230gA4)	6	
10	乐凯相纸 (240gA3)	3	18
11	乐凯相纸 (240gA4)	5	7

图 8-25

	A	B	C	D
1	产品名称	规格	数量	单价
2	单位铜	150gA4	1	18
3	皮纹	230gA4	5	15
4	高光相纸	120gA4	2	13
5	高光相纸	135gA4	2	15
6	双铜	160gA4	2	11
7	色卡	240gA4	6	12
8	双铜	230gA3	2	27
9	白卡	230gA4	6	9
10	乐凯相纸	240gA3	3	18
11	乐凯相纸	240gA4	5	7

图 8-26

❶ 在 B 列前插入一个空白列用于存放分列后的数据，选中 A 列中要分列的数据，在"数据"→"数据工具"选项组中单击"分列"按钮，如图 8-27 所示。

❷ 打开"文本分列向导"对话框，选中"分隔符号"单选按钮，如图 8-28 所示。

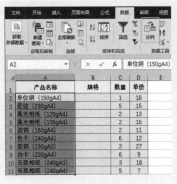

图 8-27

图 8-28

❸ 单击"下一步"按钮，在"分隔符号"栏中选中"其他"复选框，并设置分隔符号为"（"，如图 8-29 所示。

❹ 单击"完成"按钮，可以看到 A 列数据被分成两列，如图 8-30 所示。

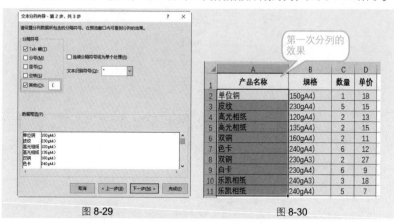

图 8-29　　　　　　　　　　图 8-30

❺ 选中 B 列数据，再次打开"文本分列向导"对话框，在"分隔符号"栏中选中"其他"复选框，并设置分隔符号为"）"，如图 8-31 所示。

❻ 单击"完成"按钮，即可达到如图 8-32 所示的效果。

图 8-31　　　　　　　　　　图 8-32

技巧 8　多列数据合并为单列

合并图 8-33 所示选中的单元格区域时，单击"合并单元格"按钮，会打开"Microsoft Excel"的对话框（见图 8-34），提示合并单元格时只保留左上角的数据。如果希望合并单元格后保留所有单元格的内容，可通过如下方法实现。

图 8-33   图 8-34

❶ 选中 B2:D2 单元格区域，按 "Ctrl+C" 快捷键复制。然后在 "开始" → "剪贴板" 选项组中单击 "对话框启动器" 按钮 ☌，打开 "剪贴板" 窗格，此时窗格中显示执行复制的多个单元格中的内容，如图 8-35 所示。

❷ 选中并删除 B2:D2 单元格区域中的内容，单击 "开始" → "对齐方式" 组中的 "合并后居中" 按钮合并单元格，如图 8-36 所示。

图 8-35   图 8-36

❸ 双击合并后的单元格，进入编辑状态，单击 "剪贴板" 窗格中要粘贴的项目（见图 8-37），即可显示合并前单元格的所有内容。然后按相同的方法将其他需要合并的单元格进行合并，合并后的效果如图 8-38 所示。

图 8-37   图 8-38

技巧9   合并两个表格的数据

当前有两张进货单，分别存放于两张不同的工作表中，商品的名称有相同的也有不同的，如图 8-39 和图 8-40 所示。

现在要求将两张进货单的产品进行合并，并且 "进货数量" 列数据能够自动累加，即达到如图 8-41 所示的统计结果。

❶ 在"合并进货单"工作表中建立表格的标识，选中"商品品名"列下的第一个单元格。在"数据"→"数据工具"选项组中单击"合并计算"按钮，打开"合并计算"对话框，如图 8-42 所示。

图 8-39　　　　　　　　　　图 8-40

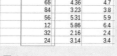

图 8-41　　　　　　　　　　图 8-42

❷ 单击"引用位置"右侧的拾取器按钮回到"进货单 1"工作表中，选中 A2:E9 单元格区域，如图 8-43 所示。

❸ 选择后，单击拾取器按钮回到"合并计算"对话框中，单击"添加"按钮将选择的引用位置添加到下面的列表框中，如图 8-44 所示。

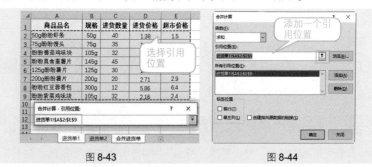

图 8-43　　　　　　　　　　图 8-44

❹ 再次单击"引用位置"右侧的拾取器按钮回到"进货单 2"工作表中，选中 A2:E9 单元格区域，如图 8-45 所示。

高效随身查——Office 2021（必学的高效办公）应用技巧（视频教学版）

⑤ 选择后，单击拾取器按钮回到"合并计算"对话框中，单击"添加"按钮将选择的引用位置添加到下面的列表框中（如果还有其他的区域要合并，可以按相同方法继续添加）。然后在"标签位置"栏中取消选中"首行"复选框，选中"最左列"复选框，如图 8-46 所示。

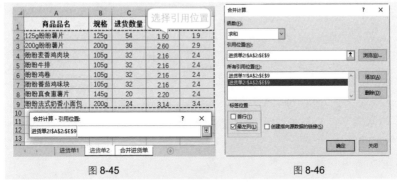

图 8-45　　　　　　　　　　　　　　　　图 8-46

⑥ 单击"确定"按钮，可以得到如图 8-41 所示的统计结果。

应用扩展

在"合并计算"对话框的"函数"下拉列表框中默认使用的是求和函数，除此之外，还有其他函数，如图 8-47 所示。

图 8-47

如选择"计数"，上面的例子合并计算的结果是统计出了每样产品的记录条数。不同的函数达到的统计目的不同，可以根据需要选择使用。

技巧10　按类别合并计算

如图 8-48 所示为一家阳光板温室材料的商品报价表，如图 8-49 所示是另一家的材料报价情况。两家的价格不一样，报价的商品有重复的也有不重复的，下面要计算出两家商店各商品的平均价格。

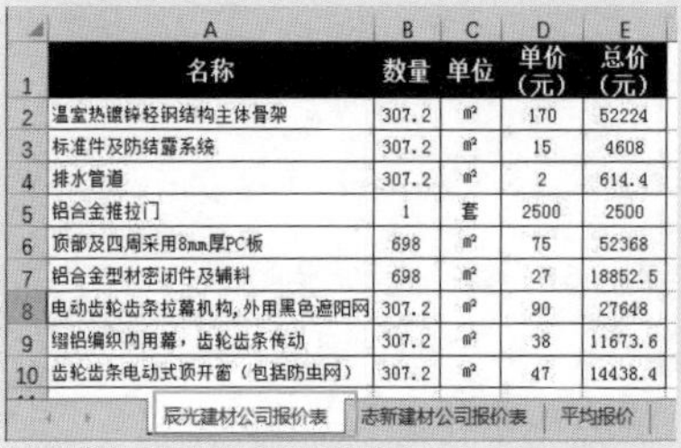

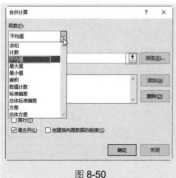

	名称	数量	单位	单价（元）	总价（元）
2	温室热镀锌轻钢结构主体骨架	307.2	㎡	170	52224
3	标准件及防结露系统	307.2	㎡	15	4608
4	排水管道	307.2	㎡	2	614.4
5	铝合金推拉门	1	套	2500	2500
6	顶部及四周采用8mm厚PC板	698	㎡	75	52368
7	铝合金型材密闭件及辅料	698	㎡	27	18852.5
8	电动齿轮齿条拉幕机构，外用黑色遮阳网	307.2	㎡	90	27648
9	缁铝编织内用幕，齿轮齿条传动	307.2	㎡	38	11673.6
10	齿轮齿条电动式顶开窗（包括防虫网）	307.2	㎡	47	14438.4

图 8-48

	名称	数量	单位	单价（元）	总价（元）
2	排水管道	312	㎡	1.5	468
3	顶部及四周采用8mm厚PC板	695	㎡	72	50051.52
4	电动齿轮齿条拉幕机构，外用黑色遮阳网	305.8	㎡	86	26298.8
5	齿轮齿条电动式顶开窗（包括防虫网）	313.5	㎡	43	13480.5
6	湿帘及铝合金湿帘边框（1.2米高）	18	㎡	280	5040
7	优质大风量轴流风机9FJ630型	3	台	1600	4800
8	湿帘循环水系统（包括水泵）	1	套	1400	1400
9	塑料膜湿帘外保温	18	㎡	15	270

图 8-49

❶ 在“平均报价”工作表中建立表格的标识，选中“名称”列下的第一个单元格。在“数据”→“数据工具”选项组中单击“合并计算”按钮，打开“合并计算”对话框，在“函数”下拉列表框中选择“平均值”选项，如图 8-50 所示。

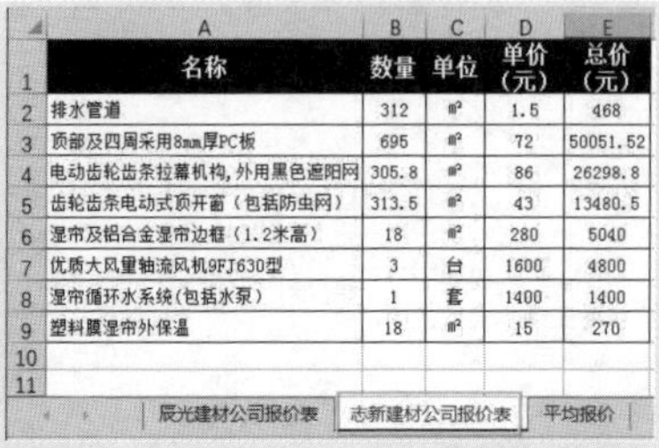

❷ 单击“引用位置”右侧的拾取器按钮回到“辰光建材公司报价表”工作表中，选中 A2:E10 单元格区域，如图 8-51 所示。

图 8-50

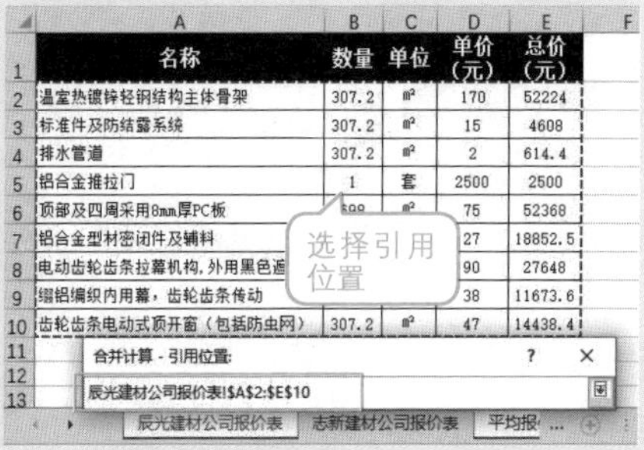

图 8-51

❸ 选择后，单击拾取器按钮回到“合并计算”对话框中，单击“添加”按钮将选择的引用位置添加到下面的列表中，如图 8-52 所示。

❹ 再次单击“引用位置”右侧的拾取器按钮回到“志新建材公司报价表”工作表中，选中 A2:E9 单元格区域，如图 8-53 所示。

❺ 选择后，单击拾取器按钮回到“合并计算”对话框中，单击“添加”按钮将选择的引用位置添加到下面的列表框中（如果还有其他的区域要合并，可以按相同方法继续添加）。然后在“标签位置”栏中取消选中“首行”复选框，选中“最左列”复选框，如图 8-54 所示。

❻单击"确定"按钮，可以得到如图 8-55 所示的统计结果。

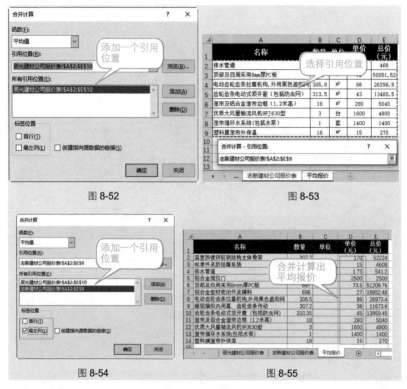

图 8-52

图 8-53

图 8-54

图 8-55

技巧 11　合并计算生成汇总报表

本例统计了各个分部中各产品的销售额，下面需要将各个分部的销售额汇总在一张表格中显示（也就是既显示各分部名称又显示各个产品对应的销售额）。因为表格具有相同的列标识（如图 8-56~ 图 8-58 所示），所以如果直接合并就会将两个表格的数据按最左侧数据直接合并出金额，因此要想显示出多个分部，需要先对原表数据的列标识进行处理。

❶在"统计表"工作表，选中 A1 单元格。在"数据"→"数据工具"选项组中单击"合并计算"按钮，打开"合并计算"对话框，如图 8-59 所示。

❷单击"引用位置"右侧的拾取器按钮回到"上海销售分部"工作表中，选中 A1:B8 单元格区域，如图 8-60 所示。

❸选择后，单击拾取器按钮回到"合并计算"对话框中，单击"添加"按钮将选择的引用位置添加到下面的列表中。

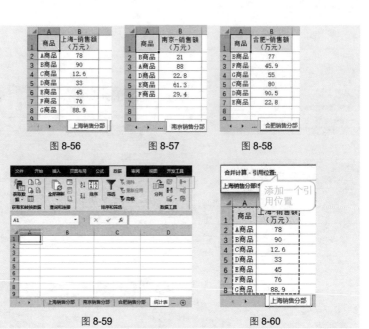

图 8-56　　　　图 8-57　　　　图 8-58

图 8-59　　　　图 8-60

❹ 再次单击"引用位置"右侧的拾取器按钮回到"南京销售分部"工作表中，选中 A1:B6 单元格区域，如图 8-61 所示。

❺ 再次单击"引用位置"右侧的拾取器按钮回到"合肥销售分部"工作表中，选中 A1:B7 单元格区域，如图 8-62 所示。

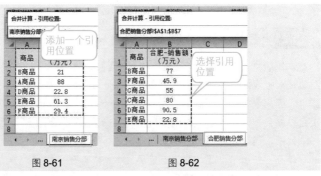

图 8-61　　　　　　图 8-62

❻ 选择后，单击拾取器按钮回到"合并计算"对话框中，单击"添加"按钮将选择的引用位置添加到下面的列表框中（如果还有其他的区域要合并，可以按相同方法继续添加）。然后在"标签位置"栏中选中"首行"和"最左列"复选框，如图 8-63 所示。

❼ 单击"确定"按钮，可以得到如图 8-64 所示的统计结果。

图 8-63

各商品销售额汇总结果

	A	B	C	D
1	商品	合肥-销售额（万元）	南京-销售额（万元）	上海-销售额（万元）
2	B商品	77	21	90
3	F商品	45.9	29.4	76
4	G商品	55		88.9
5	C商品	80		12.6
6	A商品		88	78
7	D商品	90.5	22.8	33
8	E商品	22.8	61.3	45

南京销售分部 合肥销售分部 统计表

图 8-64

技巧 12 在受保护的工作表中进行排序或自动筛选

已经受保护的工作表不能进行排序或自动筛选，所以如果希望工作表不能进行其他工作，但是可以进行排序或自动筛选，需要在对工作表加密时设置允许排序或自动筛选。

❶ 在"审阅"→"保护"选项组中单击"保护工作表"按钮（见图 8-65），打开"保护工作表"对话框。

❷ 在"取消工作表保护时使用的密码"文本框中输入密码，在"允许此工作表的所有用户进行"下拉列表框中选中"选定锁定单元格"（见图 8-66）、"排序"和"使用自动筛选"复选框，如图 8-67 所示。

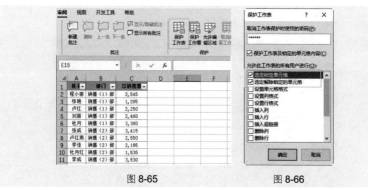

图 8-65

图 8-66

❸ 单击"确定"按钮，打开"确认密码"对话框，再次输入密码，单击"确定"按钮，即可为工作表设置加密保护。

❹ 单击"确定"按钮完成设置。此时切换到"数据"→"排序和筛选"选项组中，可以看到很多按钮呈灰色不可用，但排序功能却可以使用，如图 8-68 所示。

191

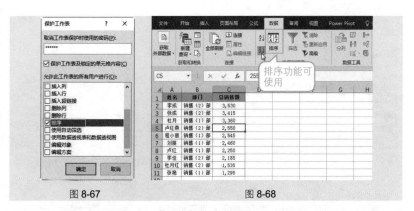

图 8-67　　　　　　　　　　　图 8-68

技巧 13　解决合并单元格的自动筛选问题

如果将数据输入在合并的单元格中，会导致数据无法自动筛选。如本例表格 A 列的产品名称显示在合并单元格中，在添加自动筛选后，无法按产品名称筛选查看数据。如果表格是这种编辑方式而又必须要进行数据筛选，可按如下操作步骤解决问题。

❶ 选中 A 列（单击 A 列的列标），在"开始"→"剪贴板"选项组中单击"格式刷"按钮（见图 8-69），然后在表格右侧的空白列（如 E 列）上单击一次，这个操作是先将 A 列的格式引用下来。

❷ 选中 A 列，在"开始"→"对齐方式"选项组中单击"合并后居中"按钮，取消这一列单元格的合并，如图 8-70 所示。

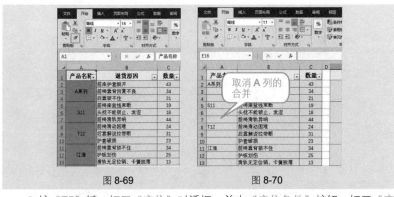

图 8-69　　　　　　　　　　　图 8-70

❸ 按"F5"键，打开"定位"对话框。单击"定位条件"按钮，打开"定位条件"对话框，选中"空值"单选按钮，如图 8-71 所示。

❹ 单击"确定"按钮即可选中 A 列中的所有空值。将光标定位到编辑栏中，输入公式"=A2"，按"Ctrl+Enter"快捷键，得到填充结果，如图 8-72 所示。

图 8-71 图 8-72

⑤ 在之前刷过格式的 **E** 列的列标上单击将其选中,在"开始"→"剪贴板"选项组中单击"格式刷"按钮,在 **A** 列的列标上单击一次,恢复 **A** 列的格式。

⑥ 单击 **A1** 单元格右侧的按钮▼,取消选中"全选"复选框,任意选中不同产品名称,如"**S11**",单击"确定"按钮(见图 8-73),即可进行筛选查看,筛选结果如图 8-74 所示。

图 8-73 图 8-74

技巧 14 解决合并单元格的排序问题

当表格中有合并单元格并对"数量"进行排序时,会弹出如图 8-75 所示的提示框,无法进行排序,那么如何解决这个问题呢?

① 选中合并单元格的数据列 **A** 列,在"开始"→"剪贴板"选项组中单击"格式刷"按钮复制格式,然后在空白列 **E** 列中刷取复制格式,如图 8-76 所示。

② 选中工作表中合并单元格的区域,在"开始"→"对齐方式"选项组中,单击"合并后居中"按钮(见图 8-77),取消所有的合并单元格。

③ 光标定位于需要进行排序的 **A** 列,在"数据"→"排序和筛选"选项组中单击"降序"按钮实行降序排列,如图 8-78 所示。

④ 执行排序操作后,单击 **E** 列列标选中 **E** 列,然后单击"格式刷"按钮,在 **A** 列中单击,恢复 **A** 列原来的合并状态,效果如图 8-79 所示。

图 8-75

图 8-76　　　　　　　　图 8-77

图 8-78　　　　　　　　图 8-79

8.2　设置条件格式突出显示满足条件的记录

技巧 15　库存量过低时自动预警

本例表格统计了商品的库存量，需要实现当库存量小于 20 时显示红色，可以通过设置数据条件格式进行标记。

❶ 选中 C 列中的数据区域，在 "开始" → "样式" 选项组中单击 "条件格式" 按钮，在弹出的下拉菜单中选择 "新建规则" 命令（见图 8-80），打开 "新建格式规则" 对话框。

❷ 在 "选择规则类型" 列表框中选择 "只为包含以下内容的单元格设置格式" 选项，在 "编辑规则说明" 编辑框中设置条件为 "单元格值" → "小于" → "20"，如图 8-81 所示。

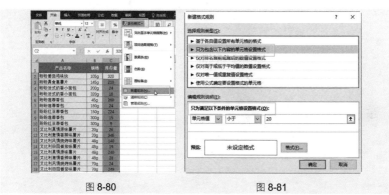

图 8-80　　　　　　　　　　　　　　图 8-81

❸ 单击 "格式" 按钮，打开 "设置单元格格式" 对话框，在 "填充" 选项卡下设置填充颜色为 "红色"，如图 8-82 所示。

❹ 设置完成后，依次单击 "确定" 按钮返回工作表，即可看到库存量小于 20 的单元格显示为 "红色"，如图 8-83 所示。

图 8-82　　　　　　　　　　　　　　图 8-83

技巧 16 突出显示排名前几位的数据

本例表格统计了公司本月各位销售员的销售成绩，需要找到总销售额前 3 名的人员，发放奖金。通过设置条件格式突出显示前 3 名成绩即可快速找到。

❶ 选择"总销售额"列，在"开始"→"样式"选项组中单击"条件格式"按钮，在下拉菜单中依次选择"项目选取规则"→"前 10 项"命令（见图 8-84），打开"前 10 项"对话框。

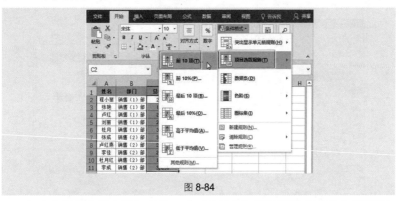

图 8-84

❷ 在左侧文本框中输入"3"，在"设置为"下拉列表中选择"浅红填充色深红色文本"样式，如图 8-85 所示。

❸ 单击"确定"按钮，即可突出显示排名前 3 名的单元格，效果如图 8-86 所示。

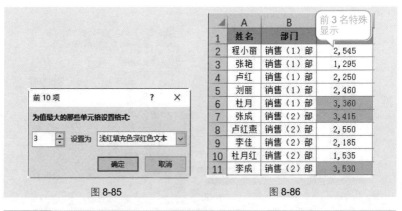

图 8-85   图 8-86

技巧 17 标记出同一类型的数据

对同一类型数据的筛选，实际类似于我们在查找时使用通配符，它需要使用到"突出显示单元格规则"中的"文本包含"规则。

❶ 选择"联系方式"列，在"开始"→"样式"选项组中单击"条件格式"按钮，在下拉菜单中选择"突出显示单元格规则"→"文本包含"命令（见图 8-87），打开"文本中包含"对话框。

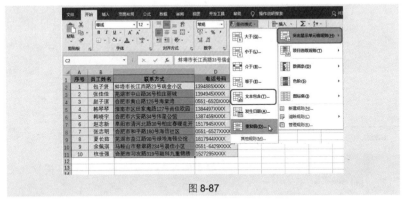

图 8-87

❷ 在左侧文本框中输入"芜湖市"，在"设置为"下拉列表中选择"浅红填充色深红色文本"样式，如图 8-88 所示。

❸ 单击"确定"按钮，即可突出显示包含同一文本内容的单元格，效果如图 8-89 所示。

图 8-88　　　　　　　　　　　　　图 8-89

技巧 18　标识出只值班一次的员工

如图 8-90 所示，B 列中显示的是值班人员的姓名。现在通过单元格条件格式的设置，实现当值班人员姓名只出现一次时显示特殊格式。

❹ 选中显示值班人员的单元格区域，在"开始"→"样式"选项组中单击"条件格式"按钮，在弹出的下拉菜单中选择"突出显示单元格规则"→"重复值"命令，如图 8-91 所示。

图 8-90

图 8-91

图 8-92

❷打开"重复值"对话框，在左侧的下拉列表框中选择"唯一"，如图 8-92 所示。在右侧的下拉列表框中选择"自定义格式"选项，打开"设置单元格格式"对话框设置特殊格式。

❸设置完成后依次单击"确定"按钮，可以看到选中的单元格区域中只出现一次的姓名被设置了特殊格式。

技巧 19　用条件格式给优秀成绩显示小红旗标志

当前表格显示了员工的销售成绩，为了突出显示销售成绩较好的数据，可以通过设置让销售成绩大于指定值时就在前面显示小红旗标志（见图 8-93）。例如下面要设置总销售额大于 2500 的单元格显示小红旗标志。

❶选中"总销售额"列，在"开始"→"样式"选项组中单击"条件格式"按钮，在下拉菜单中选择"新建规则"命令（见图 8-94），打开"新建格式规则"对话框。

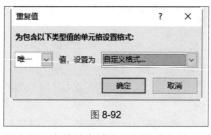

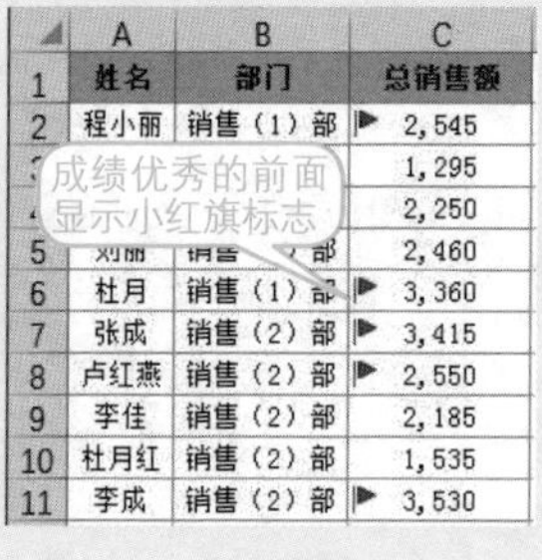

图 8-93

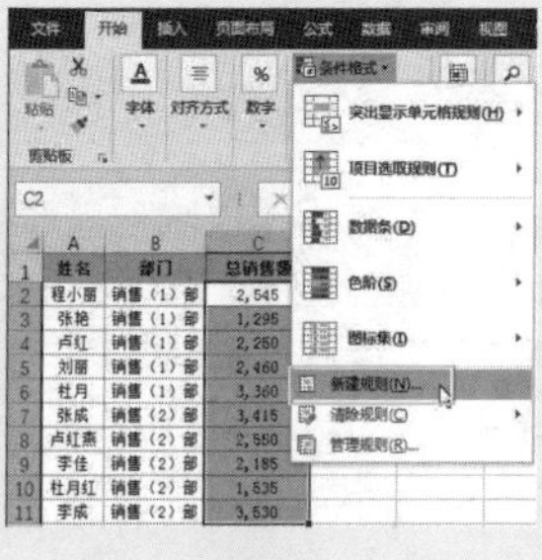

图 8-94

❷ 在"选择规则类型"列表框中选择"基于各自值设置所有单元格的格式"；在"格式样式"下拉列表中选择"图标集"选项；在"图标样式"下拉列表中选择"三色旗"图标样式，然后设置图标代表的值或值的范围。这里设置"类型"为"数字"，在第一个图标设置框中选择红色旗，并将值设置为">=2500"，然后将其他两个图标设置框设置为"无单元格图标"，如图8-95所示。

❸ 单击"确定"按钮，即可看到总销售额在2500及以上的单元格前都标上小红旗标志，如图8-93所示。

技巧 20   自动标识出周末日期

由于周末是休息日，在安排值班人员时，一般都会对周末值班的人员做特别安排，使用条件格式设置即可轻松标识出日期中的双休日，如图8-96所示。

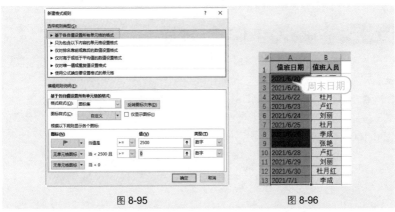

图 8-95   图 8-96

❶ 选中"值班日期"列，在"开始"→"样式"选项组中单击"条件格式"按钮，在下拉菜单中选择"新建规则"命令，打开"新建格式规则"对话框。

❷ 在"选择规则类型"列表中选择"使用公式确定要设置格式的单元格"选项，接着在"编辑规则说明"文本框中输入公式"=WEEKDAY(A2,2)>5"，如图8-97所示。

❸ 单击"格式"按钮，打开"设置单元格格式"对话框，设置单元格背景颜色为"红色"，如图8-98所示。

❹ 单击"确定"按钮，返回到"新建格式规则"对话框，再次单击"确定"按钮，即可标识出包含双休日的单元格，如图8-96所示。

🔊 专家点拨

如果只需要标识出周日，则将公式修改为"=WEEKDAY(A2,2)>6"即可。如果需要周六与周日分别显示不同格式，则分两次设置条件，周六公式为

"=WEEKDAY(A2,2)=6", 设置格式; 周日公式为 "=WEEKDAY(A2,2)=7", 设置格式。

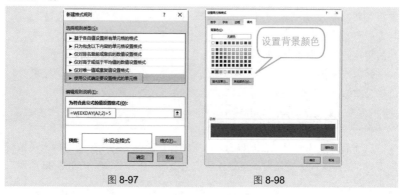

图 8-97　　　　　　　　　图 8-98

技巧 21　条件格式实现值班自动提醒

在制作值班表时，为了及时提醒值班人员，可以通过以下设置，实现头一天自动显示第二天的值班情况，如图 8-99 所示。

❶ 选择 "值班日期" 列，在 "开始" → "样式" 选项组中单击 "条件格式" 按钮，在下拉菜单中依次选择 "突出显示单元格规则" → "等于" 命令（见图 8-100），打开 "等于" 对话框。

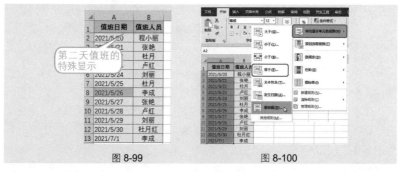

图 8-99　　　　　　　　　图 8-100

❷ 在 "为等于以下值的单元格设置格式" 文本框中输入 "=TODAY()+1"，在 "设置为" 下拉列表中选择 "浅红填充色深红色文本" 样式，如图 8-101 所示。

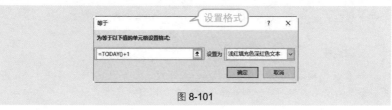

图 8-101

❸ 单击"确定"按钮，返回表格，即可看到当前日期的后一天日期所在单元格显示特殊格式标记效果，如图 8-99 所示。

技巧 22　用条件格式突出显示每行的最高或最低值

通过条件格式设置可以实现突出显示每行的最高值或最低值。本例表格统计了公司各种产品在广州、北京和上海 3 个分部的销售情况，希望突出显示出每种产品销量最好的区域，其操作方法如下。

❶ 选中需要设置的数据区域，在"开始"→"样式"选项组中单击"条件格式"按钮，在下拉菜单中选择"新建规则"命令（见图 8-102），打开"新建格式规则"对话框。

❷ 在"选择规则类型"列表框中选择"使用公式确定要设置格式的单元格"选项，接着在"编辑规则说明"文本框中输入公式"=B2=MAX($B2:$D2)"，如图 8-103 所示。

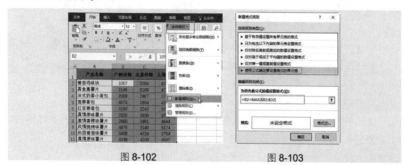

图 8-102　　　　　　　　　　图 8-103

❸ 单击"格式"按钮，打开"设置单元格格式"对话框，设置单元格背景颜色为"黄色"，如图 8-104 所示。

❹ 依次单击"确定"按钮返回工作表中，即可标识出每行最高销售额的单元格，如图 8-105 所示。

图 8-104　　　　　　　　　　图 8-105

如果表格中已经设置了条件格式，当其他单元格区域中需要使用相同条件格式时，可以利用复制的方法进行设置。

❶ 如图 8-106 所示的 "薯片系列" 工作表的销售额区域已经设置了条件格式，选中 B2 单元格，在 "开始" → "剪贴板" 选项组中单击 "格式刷" 按钮。

❷ 切换到 "蛋糕系列" 工作表，拖动小刷子选中需要引用格式的单元格区域（见图 8-107），释放鼠标即可引用条件格式，如图 8-108 所示。

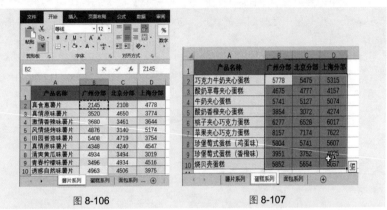

图 8-106　　　　　　　　　　　　　图 8-107

❸ 再按相同的操作步骤设置 "面包系列" 工作表中的相应区域的条件格式，效果如图 8-109 所示。

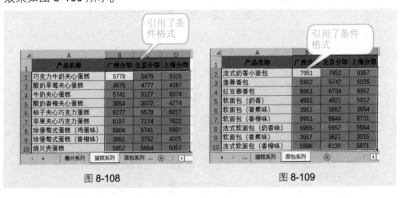

图 8-108　　　　　　　　　　　　　图 8-109

第 9 章　数据的统计与分析技巧

9.1　数据排序、筛选技巧

技巧 1　双关键字排序

下面的表格中需要先将同一类别的商品排列到一起，然后同一类别商品中再按降序进行排列。这种排序方式需要应用到双关键字排序。

❶ 选中表格中任意单元格，在"数据"选项卡的"排序和筛选"选项组中单击"排序"按钮（见图 9-1），打开"排序"对话框。

❷ 设置主要关键字为"商品类别"，次序为"升序"，如图 9-2 所示。

图 9-1　　　　　　　　　　　　　　　　图 9-2

❸ 单击"添加条件"按钮，添加次要关键字条件，设置次要关键字为"销售金额"，次序为"降序"，如图 9-3 所示。

❹ 设置完成后，单击"确定"按钮，即可看到表格按"商品类别"排序，同一商品类别的记录按"销售金额"降序排列，如图 9-4 所示。

技巧 2　设置按行排序

默认情况下在对工作表数据进行排序的时候，是按照单元格的列来进行排序的，但有些特殊情况下也需要按行进行排序。下面举例介绍按行排序的操作技巧。

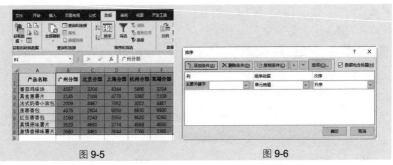

图 9-3　　　　　　　　　　图 9-4

❶选中 B1:F8 单元格区域，在"数据"→"排序和筛选"选项组中单击"排序"按钮（见图 9-5），打开"排序"对话框。

❷设置"次序"选项，并单击"选项"按钮（见图 9-6），打开"排序选项"对话框。

图 9-5　　　　　　　　　　图 9-6

❸在对话框中选中"按行排序"单选按钮，如图 9-7 所示。

❹单击"确定"按钮，返回"排序"对话框，这时单击"主要关键字"下拉按钮，可看到行标，这里选择按"行 6"排序，如图 9-8 所示。

图 9-7　　　　　　　　　　图 9-8

⑤单击"确定"按钮，返回工作表中即可查看按行进行排序的数据表，效果如图9-9所示。

	A	B	C	D	E	F
1	产品名称	北京分部	广州分部	上海分部	芜湖分部	杭州分部
2	番茄鸡味块	3204	4557	4344	3204	5890
3	真食惠薯片	2108	2145	4778	2108	3360
4	法式奶香小面包	4467	2009	7052	4467	3002
5	莲蓉香包	2604	4575	5050	9930	6630
6	红豆蓉香包	2243	3150	3350	5260	9520
7	真情原味薯片	4650	3520	3774	4650	4568
8	激情香辣味薯片	3461	3680	3644	3365	7780

排序结果

图 9-9

技巧 3　按图标排序

"条件格式"中经常会使用图标集为不同范围的数据单元格添加相应的图标，本例表格中是为优秀销售额数据添加小红旗图标。下面使用排序功能将小红旗显示在单元格区域顶端以便突出显示数据。

①选择 D 列单元格区域任意数据单元格，在"数据"→"排序和筛选"选项组中单击"排序"按钮（见图9-10），打开"排序"对话框。

②单击"次序"下拉按钮，选择下拉列表中的"红色旗帜"选项，再设置显示顺序为"在顶端"，如图9-11所示。

图 9-10　　　　　　　　　　　　　图 9-11

③单击"确定"按钮，返回表格，即可看到小红旗标志统一显示在 D 列的顶端，如图9-12所示。

专家点拨

除了根据条件格式设置图标排序之外，还可以根据单元格颜色和字体颜色对数据排序，如图9-13所示为"排序依据"下拉列表中的不同选项。

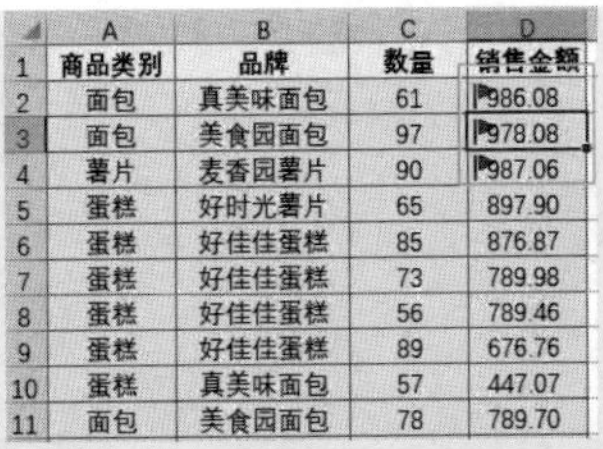

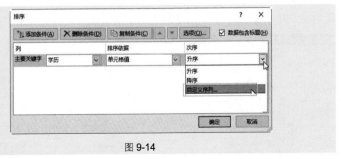

图 9-12　　　　　　　　　　　　　　　图 9-13

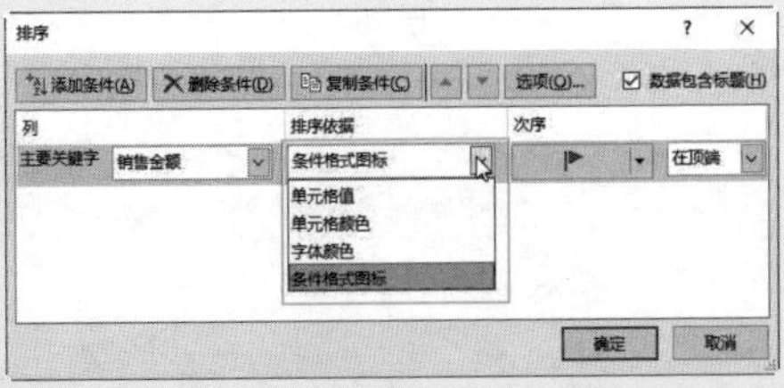

技巧4　按自定义的规则排序

程序提供的排序方式只有升序与降序两种方式，除此之外，用户可以根据当前数据的需求自定义排序规则。例如在本例中要将学历按照"博士、硕士、本科、专科"进行排序。

❶ 选择表格中任意单元格，在"数据"选项卡的"排序和筛选"组中单击"排序"按钮，打开"排序"对话框。

❷ 在"主要关键字"下拉列表框中选择"学历"，在"次序"下拉列表框中选择"自定义序列"选项，如图 9-14 所示。

图 9-14

❸ 打开"自定义序列"对话框，在"输入序列"列表框中输入自定义序列，单击"添加"按钮，即可将输入的序列添加到"自定义序列"列表框中，如图 9-15 所示。

❹ 单击"确定"按钮，返回"排序"对话框，再次单击"确定"按钮，即可按自定义的规则对学历进行排序，如图 9-16 所示。

专家点拨

设置的自定义序列如果不再使用，可以在"自定义序列"对话框中选中，然后单击"删除"按钮，程序会提示"选定序列将永远删除"，单击"确定"按钮，即可删除自定义的序列。

图 9-15　　　　　　　　　　　　图 9-16

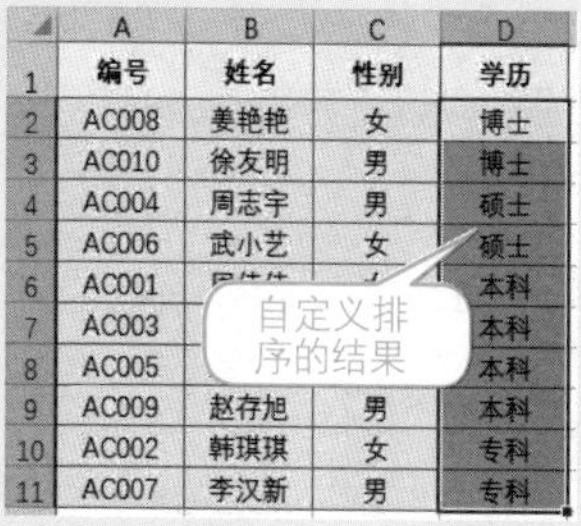

技巧 5　对同时包含字母和数字的文本进行排序

在如图 9-17 所示的表格中，A 列为字母与数字相结合型数值，现在需要将其先按数字排序后再按字母排序，达到如图 9-18 所示的排列效果，具体操作如下。

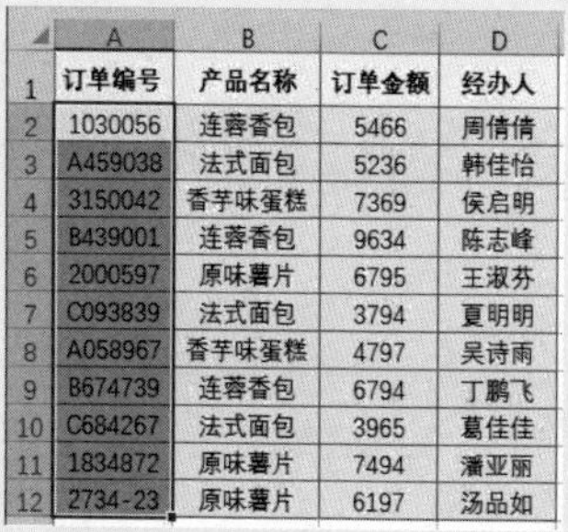

图 9-17　　　　　　　　　　　　图 9-18

❶ 选择表格中任意单元格，在"数据"选项卡的"排序和筛选"组中单击"排序"按钮，打开"排序"对话框。

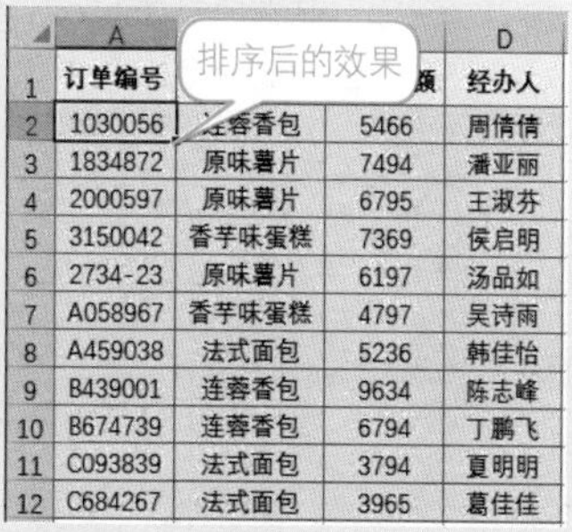

❷ 在"主要关键字"下拉列表框中选择"订单编号"选项，在"次序"下拉列表框中选择"升序"选项，单击"选项"按钮（见图 9-19），打开"排序选项"对话框。

❸ 选中"字母排序"单选按钮，依次单击"确定"按钮（见图 9-20），即可将"订单编号"先按数字升序排序，再按照字母升序排序，如图 9-18 所示。

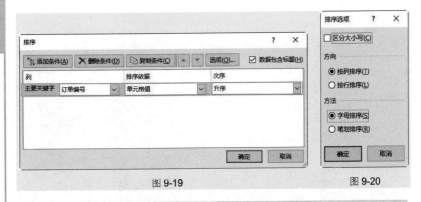

图 9-19 图 9-20

技巧 6　筛选销售金额大于 10000 或小于 1000 的记录并排序

通过设置筛选的条件可以将两个条件中满足其中一个的记录都筛选出来（即 "或" 条件筛选）。例如本例中要将销售数据表中销售金额大于 10000 或小于 1000 的记录都筛选出来，如图 9-21 所示。

❶ 在 "数据" → "排序和筛选" 选项组中单击 "筛选" 按钮添加自动筛选。

❷ 单击 "金额" 列标识右侧的下拉按钮，在弹出的下拉菜单中选择 "数字筛选" → "大于" 命令，如图 9-22 所示。

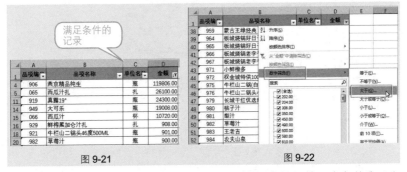

图 9-21 图 9-22

❸ 在打开的 "自定义自动筛选方式" 对话框中设置第 1 个条件为 "大于" → "10000"，选中 "或" 单选按钮，设置第 2 个条件为 "小于" → "1000"，如图 9-23 所示。

❹ 单击 "确定" 按钮即可筛选出满足条件的记录。在 "数据" → "排序和筛选" 选项组中单击 "降序" 按钮 即可实现按 "金额" 从大到小排序，排序后的结果更方便我们查看，如图 9-24 所示。

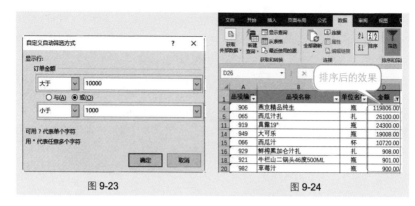

图 9-23　　　　　　　　　　　图 9-24

✍️ **应用扩展**

想要取消工作表中的筛选记录，可以直接在"数据"→"排序和筛选"选项组中再次单击"筛选"按钮（见图 9-25），或者单击"清除"按钮，即可取消工作表中的数据筛选。

图 9-25

技巧7 筛选销售金额小于 1000 或销售数量小于 20 的记录

表格中统计了本月各产品的销售数据，现在要求筛选出销售金额小于 1000 或者销售数量小于 20 的所有记录，即得到如图 9-26 所示的筛选结果。这里需要使用"高级筛选"中的"或"条件，关键在于对条件区域的设置。

图 9-26

❶ 在空白处设置条件，注意要包括列标识。如图 9-27 所示的 G1:H3 单元格区域为设置的条件（注意摆放位置）。

❷ 在"数据"→"排序和筛选"选项组中单击"高级"按钮，打开"高级筛选"对话框。

❸ 在"列表区域"中设置参与筛选的单元格区域（可以单击右侧的按钮在工作表中选择），在"条件区域"中设置条件单元格区域，选中"将筛选结果复制到其他位置"单选按钮，在"复制到"设置框中设置要将筛选后的数据放置的起始位置，如图 9-28 所示。

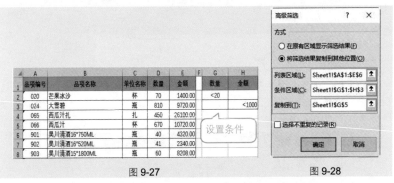

图 9-27　　　　　　　　　图 9-28

❹ 单击"确定"按钮，即可将满足条件的筛选结果显示在指定的位置上。

📑 **应用扩展**

通过本方法筛选出的结果可以直接复制到别处使用，也可以直接将筛选后的结果显示到其他工作表中（在"复制到"文本框中设置）。

如果不选中"将筛选结果复制到其他位置"单选按钮，"复制到"文本框为灰色不可操作状态，则筛选出的结果只覆盖原数据区域。

技巧 8　筛选成绩表中排名前 5 位的学生

表格中统计了学生的成绩，要求快速将成绩排名前 5 位的记录筛选出来。

❶ 在"数据"→"排序和筛选"选项组中单击"筛选"按钮添加自动筛选。

❷ 单击"分数"列标识右侧的下拉按钮，在弹出的下拉菜单中选择"数字筛选"→"前 10 项"命令，如图 9-29 所示。

❸ 在"自动筛选前 110 个"对话框中设置"最大"值为"5"项，如图 9-30 所示。

❹ 单击"确定"按钮即可完成筛选，结果如图 9-31 所示。

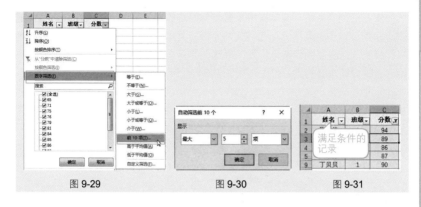

图 9-29   图 9-30   图 9-31

专家点拨

在对数字进行筛选时，"数字筛选"子菜单中还有多种不同的筛选方式，如"小于""介于""高于平均值""低于平均值"等，用户可以根据实际需要，选择适合的筛选方式，以得到想要的筛选结果。

技巧9　筛选出各项培训成绩都大于 80 分的记录

表格中统计了员工各项培训的成绩，要求将各项成绩都大于 80 分的记录筛选出来，即得到如图 9-32 所示的筛选结果。这里是一个"与"条件筛选的例子。

	A	B	C	D	E	F	G	H	I	J	K
1	姓名	性别	商务礼仪	商务英语	专业技能		姓名	性别	商务礼仪	商务英语	专业技能
2	周志清	男	64	79	79				>80	>80	>80
3	韩佳怡	女	76	84	72						
4	陈淑芬	女	79	84	83		姓名	性别	商务礼仪	商务英语	专业技能
5	沈心怡	女	67	89	85		张建义	男	86	81	82
6	赵琪琪	女	84	76	73		穆敏新	女	81	87	81
7	张建义	男	86	81	82		白成进	男	83	81	87
8	霍佳佳	女	79	76	79						
9	徐建章	男	72	82	82						
10	穆敏新	女	81	87	81						
11	夏清源	男	71	74	83						
12	白成进	男	83	81	87						

图 9-32

● 在空白处设置条件，注意要包括列标识，如图 9-33 所示 G1:K2 单元格区域为设置的条件（注意摆放位置）。

❷ 在"数据"→"排序和筛选"选项组中单击"高级"按钮，打开"高级筛选"对话框。

	A	B	C	D	E	F	G	H	I	J	K
1	姓名	性别	商务礼仪	商务英语	专业技能		姓名	性别	商务礼仪	商务英语	专业技能
2	周志清	男	64	79	79				>80	>80	>80
3	韩佳怡	女	76	84	72						
4	陈淑芬	女	79	84	83						
5	沈心怡	女	67	89	85						

图 9-33

211

❸ 在"列表区域"文本框中设置参与筛选的单元格区域（可以单击右侧的按钮🔳在工作表中选择），在"条件区域"文本框中设置条件单元格区域，选中"将筛选结果复制到其他位置"单选按钮，在"复制到"文本框中设置要将筛选后的数据放置的起始位置，如图 9-34 所示。

图 9-34

❹ 单击"确定"按钮，即可筛选出满足条件的记录。

技巧 10　筛选出只要一门培训成绩大于 90 分的记录

表格中统计了员工的各项培训成绩，要求得到的筛选结果是，只要有一门培训成绩大于 90 分就将其筛选出来，即得到如图 9-35 所示的结果。

姓名	性别	商务礼仪	商务英语	专业技能		姓名	性别	商务礼仪	商务英语	专业技能
周志清	男	64	79	79				>90		
韩佳怡	女	76	84	72					>90	
陈淑芬	女	79	84	83						>90
沈心怡	女	67	89	85						
赵琪琪	女	84	76	73		姓名	性别	商务礼仪	商务英语	专业技能
张建义	男	86	81	82		唐世文	男	84	91	72
霍佳佳	女	79	76	79		蒋双喜	男	91	79	78
徐建童	男	72	82	82						
穆敏新	女	81	87	81		满足条件的记录				
夏清源	男	71	74	83						
白成进	男	83	81	87						

图 9-35

❶ 在空白处设置条件，注意要包括列标识，如图 9-36 所示 G1:K4 单元格区域为设置的条件（注意条件的摆放位置）。

姓名	性别	商务礼仪	商务英语	专业技能		姓名	性别	商务礼仪	商务英语	专业技能
周志清	男	64	79	79				>90		
韩佳怡	女	76	84	72					>90	设置条件
陈淑芬	女	79	84	83						>90
沈心怡	女	67	89	85						
赵琪琪	女	84	76	73						
张建义	男	86	81	82						

图 9-36

❷ 在"数据"→"排序和筛选"选项组中单击"高级"按钮，打开"高级筛选"对话框。

❸ 在"列表区域"文本框中设置参与筛选的单元格区域（可以单击右侧的按钮🔢在工作表中选择），在"条件区域"文本框中设置条件单元格区域，选中"将筛选结果复制到其他位置"单选按钮，在"复制到"文本框中设置要将筛选后的数据放置的起始位置，如图9-37所示。

图 9-37

❹ 单击"确定"按钮，即可筛选出满足条件的记录。

🔖 **专家点拨**

本技巧为"或"条件筛选，要想得出需要的筛选结果，关键是要注意步骤 ❶ 中条件的设置。

技巧 11 筛选出本月（周）销售记录

利用筛选功能还可以按日期数据进行筛选，本例要在表格中筛选出本周的销售记录。

❶ 选中数据区域任意单元格，在"数据"→"排序和筛选"选项组中单击"筛选"按钮，添加自动筛选。

❷ 单击"销售日期"所在单元格的下拉按钮，在下拉菜单中选择"日期筛选"子菜单的"本周"命令（见图9-38），即可将本周的销售数据筛选出来，结果如图9-39所示。

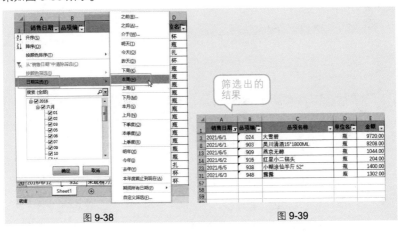

图 9-38 图 9-39

第 9 章 数据的统计与分析技巧

213

专家点拨

另外，利用筛选功能还可以筛选出某日期之前或之后、介于两个日期之间、上周、本周、上季度、去年、今年的数据，或者昨天、今天的数据等。只要从"日期筛选"子菜单中选择相应的选项即可。

技巧 12　筛选出开头是指定文本的记录

表格数据如图 9-40 所示（B 列数据既有学校名称又有班级名称），现在要求将同一学校的记录都筛选出来，即得到如图 9-41 所示的数据。

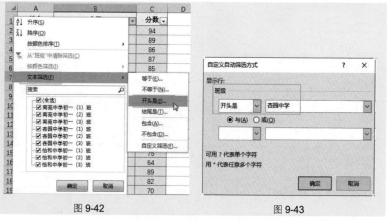

图 9-40

图 9-41

❶ 在"数据"→"排序和筛选"选项组中单击"筛选"按钮添加自动筛选。

❷ 单击"班级"列列标识右侧的下拉按钮，在弹出的下拉菜单中选择"文本筛选"→"开头是"命令，如图 9-42 所示。

❸ 在打开的对话框中设置"班级"条件为"开头是"→"杏园中学"，如图 9-43 所示。

图 9-42

图 9-43

❹ 单击"确定"按钮，即可筛选出满足条件的记录。

📣 **专家点拨**

如果要筛选包含指定文本的记录，可以依次选择"文本筛选"→"包含"命令；如果要排除包含某一类文本的记录，可以依次选择"文本筛选"→"不包含"命令。

技巧 13　筛选包含指定文本的所有记录

模糊筛选是利用通配符进行同一类型数据的筛选。通配符"*"表示一串字符（任意多个字符），"？"表示一个字符，使用通配符可以快速筛选出一列中包含指定文本的一类数据。例如要在下面的表格中筛选出所有果汁类商品。

❶ 选中数据区域任意单元格，在"数据"选项卡的"排序和筛选"选项组中，单击"筛选"按钮，添加自动筛选。

❷ 单击"品项名称"右侧的下拉按钮，选择"文本筛选"→"自定义筛选"命令（见图 9-44），打开"自定义自动筛选方式"对话框。

❸ 将第一个输入框设置为"等于"，在后面的编辑框中输入"*汁"（见图 9-45），单击"确定"按钮，即可筛选出所有以"汁"结尾的产品，如图 9-46 所示。

图 9-44

图 9-45

	品项编号	品项名称	单位名称	金额
5	066	西瓜汁	杯	10720.00
19	930	鲜榨黑加仑汁	杯	1200.00
20	932	果蔬精力汁	杯	202.00
28	946	浓香百香果汁	杯	350.00
29	946	浓香百香果汁	杯	580.00
30	947	椰汁	瓶	1020.00
48	980	桃子汁	瓶	1600.00
49	981	梨汁	瓶	1010.00
50	982	草莓汁	瓶	900.00
53	985	葡萄汁	瓶	2000.00
54	986	苹果汁	瓶	8500.00
55	987	橙子汁	瓶	500.00

筛选出的结果

图 9-46

如果要筛选的商品名称类型非常繁杂，直接在非常长的筛选列表中选择相应的类别非常麻烦，可以直接按值进行筛选即可。

❶ 选中要筛选的内容所在单元格，即 B2，单击鼠标右键，在弹出的快捷菜单中依次选择"筛选"→"按所选单元格的值筛选"选项，如图 9-47 所示。

❷ 此时可以看到表格将"棉麻连衣裙"数据全部筛选出来了，如图 9-48 所示。

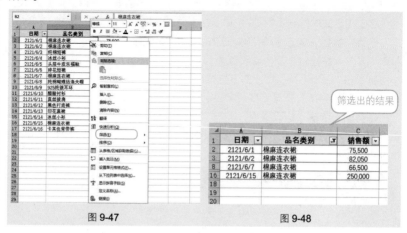

图 9-47　　　　　　　　　　　　　图 9-48

专家点拨

除了根据单元格值筛选数据，还可以选择按单元格颜色、单元格字体颜色以及按单元格图标筛选数据。

技巧 15　　使用搜索筛选器筛选一类数据

如果数据过于分散，在自动筛选下拉列表中会包含较多系列的数据，要通过选中前面的复选框来实现筛选也很不方便，此时可以直接在搜索筛选器中输入想搜索的关键字，然后实现快速筛选。本例将通过筛选搜索功能快速筛选出所有"二锅头"类的酒水。

❶ 选中数据区域任意单元格，在"数据"选项卡的"排序和筛选"选项组中，单击"筛选"按钮，添加自动筛选。

❷ 单击"品项名称"右侧的下拉按钮，然后在"搜索"文本框中输入"二锅头"文字，即下面的筛选列表只显示含有"二锅头"的产品，如图 9-49 所示。

❸ 从搜索的结果中，即可轻易地查找所要筛选的数据，选中某个或某些"二锅头"类酒水，单击"确定"按钮，即可快速筛选出结果，如图 9-50 所示。

高效随身查——Office 2021（必学的高效办公）应用技巧（视频教学版）

图 9-49

图 9-50

> 筛选出的结果

技巧 16 取消数据筛选

筛选工作完成后，如果想取消当前工作表中的自动筛选，可以按以下操作进行。

选择需要取消自动筛选的工作表，在"数据"→"排序和筛选"选项组中，单击"筛选"按钮（见图 9-51），可取消当前工作表中的所有自动筛选，或者在当前工作表中按"Ctrl+Shift+L"快捷键，也可取消自动筛选。

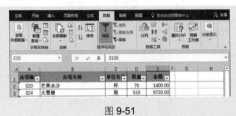

图 9-51

9.2 分类汇总技巧

技巧 17 同时分类统计销售总数量与销售总金额

如图 9-52 所示的表格中对每个品牌商品的总销售数量与总销售金额进行了分类汇总统计。要想得到这种分类统计的结果，需要按如下步骤操作。

❶ 选中"品牌"列任意单元格，在"数据"→"排序和筛选"选项组中单击"降序"按钮 🔼（升序亦可），将数据表按"品牌"字段排序。

❷ 在"数据"→"分级显示"选项组中单击"分类汇总"按钮，打开"分类汇总"对话框。在"分类字段"下拉列表框中选择"品牌"选项，在"汇总方式"下拉列表框中选择"求和"选项，在"选定汇总项"列表框选中"数量"复选框，如图 9-53 所示。

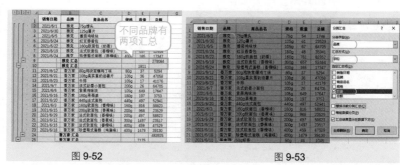

图 9-52 图 9-53

❸ 单击"确定"按钮执行第一次汇总。

❹ 再次打开"分类汇总"对话框，在"分类字段"下拉列表框中选择"品牌"选项，在"汇总方式"下拉列表框中选择"求和"选项，在"选定汇总项"列表框中选中"总额"复选框。取消选中"替换当前分类汇总"复选框，如图 9-54 所示。

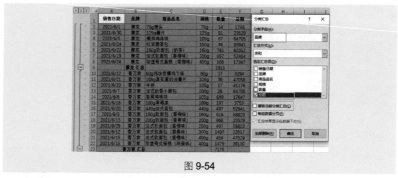

图 9-54

❺ 单击"确定"按钮，即可得到如图 9-52 所示的统计结果。

专家点拨

进行此项统计要注意两点：一是要先对目标字段进行排序；二是在进行二次分类汇总时，一定要取消选中"分类汇总"对话框中的"替换当前分类汇总"复选框。

应用扩展

如何取消分类汇总。

❶ 选中创建了分类汇总后的数据清单中的任意一个单元格。在"数据"→"分级显示"选项组中单击"分类汇总"按钮，打开"分类汇总"对话框。

❷ 单击"全部删除"按钮即可。

技巧 18　多级分类汇总的应用范例

多级分类汇总是指对多个字段进行分类并汇总的方式。例如图 9-55 所示的表格中，“商品类别”列中显示不同类别的商品，“品牌”列中显示不同品牌的商品。那么我们想统计的结果是，要求首先按“商品类别”字段汇总不同类别商品的总销售金额，在相同的类别下，再对不同品牌的商品进行销售金额的汇总，即得到如图 9-56 所示的统计结果。

这个例子是典型的多级分类汇总的例子，下面介绍得到这一统计结果的具体操作方法。

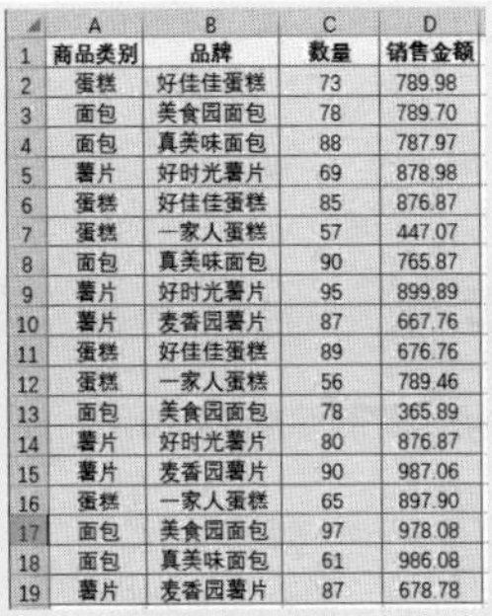

	A	B	C	D
1	商品类别	品牌	数量	销售金额
2	蛋糕	好佳佳蛋糕	73	789.98
3	面包	美食园面包	78	789.70
4	面包	真美味面包	88	787.97
5	薯片	好时光薯片	69	878.98
6	蛋糕	好佳佳蛋糕	85	876.87
7	蛋糕	一家人蛋糕	57	447.07
8	面包	真美味面包	90	765.87
9	薯片	好时光薯片	95	899.89
10	薯片	麦香园薯片	87	667.76
11	蛋糕	好佳佳蛋糕	89	676.76
12	蛋糕	一家人蛋糕	56	789.46
13	面包	美食园面包	78	365.89
14	薯片	好时光薯片	80	876.87
15	薯片	麦香园薯片	90	987.06
16	蛋糕	一家人蛋糕	65	897.90
17	面包	美食园面包	97	978.08
18	面包	真美味面包	61	986.08
19	薯片	麦香园薯片	87	678.78

图 9-55

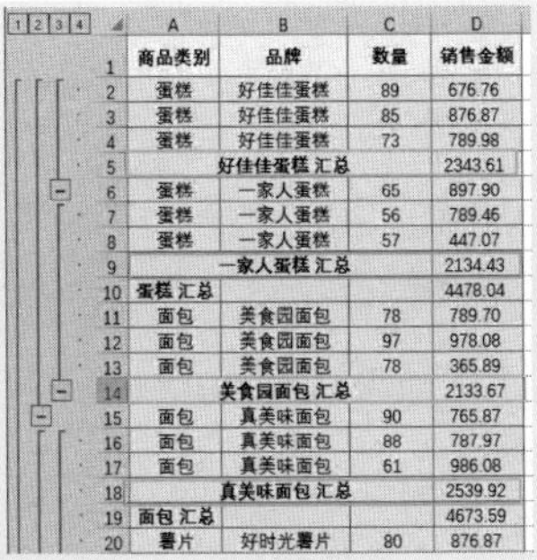

	A	B	C	D
1	商品类别	品牌	数量	销售金额
2	蛋糕	好佳佳蛋糕	89	676.76
3	蛋糕	好佳佳蛋糕	85	876.87
4	蛋糕	好佳佳蛋糕	73	789.98
5		好佳佳蛋糕 汇总		2343.61
6	蛋糕	一家人蛋糕	65	897.90
7	蛋糕	一家人蛋糕	56	789.46
8	蛋糕	一家人蛋糕	57	447.07
9		一家人蛋糕 汇总		2134.43
10	蛋糕 汇总			4478.04
11	面包	美食园面包	78	789.70
12	面包	美食园面包	97	978.08
13	面包	美食园面包	78	365.89
14		美食园面包 汇总		2133.67
15	面包	真美味面包	90	765.87
16	面包	真美味面包	88	787.97
17	面包	真美味面包	61	986.08
18		真美味面包 汇总		2539.92
19	面包 汇总			4673.59
20	薯片	好时光薯片	80	876.87

图 9-56

❶ 选中表格中任意一个单元格。在“数据”→“排序和筛选”选项组中单击“排序”按钮，打开“排序”对话框。

❷ 在“主要关键字”下拉列表框中选择“商品类别”选项，并选择右侧的“升序”选项；在“次要关键字”下拉列表框中选择“品牌”选项，并选择右侧的“升序”选项，如图 9-57 所示。

❸ 单击“确定”按钮，可以看到表格先按“商品类别”字段排序，当所属类别相同时再按“品牌”字段排序，如图 9-58 所示。

图 9-57

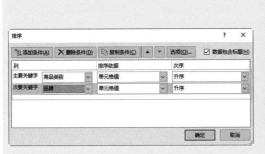

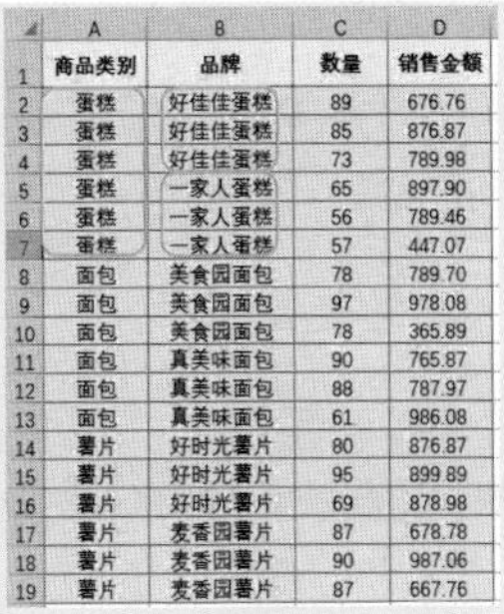

	A	B	C	D
1	商品类别	品牌	数量	销售金额
2	蛋糕	好佳佳蛋糕	89	676.76
3	蛋糕	好佳佳蛋糕	85	876.87
4	蛋糕	好佳佳蛋糕	73	789.98
5	蛋糕	一家人蛋糕	65	897.90
6	蛋糕	一家人蛋糕	56	789.46
7	蛋糕	一家人蛋糕	57	447.07
8	面包	美食园面包	78	789.70
9	面包	美食园面包	97	978.08
10	面包	美食园面包	78	365.89
11	面包	真美味面包	90	765.87
12	面包	真美味面包	88	787.97
13	面包	真美味面包	61	986.08
14	薯片	好时光薯片	80	876.87
15	薯片	好时光薯片	95	899.89
16	薯片	好时光薯片	69	878.98
17	薯片	麦香园薯片	87	678.78
18	薯片	麦香园薯片	90	987.06
19	薯片	麦香园薯片	87	667.76

图 9-58

④ 在"数据"→"分级显示"选项组中单击"分类汇总"按钮，打开"分类汇总"对话框。在"分类字段"下拉列表框中选择"商品类别"选项，在"汇总方式"下拉列表框中选择"求和"选项，在"选定汇总项"列表框中选中"销售金额"复选框，如图 9-59 所示。

⑤ 单击"确定"按钮执行第一次汇总。

⑥ 再次打开"分类汇总"对话框，在"分类字段"下拉列表框中选择"品牌"选项，在"汇总方式"下拉列表框中选择"求和"选项，在"选定汇总项"列表框中选中"销售金额"复选框。取消选中"替换当前分类汇总"复选框，如图 9-60 所示。

图 9-59   图 9-60

⑦ 单击"确定"按钮，即可得到统计结果。

技巧 19　同一字段的多种不同计算

分类汇总的方式有"求和""计数""最大值""最小值"等，根据不同情况对表格中的数据设置分类汇总时指定不同的汇总方式。本例将商品类别先按求和汇总，再按平均值汇总，如图 9-61 所示。

❶ 选中表格中任意一个单元格。在"数据"→"排序和筛选"选项组中单击"排序"按钮，打开"排序"对话框。

❷ 在"主要关键字"下拉列表框中选择"商品类别"选项，并选择右侧的"升序"选项；在"次要关键字"下拉列表框中选择"品牌"选项，并选择右侧的"升序"选项，如图 9-62 所示。

❸ 单击"确定"按钮，可以看到表格先按"商品类别"字段排序，当所属类别相同时再按"品牌"字段排序。

| | 图 9-61 | | 图 9-62 |

❹ 在"数据"→"分级显示"选项组中单击"分类汇总"按钮，打开"分类汇总"对话框。在"分类字段"下拉列表框中选择"商品类别"选项，在"汇总方式"下拉列表框中选择"求和"选项，在"选定汇总项"列表框中选中"销售金额"复选框，如图 9-63 所示。

❺ 单击"确定"按钮执行第一次汇总。

❻ 再次打开"分类汇总"对话框，在"汇总方式"下拉列表框中选择"平均值"选项，其他选项保持不变。取消选中"替换当前分类汇总"复选框，如图 9-64 所示。

❼ 单击"确定"按钮，即可得到统计结果。

| | 图 9-63 | | 图 9-64 |

技巧 20 只显示分类汇总的结果

对数据清单进行分类汇总后，工作表左侧会出现分类汇总表的分级显示区，通过单击其中的一些按钮，可控制分类汇总后数据的显示情况。

打开一张分类汇总统计表单后，单击按钮 ②，统计结果如图 9-65 所示。

单击按钮 ③，统计结果如图 9-66 所示。

应用扩展

左上角的按钮数量根据当前分类汇总的级别而定，级别越多，按钮越多。

另外，进行分类汇总后，其左侧有很多□按钮，单击将隐藏对应的数据，且□按钮变为⊞按钮。单击⊞按钮将再次展开数据。

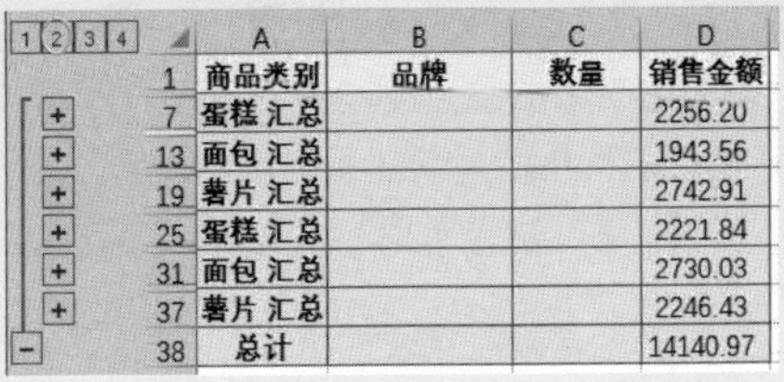

图 9-65

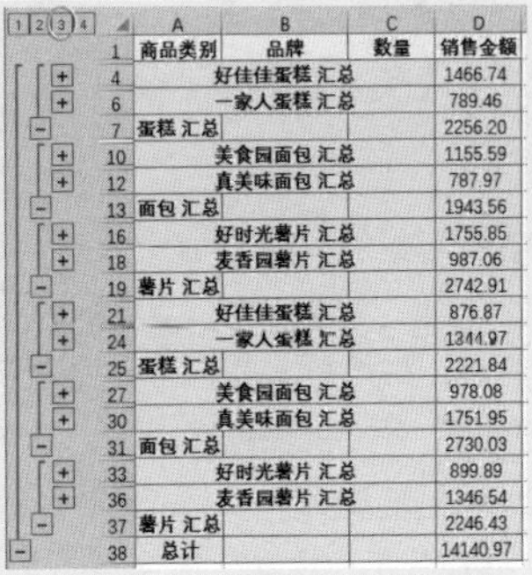

图 9-66

技巧 21　复制使用分类汇总的统计结果

在进行分类汇总后，可以按技巧 20 中介绍的方法查看任意级别的统计结果，但是如果直接将这个统计结果复制到其他地方，会将隐藏的部分同时粘贴过去，即不只是粘贴了统计结果，连原数据也粘贴了。为了避免这种情况出现，可以按以下方法实现将分类汇总的结果粘贴使用。

❶ 选中目标单元格区域，按"F5"键，弹出"定位"对话框，单击"定位条件"按钮，打开"定位条件"对话框，选中"可见单元格"单选按钮，如图 9-67 所示。

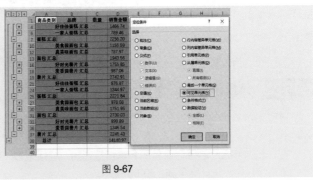

图 9-67

❷ 单击"确定"按钮即可选中目标单元格区域所有可见单元格（即隐藏的单元格不被选中），按"Ctrl+C"快捷键，然后切换至目标工作表中，按"Ctrl+V"快捷键粘贴即可。

9.3 数据透视分析技巧

技巧 22 选择部分数据建立数据透视表

要建立数据透视表，并非一定要使用整张工作表中的数据来建立，可以根据统计目的只选择部分数据来创建。例如下面的银行收支明细表中，可以只选择"记账项目"来创建数据透视表，从而达到统计各记账项目的总金额的目的。

❶ 在"银行收支明细表"中选中"记账项目"列和"金额"列单元格区域，在"插入"→"表格"选项组中选择"数据透视表"命令（见图9-68），打开"创建数据透视表"对话框。

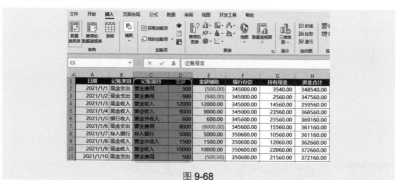

图 9-68

❷ 在"选择一个表或区域"文本框中显示了选中的单元格区域，如图 9-69 所示。

❸ 单击"确定"按钮创建新数据透视表，创建数据透视表后，通过添加字段可以达到统计各项总金额的目的，如图 9-70 所示。

图 9-69

图 9-70

应用扩展

创建空白数据透视表之后，会在右侧出现"数据透视表字段"窗格，根据需要在"选择要添加到报表的字段"列表选中字段前的复选框即可。或者在该字段上单击鼠标右键，在弹出的快捷菜单中选择添加到指定标签位置即可，如图 9-71 所示。如果要清除透视表字段，只需取消选中字段前的复选框即可。

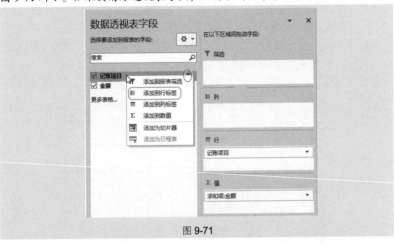

图 9-71

技巧 23   不重建数据透视表只修改数据源

创建数据透视表后，如果想要对其他数据进行分析，不需要重新选择数据源创建透视表，只需要在"更改数据透视表数据源"对话框中调整数据引用范围即可。

❶ 打开要更改数据源的数据透视表，在"数据透视表分析"→"数据"选项组中单击"更改数据源"按钮，如图 9-72 所示。

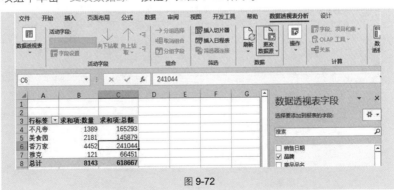

图 9-72

❷打开"更改数据透视表数据源"对话框，单击"表/区域"文本框右侧的按钮🔢回到工作表中，重新选择数据源即可，如图 9-73 所示。

图 9-73

技巧 24 调整行列字段获取不同统计结果

数据透视表的强大功能可以通过字段的设置来实现，不同字段组合可以获取不同的统计效果。如图 9-74 所示的数据透视表，设置"销售日期"和"商品类别"为行标签字段，"销售金额"为数值字段，可以统计出不同日期下各商品类别的销售金额，现在需要统计出不同日期下各销售人员的销售金额，又该如何设置字段呢？

❶ 在"数据透视表字段"对话框中取消选中"商品类别"复选框，然后选中并右击"销售员"字段，在下拉菜单中选择"添加到行标签"命令（见图 9-75），即可看到统计结果，如图 9-76 所示。

图 9-74　　　　　　　　　　　　　图 9-75

❷若现在需查看不同的销售人员销售各商品类别的数量和销售金额总和。

按照上面的添加方法，将"销售员"和"商品类别"添加到行标签，将"数量"和"销售金额"添加到数值标签中，如图 9-77 所示。

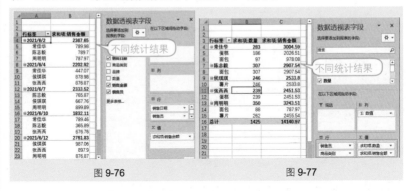

图 9-76　　　　　　　　　　　　　　　图 9-77

✎ 应用扩展

数据透视表中的一个标签框内可以显示多个字段，当将多个字段添加到同一列表框中之后，它们的显示顺序决定了其在透视表中的显示效果。字段默认的显示顺序为添加时的顺序，如觉得字段顺序不合理，可以进行调整。

在"数据透视表字段"对话框中，单击"商品类别"字段，在下拉菜单中选择"上移"命令（见图 9-78），即可将"商品类别"字段上移一层，显示效果如图 9-79 所示。也可以直接通过鼠标左键拖动的方式，移动各个字段的显示位置。

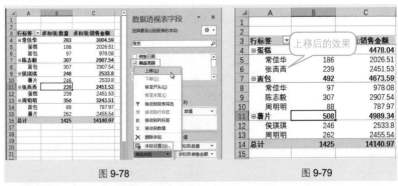

图 9-78　　　　　　　　　　　　　　　图 9-79

技巧 25　快速更改数据透视表的汇总方式

在数据透视表和数据透视图中，汇总方式包括求和、平均值、计数、最大值等多种。当默认的汇总方式达不到当前的统计目的时，则需要重新更改汇总方式。

如图 9-80 所示默认的汇总方式为"求和",现要得出销售金额最高的员工,重新更改汇总方式为"最大值",可以直观地看到各商品哪位员工的销售金额最高,效果如图 9-81 所示。

❶ 选中数据透视表,切换到"数据透视表分析"菜单,在"活动字段"选项组中单击按钮🔳字段设置,打开"值字段设置"对话框。选择"值汇总方式"选项卡,在下拉列表中可以选择汇总方式,如此处选择"最大值"选项,如图 9-82 所示。

图 9-80　　　　　　　图 9-81　　　　　　　图 9-82

❷ 单击"确定"按钮可以看到数据透视表重新更改了值字段的汇总方式。

技巧 26　统计各品牌商品销售金额占总销售金额的百分比

如图 9-83 所示为默认建立的数据透视表统计了各品牌商品的销售金额的合计金额,现在要求统计各品牌商品销售金额占总销售金额的百分比,即达到如图 9-84 所示的统计结果。要达到这一目的需要更改统计值的显示方式。

❶ 选中数据透视表,切换到"数据透视表分析"菜单,在"活动字段"选项组中单击按钮🔳字段设置,打开"值字段设置"对话框。选择"值显示方式"选项卡,在"值显示方式"下拉列表框中选择"列汇总的百分比"选项,如图 9-85 所示。

❷ 单击"确定"按钮,即可将汇总值更改为百分比的显示方式,分别将列标签更改为"品牌名称"和"销售金额占比",即可达到如图 9-84 所示的效果。

📑📏 应用扩展

当设置了数据透视表中的行标签、列标签、值等字段后,数据透视表中的字段名称一般都会显示"行标签""列标签""求和项:*"等字样。此时如果重新对字段或项进行重命名,则可以能更清楚地表达表格主题。

227

其重命名的方法为：可以选中要更改名称的字段或项（选中那个单元格），然后直接在编辑栏中重新输入新名称即可更改；也可以打开"值字段设置"对话框，在"自定义名称"文本框中进行更改。

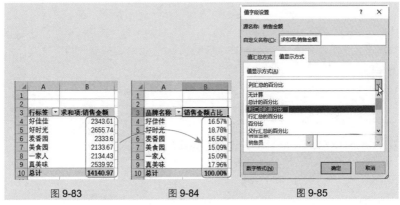

图 9-83　　　　　　图 9-84　　　　　　图 9-85

技巧 27　统计成绩表中指定分数区间人数

如图 9-86 所示的数据透视表为本次员工考核的成绩表，从统计结果可以看到统计结果过于分散，统计值没有意义，因此可以通过设置分组实现按分数区间统计。即通过"分组"功能可以得到如图 9-87 所示的区间统计结果。

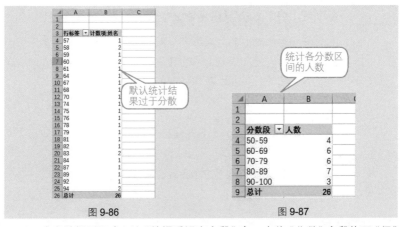

图 9-86　　　　　　　　　　图 9-87

❶ 选中数据透视表，从"数据透视表字段"窗口中将"分数"字段拖至"行"区域中，将"姓名"字段拖至"值"区域中，如图 9-88 所示。

❷ 选中数据透视表，切换到"数据透视表分析"菜单，在"组合"选项组中单击"分组选择"按钮，打开"组合"对话框。分别在"起始于"文本框中

输入"50"；在"终止于"文本框中输入"100"；在"步长"文本框中输入"10"，如图9-89所示。

❸ 单击"确定"按钮，即可达到按区间统计的效果，如图9-87所示。

图 9-88 图 9-89

📢 **专家点拨**

如果"分数"列中包含空单元格，Excel 将无法自动分组数据，此时可以在空单元格中输入数值"0"来解决这个问题。

技巧28 对考核成绩按分数段给予等级（手动分组）

在上面的技巧27中，对分数进行区间统计时，分数区间是固定的，这使数据分析具有局限性，而如果想更加自由地进行分组的设置，可以采用手动分组的方式。

如图9-90所示的效果是利用手动分组得到的统计结果。

❶ 打开透视表之后，首先选中60分以下的数据所在单元格区域，在"数据透视表分析"→"组合"选项组中单击"分组选择"按钮，如图9-91所示。

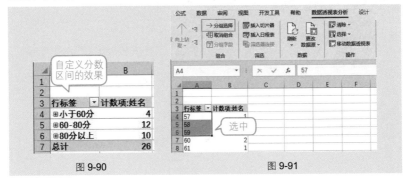

图 9-90 图 9-91

229

❷选中数据组名称所在单元格，在公式编辑栏中输入数据组名称"小于60分"（或者直接在 A4 单元格内输入），如图 9-92 所示。

❸按照相同的操作方法将其他分数段设置成数据组，再单击数据组名称前面的折叠按钮（见图 9-93），即可达到图 9-94 所示的效果。

图 9-92　　　　　　　　图 9-93　　　　　　　　图 9-94

技巧 29　使用切片器进行筛选

在数据透视表中使用切片器可以实现动态筛选，即使没有添加字段到数据透视表中，也可以使用切片器对其进行筛选。本例数据透视表统计了某公司各类产品在全国各地区的销售情况，需要使用切片器筛选出 2021 年 5 月 5 日公司产品在全国各地区的销售情况。

❶在"数据透视表分析"→"筛选"选项组中单击"插入切片器"按钮，如图 9-95 所示。

❷打开"插入切片器"对话框，选中"地区""类别名称"和"订购日期"复选框，如图 9-96 所示。

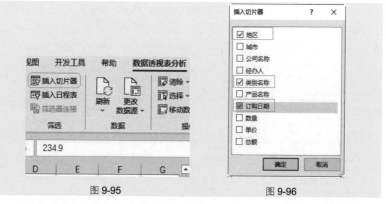

图 9-95　　　　　　　　图 9-96

❸单击"确定"按钮，在数据透视表中插入"地区""类别名称"和"订

购日期"切片器，如图 9-97 所示。

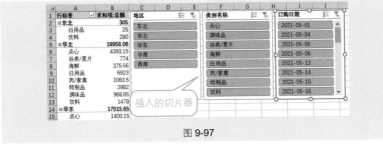

图 9-97

④ 在"订购日期"切片器中选择"2021-05-05"选项。

⑤ 在"地区"切片器中选择"华北"选项。

⑥ 此时即可按指定日期、地区完成销售记录的筛选，如图 9-98 所示。

图 9-98

📝 应用扩展

添加切片器后，通过在切片器中选择不同的选项，即可达到相应的筛选统计结果。如果想删除切片器，只要单击右上角的按钮 ▼ 即可。

技巧 30　设置数据透视表以表格形式显示

默认情况下，数据透视表使用的是以压缩形式显示的布局，如果当前数据透视表设置了双行标签，其字段名称被隐藏（见图 9-99），为了让统计结果更加便于查看，可以设置让其显示为表格形式或大纲形式。

① 选中数据透视表行字段的任意单元格，在"设计"→"布局"选项组中单击"报表布局"下拉按钮，展开下拉菜单，如图 9-100 所示。

② 若选择"以表格形式显示"命令，效果如图 9-101 所示；若选择"以大纲形式显示"命令，效果如图 9-102 所示。

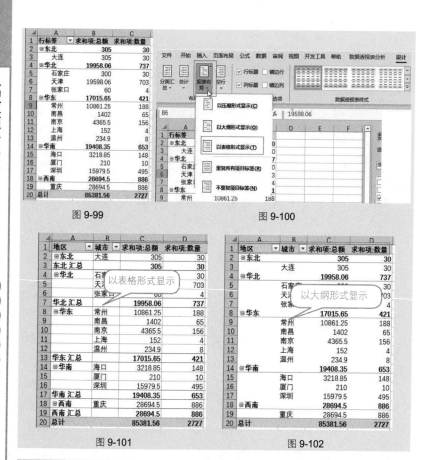

图 9-99　　　　　　　　　　　　图 9-100

图 9-101　　　　　　　　　　　　图 9-102

技巧 31　在统计表的每个分级之间添加空白行

图 9-103 统计了各大区的每个城市所对应的销售金额和销售量，并且对各大区的各个城市进行了汇总，形成了多级数据。为了使各大区的分级之间清晰明朗，需要将各大区的统计数据用空行分隔开来，得到如图 9-104 所示的效果，具体操作如下。

选择数据透视表任意单元格，在 "设计"→"布局"选项组中单击"空行"下拉按钮，在下拉菜单中选择"在每个项目后插入空行"命令（见图 9-105），即可在每个分级项之间添加空白行。

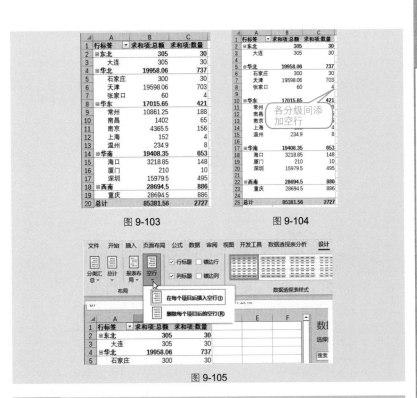

图 9-103

图 9-104

各分级间添加空行

图 9-105

技巧 32 更新数据源后刷新数据透视表

当数据源的数据发生更改或更新时，可以通过刷新的方法，使根据此数据源建立的数据透视表即时更新。

● 如图 9-106 所示的表格中大连的销售数量分别为"20"和"10"，现更改为"30"和"20"，如图 9-107 所示。

	A	B	C	D	E	F
1	地区	城市	类别名称	产品名称	数量	总额
2	华东	常州	饮料	啤酒	35	490
3	华东	常州	点心	饼干	3	52.35
4	华东	常州	点心	糖果	42	386.4
5	华东	常州	饮料	绿茶	25	6587.5
6	华东	常州	日用品	光明奶酪	30	1650
7	华东	常州	海鲜	鱿鱼	35	665
8	华东	常州	特制品	猪肉干	10	530
9	华东	常州	海鲜	墨鱼	8	500
10	东北	大连	饮料	矿泉水	20	280
11	东北	大连	日用品	浪花奶酪	10	25
12	华南	海口	海鲜	虾子	9	86.85

图 9-106

	A	B	C	D	E	F
1	地区	城市	类别名称	产品名称	数量	总额
2	华东	常州	饮料	啤酒	35	490
3	华东	常州	点心	饼干	3	52.35
4	华东	常州	点心	糖果	42	386.4
5	华东	常州	饮料	绿茶	25	6587.5
6	华东	常州	日用品	光明奶酪	30	1650
7	华东	常州	海鲜	鱿鱼	35	665
8	华东	常州	特制品	猪肉干	10	530
9	华东	常州	海鲜	墨鱼	8	500
10	东北	大连	饮料	矿泉水	30	280
11	东北	大连	日用品	浪花奶酪	20	25
12	华南	海口	海鲜	虾子	9	86.85

图 9-107

● 虽然数据源更改了，但数据透视表中的统计数据没有同步更改，如

图 9-108 所示。在"数据透视表分析"→"数据"选项组中单击"刷新"按钮，即可实现数据透视表的即时更新，如图 9-109 所示。

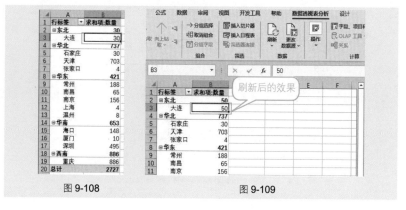

图 9-108   图 9-109

📝✏️ **应用扩展**

在数据透视表中设置了数字格式、文字格式等，但刷新数据透视表后所有格式都消失了，出现这种情况是因为在更新数据时没有保留单元格格式，可按以下方法来解决。

选择数据透视表，在"分析"→"数据透视表"选项组中单击"选项"按钮，打开"数据透视表选项"对话框，选取"布局和格式"选项卡，选中"更新时保留单元格格式"复选框，如图 9-110 所示，单击"确定"按钮即可。

图 9-110

技巧 33　将数据透视表转换为普通表格

通过建立数据透视表达到统计目的后，如果想将数据透视表中的统计结果

高效随身查——Office 2021 必学的高效办公应用技巧（视频教学版）

保留使用，可以将其转换为普通表格。

❶ 选中整张数据透视表，按"Ctrl+C"快捷键复制。

❷ 在当前工作表或新工作表中选中一个空白单元格，在"开始"→"剪贴板"选项组中单击"粘贴"按钮，在打开的下拉菜单中单击"值和源格式"按钮（见图 9-111），即可将数据透视表中当前数据转换为普通表格。

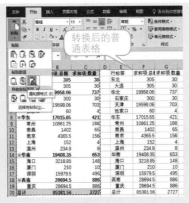

图 9-111

技巧 34　创建数据透视图直观反应数据

建立数据透视表之后，还可以在此基础上建立数据透视图，使用图表的形式分析数据，使数据更直观，更便于对统计数据的查看、比较或分析。数据透视图有很多类型，用户可根据当前数据的实际情况选择合适的数据透视图。

❶ 选择数据透视表任意单元格，在"数据透视表分析"→"工具"选项组中，单击"数据透视图"按钮（见图 9-112），打开"插入图表"对话框。

❷ 在对话框中选择合适的图表，根据数据情况，这里可选择"簇状条形图"，如图 9-113 所示。

❸ 单击"确定"按钮，即可在当前工作表中创建条形图，如图 9-114 所示。

图 9-112

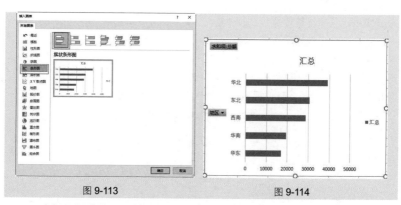

图 9-113   图 9-114

④ 在标题框中输入标题，并对图形进行美化，效果如图 9-115 所示。

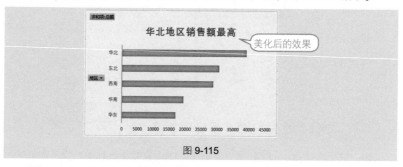

美化后的效果

图 9-115

技巧 35　套用样式快速美化数据透视图

　　默认建立的数据透视图比较简单，为了使透视图更美观，可以通过套用样式的方式快速美化透视图。

　　选中数据透视图，在右侧依次单击"图表样式"→"样式"→"样式 10"选项，即可快速应用指定的图表样式，如图 9-116 所示。

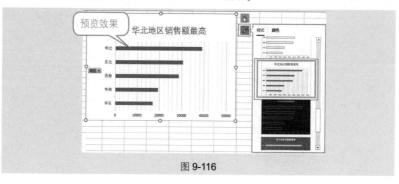

预览效果

图 9-116

技巧 36　筛选数据透视图内容

当创建数据透视图时，图表中包含数据透视表中的所有数据。如图 9-117 所示显示了各个大区所有城市的销售情况，如图 9-118 所示为只显示华东地区所有城市的销售数据汇总图表。要实现图 9-118 的效果，可以直接在数据透视图中进行筛选。

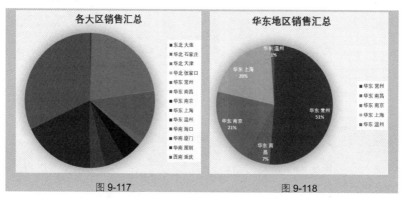

图 9-117　　　　　　　　　　图 9-118

❶ 单击图表右侧的"图表筛选器"按钮，在打开的下拉列表中分别选中包含"华东"地区的复选框，如图 9-119 所示。

❷ 单击"应用"按钮，即可在图表中只显示出华东地区的销售情况。

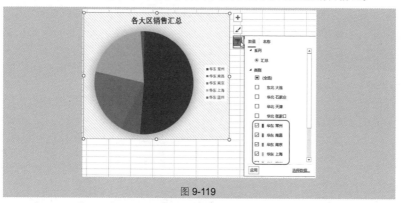

图 9-119

技巧 37　快速查看数据系列明细

建立数据透视图后，如果想查看某个系列的明细数据，可以直接在图中进行设置。

例如在水平轴上选中"华东"系列并单击鼠标右键，在弹出的快捷菜单中选择"展开/折叠"→"展开"命令（见图 9-120），即可显示出"华东"地区各个城市的销售情况，效果如图 9-121 所示。

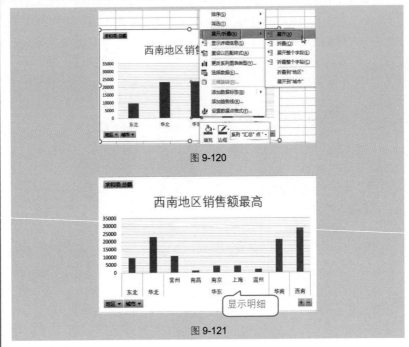

图 9-120

图 9-121

第 10 章 图表应用技巧

10.1 图表新建技巧

根据分析目的选择图表类型

常用的图表类型有"柱形图""折线图""饼图""条形图""面积图""直方图"等，除此之外，还有"雷达图""箱型图""瀑布图"和"漏斗图"，用户需要根据不同的数据分析目的选择合适的图表。无论选择哪种类型的图表，都需要了解图表包含哪些元素，如标题、坐标轴、图例、绘图区等，设计图表时为了让其更加专业、数据表达更加清晰，需要尽量完善图表中的必要元素。

- 柱形图是用来比较数据大小的图表，将数据转化为图表后对数据的大小进行比较，就转换为对柱子高度的直观比较。柱形图又分为簇状、堆积状、百分比状，而这些又统称为二维图表。与此对应的，如果柱子使用立体柱状，则称为三维图表，实际办公中常用的是二维图表。

- 条形图是用来比较数据大小的图表，将数据转换为图表后对数据的大小进行比较，就转换为对柱子长度的直观比较。在条形图类型中，又分为簇状、堆积状、百分比状，而这些又统称为二维图表。

- 表达随时间变化的波动、变动趋势的图表一般采用折线图。折线图是以时间序列为依据，表达一段时间内事物的走势情况。

- 饼图图表中不同的扇面代表不同的数据系列，而扇面的大小，表示该部分占整体的比例大小，也可以体现各个部分的大小关系。

- 面积图中既可以观察顶部的趋势线，也可以观察图表的面积大小，从而直观判断数据大小。

- 散点图是对所选变量之间相关关系的一种直观描述。在 Excel 中首先要绘制出变量的散点图，然后才能在散点图的基础上添加对应的趋势线。

- 雷达图是以从同一点开始的轴上表示的 3 个或更多个定量变量的二维图表。轴的相对位置和角度通常是无信息的。它相当于平行坐标图，轴径向排列。雷达图主要应用于企业经营状况——收益性、生产性、流动性、安全性和成长性的评价。

● 直方图是分析数据分布比重和分布频率的利器。为了更加简便地分析数据的分布区域，Excel 2016 版本中就已经新增了直方图类型的图表，利用此图表可以让看似寻找不到规律的数据或大数据能在瞬间得出分析结果，从图表中可以很直观地看到这批数据的分布区间。

技巧 2　选择不连续数据源建立图表

要建立图表的数据源经常都分布在不连续的单元格中，此时需要按以下操作先将这些单元格区域选中，然后再执行创建图表的操作。

❶ 首先选中 B1:B5 单元格区域，按 "Ctrl" 键，再选中 D1:D5 单元格区域，即选择不连续的单元格区域，如图 10-1 所示。

❷ 在 "插入" → "图表" 选项组中单击 "插入柱形图或条形图" 下拉按钮，单击 "簇状条形图" 按钮，即可将图表插入工作表中，如图 10-2 所示。

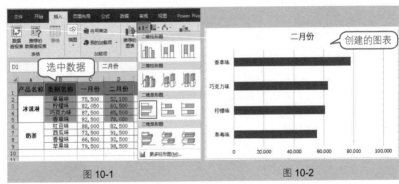

图 10-1　　　　　　　　　　图 10-2

❸ 对图表进行优化设置，效果如图 10-3 所示。从图表中可以清晰地看到二月份哪种口味的冰淇淋销售额最高，哪种销售额最低。

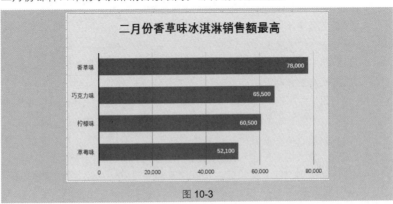

图 10-3

技巧 3　　在原图上更改图表的数据源

在技巧 2 中，使用如图 10-4 所示的图表分析了各口味的冰淇淋产品在二月份的销售情况，本例需要分析一月份的销售情况。此时，无须重新建立图表，可在原图表的基础上更改一下数据源，即可快速生成如图 10-5 所示的图表。此做法的好处在于，图表之前所做的格式不会发生改变，省去了重新设置的步骤。

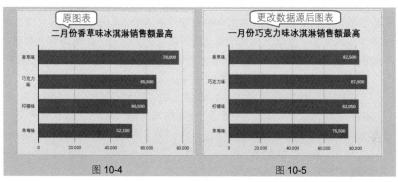

图 10-4　　　　　　　　　　　　　　　图 10-5

❶ 选择图表，在"图表设计"→"数据"选项组中单击"选择数据"按钮（见图 10-6），打开"选择数据源"对话框，如图 10-7 所示。

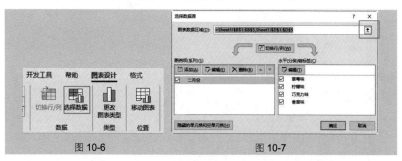

图 10-6　　　　　　　　　　　　　　　图 10-7

❷ 单击"图表数据区域"右侧的拾取器按钮，返回到工作表中重新选择数据源区域（不连续区域要配合"Ctrl"键选择），如图 10-8 所示。

	A	B	C	D	E	F	G
1	产品名称	类别名称	一月份	二月份	三月份		
2		草莓味	75,500	62,500	87,000		
3		柠檬味	82,050	63,500	90,500		
4	冰淇淋	巧克力味	87,500	63,500	67,500		
5		香草味	82,500	78,000	81,000		
6		红豆味	88,000	82,500	83,000		
7		西瓜味	73,500	91,500	64,500		
8	奶茶	香橙味	66,500	92,500	95,500		
9		苹果味	79,500	98,500	68,000		

图 10-8

❸ 再次单击拾取器按钮，返回"选择数据源"对话框，单击"确定"按钮即可在图表中看到更改后的结果，再更改图表标题，即可达到如图 10-5 所示的效果。

技巧 4　用迷你图直观比较一行或一列数据

本例需要分析每种产品前 3 个月的销售情况，建立迷你图即可轻松实现该目的。迷你图是 Excel 中加入的一种全新的图表制作工具，它主要以单元格为绘制区域，简单便捷地绘制出简明的数据小图表，清晰地展现数据的变化情况。

❶ 选择要放置迷你图的单元格，在"插入"→"迷你图"选项组中单击"柱形图"按钮（见图 10-9），打开"创建迷你图"对话框。

❷ 在"位置范围"文本框中显示了存放位置的单元格，如图 10-10 所示；单击"数据范围"文本框右侧的拾取器按钮🔼，拖动鼠标选择要创建为迷你图的单元格区域，如图 10-11 所示。

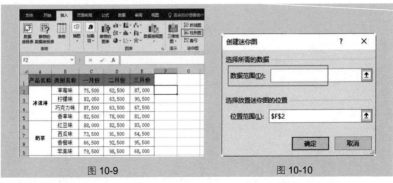

图 10-9　　　　　　　　　　　图 10-10

❸ 单击拾取器按钮，返回"创建迷你图"对话框。单击"确定"按钮，即可看到创建的迷你图，如图 10-12 所示。

图 10-11　　　　　　　　　　　图 10-12

📖✍ **应用扩展**

建立好迷你图后，如果对默认的样式和颜色不满意，可以进行设置。

选择迷你图，在"迷你图"选项卡的"样式"选项组中单击"迷你图颜色"下拉按钮，在下拉菜单中选择合适的颜色，如图 10-13 所示。

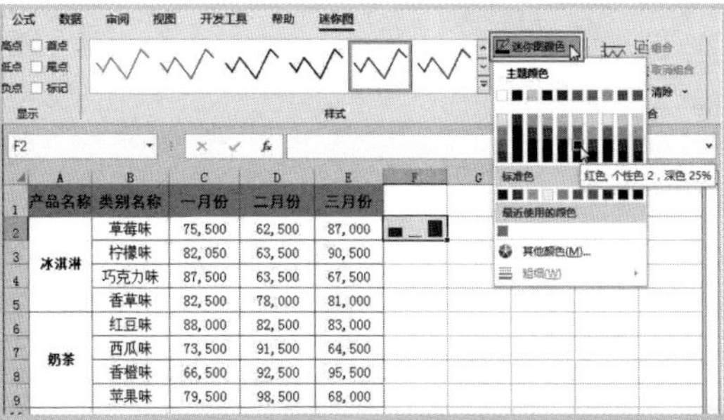

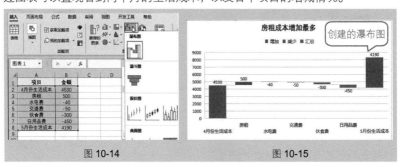

图 10-13

技巧 5　创建瀑布图展示数据累计情况

瀑布图是经营分析工作中的常用图表，用来解释从一个数据到另一个数据的变化过程。本例需要在表格中建立瀑布图，分析 5 月份各项生活成本的增减情况。

❶ 选中 A1:B8 单元格区域，在"插入"→"图表"选项组中单击"插入瀑布图或股价图"按钮，在下拉列表中选择"瀑布图"样式（见图 10-14），即可在表格中插入瀑布图。

❷ 为图表添加标题并进行优化设置，可达到如图 10-15 所示的效果。通过图表可以直观看到两个月的生活成本，以及各个项目的增减情况。

图 10-14　　　　　　　　　　　　图 10-15

技巧6 一键创建漏斗图

通过漏斗图各环节业务数据的比较，能够直观地发现和说明问题所在。本例需要创建漏斗图分析公司棉麻系列产品订单生产过程中，每个环节的客户转化情况，反映公司产品销售过程中存在的问题。

❶ 选中 A1:B6 单元格区域，在"插入"→"图表"选项组中单击"插入瀑布图或股价图"按钮，在下拉列表中选择"漏斗图"样式（见图 10-16），即可在表格中插入漏斗图。

❷ 重新编辑图表标题并进行优化设置，可达到如图 10-17 所示的效果。通过图表可以直观看到该系列产品在最初的展现量是很高的，但最终订单量却较少，通过各个环节矩形的宽度可以大致判断主要在哪个环节上问题较大。

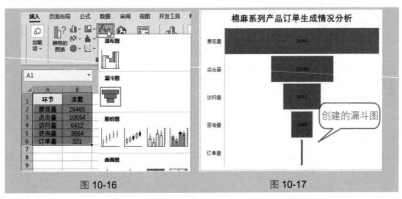

图 10-16　　　　　　　　　　　图 10-17

技巧7 创建直方图显示数据统计结果

创建直方图的目的是为了研究产品质量的分布状况，据此判断生产过程是否处于正常状态。本例需要根据本年度 4 次培训成绩分析公司员工成绩分布情况。

❶ 选中 A1:D21 单元格区域，在"插入"→"图表"选项组中单击"插入统计图表"按钮，在下拉列表中选择"直方图"样式（见图 10-18），即可在表格中插入直方图，如图 10-19 所示。

❷ 单击图表横坐标轴，切换至"坐标轴选项"选项卡，展开"坐标轴选项"栏，选中"箱宽度"单选按钮，将其设置为"6.0"（见图 10-20），即可调整数据分布区间，使图表分步细化。

❸ 编辑图表标题并进行美化设置，效果如图 10-21 所示。通过图表可以直观地看到这个数据区域的分布区间情况。

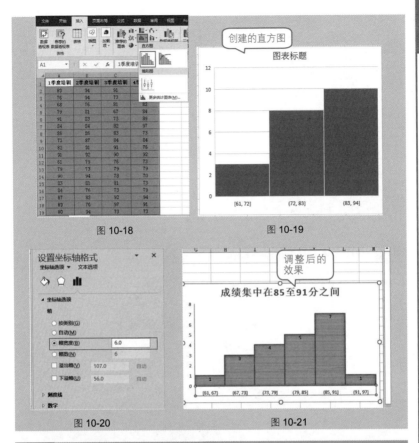

图 10-18   图 10-19

图 10-20   图 10-21

技巧 8   创建旭日图显示二级分类

本例创建的图表不仅要反映超市中不同品牌食品的销售比例，还需要比较同一品牌不同品种食品的销售情况。此时，可以创建旭日图显示二级分类。

❶ 选中 **A1:C11** 单元格区域，在"插入"→"图表"选项组中单击"对话框启动器"按钮 ⤢（见图 **10-22**），打开"插入图表"对话框。

❷ 切换至"所有图表"选项卡，选择"旭日图"样式，如图 **10-23** 所示。

❸ 单击"确定"按钮即可在工作表中插入旭日图。

❹ 添加图表标题，对图表进行美化后的效果如图 **10-24** 所示。从图表中可以看到，内侧圆环显示"品牌"分类，外侧圆环显示"商品类别"分类。

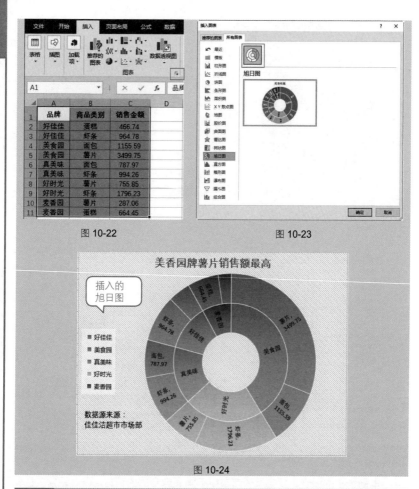

图 10-22　　　　　　　　　　　　　图 10-23

图 10-24

技巧 9　快速创建组合型图表

图表在实际应用中，经常会出现两种不同类型的图表混合使用的情况，这类图称为组合图。

在 Excel 2021 中提供的"组合图"功能中，默认推荐有 3 种组合形式：簇状柱形图—折线图、簇状柱形图—次坐标轴上的折线图、堆积面积图—簇状柱形图。例如下表的数据源中，可以创建出柱形图和折线图的组合图。

❶ 选中单元格 A2:D6，在"插入"→"图表"选项组中单击"组合图"按钮，在下拉列表中选择组合图的形式，如选择"簇状柱形图—次坐标轴上的折线图"，如图 10-25 所示。

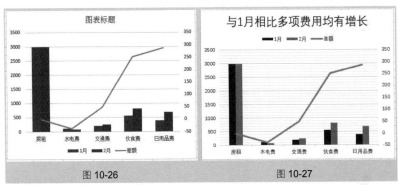

图 10-25

❷ 执行上述操作后即创建了新图表，如图 10-26 所示。编辑图表标题并对图表进行优化设置，效果如图 10-27 所示。从图表中可以看到折线图绘制在次坐标轴上，表示两个月各项费用对比的增减情况。

图 10-26 图 10-27

除了上述最常用的折线图与柱形图的组合使用外，面积图与柱形图的组合使用也是常见的。

❶ 选中单元格 A1:C6，在"插入"→"图表"选项组中单击"组合图"按钮，在下拉列表中选择组合图的形式，选择"堆积面积图—簇状柱形图"，如图 10-28 所示。

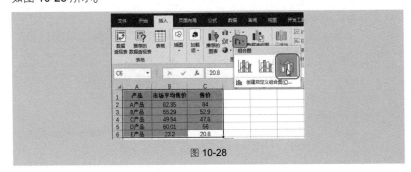

图 10-28

❷执行上述操作后即创建了新图表,如图 **10-29** 所示。编辑图表标题并对图表进行优化设置,效果如图 **10-30** 所示。从图中我们可以清楚地看到卖场各产品的售价与市场平均售价的关系,只有 A 产品的售价高于市场平均售价。

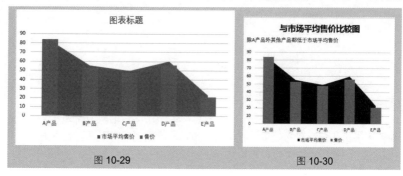

图 10-29　　　　　　　　　　图 10-30

📢**专家点拨**

对于图表新手来说,如果不确定不同的数据分析选择什么样的图表类型,可以使用 Excel 2021 中的"推荐的图表"按钮。

技巧 10　在原图上更改图表的类型

从图 **10-31** 所示建立的簇状条形图中无法直观地看出本月各类产品所占比例,因此可以直接在当前图表上将其更改为饼图(见图 **10-32**)。更改后图表只是图表类型发生改变,其他的格式全部保留。

❶ 单击选中图表,在"图表设计"→"类型"选项组中单击"更改图表类型"按钮(见图 **10-33**),打开"更改图表类型"对话框。

❷ 在对话框中选择合适的图表类型,此处选择饼图(见图 **10-34**),单击"确定"按钮,即可将图表更改为饼图,效果如图 **10-32** 所示。

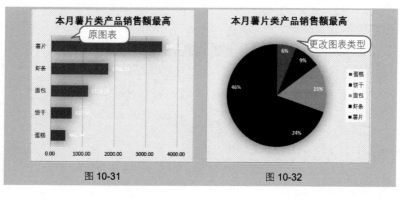

图 10-31　　　　　　　　　　图 10-32

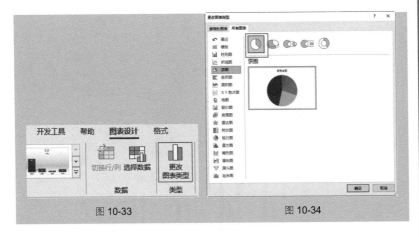

图 10-33　　　　　　　　　　　　　图 10-34

📢 专家点拨

在更改图表类型时，需注意选择的图表类型要适合当前数据源，避免新的图表类型不能完全表示出数据源中的数据。

技巧 11　快速向图表中添加新数据

本例原始图表中比较了冰淇淋系列产品前两个月的销售金额，现在需要比较前 3 个月的销售金额。此时，只需要在原图表中添加三月份的销售数据即可，不需要重新选取数据源并创建图表。

1. 拖动方法添加数据列

❶ 选中图表，此时表格中的数据将以不同颜色的框线标识，将鼠标放置在如图 10-35 所示的位置上，鼠标指针变成双向箭头形状。

❷ 向右拖动鼠标至添加的数据列后，释放鼠标，即将新添加的数据添加到图表中，效果如图 10-36 所示。

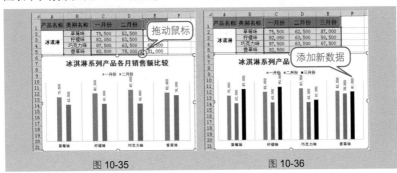

图 10-35　　　　　　　　　　　　　图 10-36

2. 使用复制方法添加数据列

❶ 选择要添加的数据列，按"Ctrl+C"快捷键进行复制。

❷ 在图表边框上单击，准确选中图表区，按"Ctrl+V"快捷键进行粘贴，即可添加数据列，如图 10-37 所示。

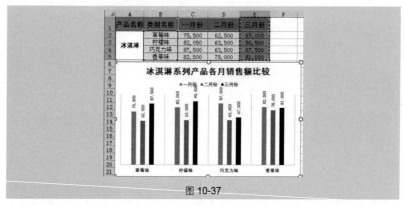

图 10-37

技巧 12　　制作动态图表

将原始表格转换为"表"形式之后，再创建图表并插入切片器，可以实现动态查看图表。例如本例需要通过图表任意切换查看各个系列产品的一、二、三月份销售额数据，可以通过在表格中插入切片器实现。

❶ 首先选中表格任意数据单元格，在"插入"→"表格"选项组中单击"表格"按钮，打开"创建表"对话框，如图 10-38 所示。

❷ 保持默认选项不变，并单击"确定"按钮即可创建表形式，如图 10-39 所示。

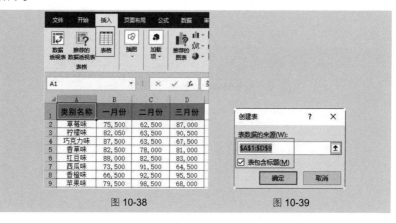

图 10-38　　　　　　　　　　　　图 10-39

❸ 选中表格数据区域，在"插入"→"图表"选项组中单击"插入柱形图或条形图"下拉按钮，选择"簇状条形图"样式（见图 10-40），即可将图表插入工作表中。

❹ 继续选中表格，在"表设计"选项组中单击"工具"选项组的"插入切片器"按钮，如图 10-41 所示，打开"插入切片器"对话框。

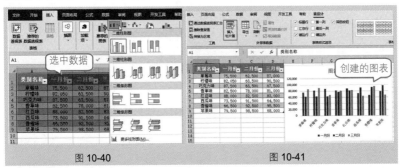

图 10-40　　　　　　　　　　　　　　图 10-41

❺ 选中切片器中的"类别名称"复选框即可（见图 10-42），单击"确定"按钮即可插入新的切片器。

❻ 在"类别名称"切片器中选择"草莓味"选项，即可看到表格和图表更新为指定产品的 3 个月销售数据，实现图表动态查询，如图 10-43 所示。再次同时选择"柠檬味"和"西瓜味"，即可同步更新图表和表格数据，效果如图 10-44 所示。

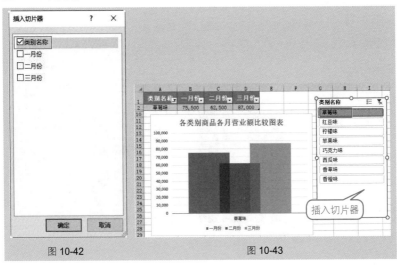

图 10-42　　　　　　　　　　　　　　图 10-43

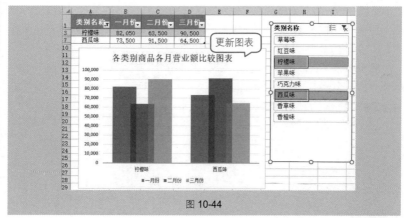

图 10-44

10.2　图表优化编辑技巧

技巧 13　将垂直轴显示在图表正中位置

　　如果在创建的条形图中，数据系列呈现两个区域部分分布，可以将垂直轴设置成在图表正中位置显示。设置后，数据系列如图 10-45 所示分布在垂直轴两边，图表结构更清晰。

　　❶ 双击图表横坐标轴，打开"设置坐标轴格式"窗格，切换至"坐标轴选项"选项卡，展开"坐标轴选项"栏，选中"分类编号"单选按钮，在其后的文本框中输入"2"（见图 10-46），即可将垂直轴显示在图表正中。

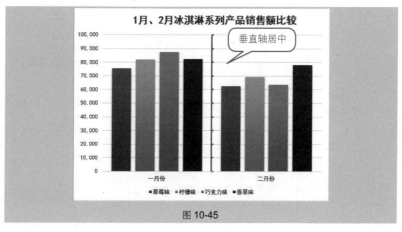

图 10-45

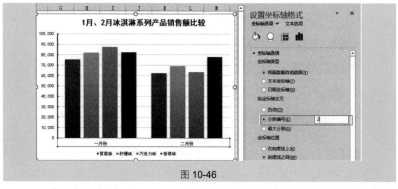

图 10-46

❷双击图表垂直轴，打开"设置坐标轴格式"窗格，切换至"坐标轴选项"选项卡，展开"标签"栏，单击"标签位置"右侧下拉按钮，在下拉列表框中选择"低"选项（见图 10-47），即可使标签显示在图表左侧。

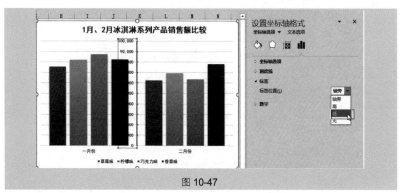

图 10-47

专家点拨

关于纵坐标轴分类编号交叉值的设定，要根据当前图表有几个分类数决定。所谓分类数是指水平轴上共有几个分类。

技巧 14 快速添加数据标签

一般创建的图表都没有数据标签，在一些特殊的图表中，为了方便读取数据，使表达效果更直观，可以通过以下方法添加数据标签。

❶选中图表，单击"图表元素"按钮，在下拉菜单中单击"数据标签"下拉按钮，在子菜单中选择"更多选项"命令（见图 10-48），打开"设置数据标签格式"窗格。

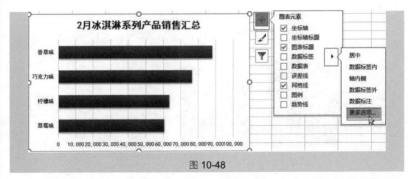

图 10-48

❷ 在"标签选项"选项卡中，展开"数字"栏，在"类别"下拉列表框中选择"货币"选项，然后设置"小数位数"和"符号"样式，如图 **10-49** 所示。

❸ 设置完成后，单击"关闭"按钮，即可看到添加的数据标签，如图 **10-50** 所示。

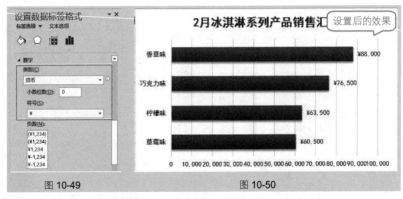

图 10-49　　　　　　　　　　　　　　图 10-50

技巧 15　为饼图添加两种类型数据标签

默认添加的数据标签都是值标签，但是在饼图中为了更直观反映数据的占比情况，通常需要同时显示类别标签和百分比标签。

❶ 选中图表，单击"图表元素"按钮，在下拉菜单中单击"数据标签"下拉按钮，在子菜单中选择"更多选项"命令，打开"设置数据标签格式"窗格。

❷ 选择"标签选项"选项卡，在"标签选项"栏选中"类别名称"和"百分比"复选框（见图 **10-51**），即可在图表上看到添加的两种数据标签，如图 **10-52** 所示。

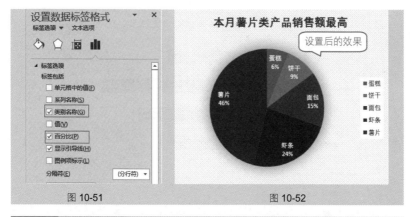

图 10-51   图 10-52

技巧 16   分离饼图中的强调扇面

我们在阅读图表时，经常看到饼图中被强调的部分被单独分离出来，使图表的层次分明。例如下面的图表中要分离出最小的扇面。

在最小的扇面上双击，即可选中该数据点，按住鼠标左键不放，向外拖动鼠标（见图 10-53），释放鼠标即可拖出这块扇面（见图 10-54）。

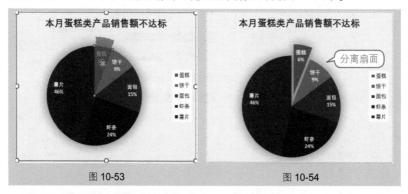

图 10-53   图 10-54

技巧 17   让条形图数据标签顺序与数据源一致

条形图的数据标签顺序和数据源不一致的情况一般表现为时间顺序颠倒，如从"4 季度到 1 季度"（见图 10-55），"12 月到 1 月"等形式显示。出现这种情况时，这种显示效果不符合逻辑，可以通过以下操作让时间序列与数据源保持一致。

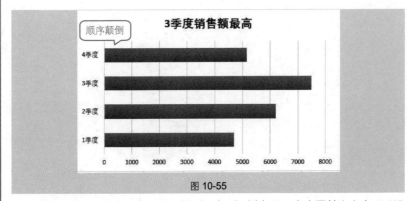

图 10-55

❶ 双击垂直坐标轴（条形图与柱形图相反，刻度显示在水平轴上），打开"设置坐标轴格式"窗格。

❷ 在"坐标轴选项"选项卡中，选中"逆序类别"复选框，如图 10-56 所示。

❸ 设置完成后单击"关闭"按钮，即可看到图表标签按正确的次序显示，如图 10-57 所示。

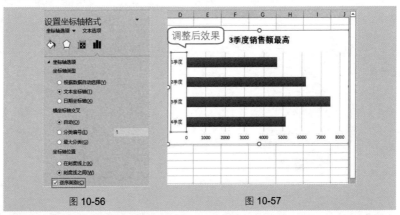

图 10-56　　　　　　　　图 10-57

技巧 18　自动绘制平均线

如果想在图表中体现出各数据与平均值相比较的差异情况，可以在图表中添加平均线，平均线并不是在图表上单独画的一条线，而是在原来的柱形图或折线图的基础上添加的"平均线"系列。可以通过添加辅助列来绘制平均线。

❶ 在 C2 单元格中输入公式"=AVERAGE($B$2:$B$7)"，计算出平均值，并向下填充公式到 C7 单元格，如图 10-58 所示。

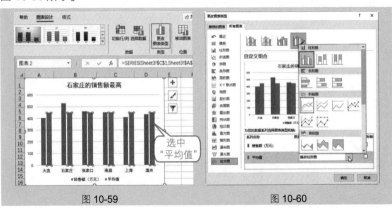

	A	B	C	D	E
1	城市	销售额（万元）	平均值		
2	大连	405	448.9833333		
3	石家庄	530	448.9833333		
4	张家口	460	448.9833333		
5	南昌	452	448.9833333		
6	上海	412	448.9833333		
7	温州	434.9	448.9833333		

C2　=AVERAGE($B$2:$B$7)

添加的辅助列

图 10-58

② 选择 A1:C7 单元格区域，创建柱形图。选中"平均值"数据系列，在"图表设计"→"类型"选项组中单击"更改图表类型"按钮（见图 10-59），打开"更改图表类型"对话框。

③ 切换至"所有图表"选项卡，在"为您的数据系列选择图表类型和轴"栏中单击"平均值"右侧下拉按钮，在下拉列表中选择"折线图"选项，如图 10-60 所示。

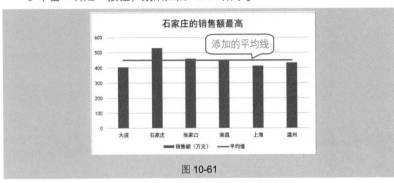

图 10-59　　　　　　　　　　　图 10-60

④ 单击"确定"按钮，效果如图 10-61 所示。

图 10-61

技巧 19 设置间隙宽度

创建图表后，数据系列之间的间距是默认的。下面介绍如何调整分类间距，得到想要的图表效果。

❶ 双击任意数据系列后（见图 10-62），打开"设置数据系列格式"窗格。调整"系列重叠"和"间隙宽度"值即可，如图 10-63 所示。

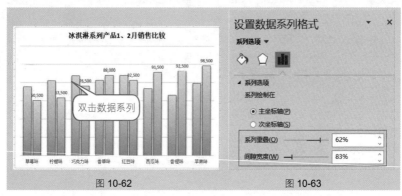

图 10-62   图 10-63

❷ 返回图表后，可以看到不同数据系列柱子之间的间距变化，效果如图 10-64 所示。

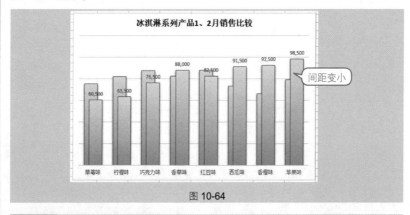

图 10-64

技巧 20 启用次坐标轴

本例表格统计了业务员前 3 个月的业绩数据，以及目标销售额数据，下面需要建立堆积柱形图直观地将总业绩与目标业绩进行比较，可以在创建图表后启用次坐标轴。

❶ 根据表格数据源创建堆积柱形图后，选中任意数据系列并单击鼠标右

键，在弹出的快捷菜单中选择"更改系列图表类型"命令（见图 10-65），打开"更改图表类型"对话框。

❷ 分别选中"一月份""二月份""三月份"后的"次坐标轴"复选框，如图 10-66 所示。

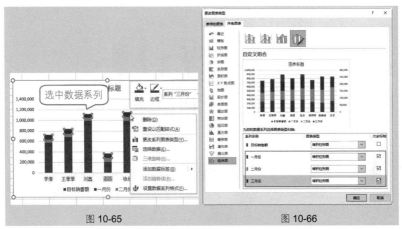

图 10-65　　　　　　　　　　　图 10-66

❸ 双击"目标销售额"数据系列，快速打开"设置数据系列格式"窗格，设置填充为"无填充"，再分别设置边框为"实线"，颜色为"黑色"，宽度为"4 磅"，如图 10-67 所示。

❹ 再切换至"系列选项"栏，调整间隙宽度为"63%"，如图 10-68 所示。

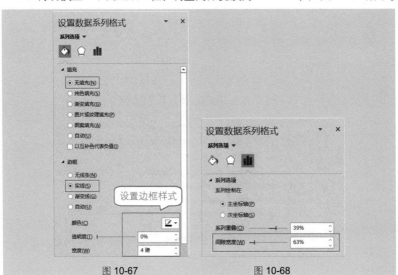

图 10-67　　　　　　　　　　　图 10-68

❺ 关闭窗格后返回图表，重新命名图表标题，根据黑色框线的"目标销售额"数据系列，可以直观地比较每位业务员的实际业绩。超出黑色框线图形则表示总销售业绩超过目标值，低于黑色框线图形则表示总销售业绩没有达到预期的目标值，如图 **10-69** 所示。

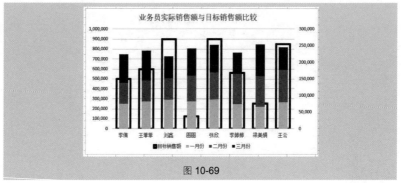

图 10-69

10.3 图表美化及输出技巧

技巧 21 套用样式极速美化

默认插入的图表比较粗糙，在添加了图表标题后，为了使图表更美观，需要对其进一步美化。通过套用 Excel 2021 中提供的样式，可以达到一键美化图表的目的。此功能对初学者有较大帮助。

❶ 单击选中图表，在"图表设计"→"图表样式"选项组中单击"其他"按钮（见图 **10-70**），展开下拉菜单，如图 **10-71** 所示。

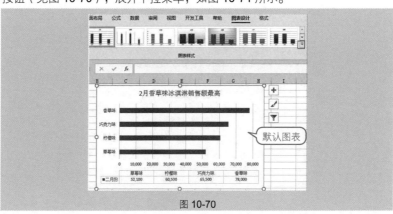

图 10-70

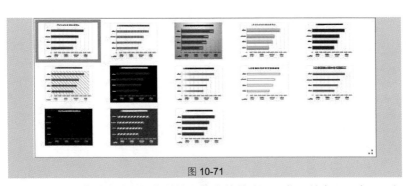

图 10-71

❷ 在下拉菜单中将鼠标指针指向选中的样式可预览，单击即可套用。如图 10-72 所示为套用"样式 12"后的效果。

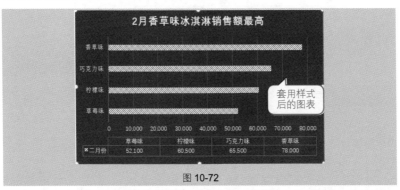

图 10-72

技巧 22　只保留必要元素

在建立图表并完成编辑后，如果觉得图表中存在一些不必要元素，可以将其隐藏起来，以实现简化图表的目的。如图 10-73 所示为原图表，如图 10-74 所示为隐藏多个元素（纵坐标轴、横向网格线、图例）后的图表。

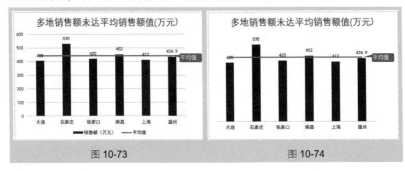

图 10-73　　　　　　　　　图 10-74

选中图表,右上角会出现"图表元素"按钮,单击此按钮即可实现对图表中各个项目的隐藏与显示,选中复选框表示显示,取消选中表示隐藏。

例如,图表中已添加了值数据标签,因此垂直轴数据可以隐藏。将鼠标指针指向"坐标轴",在子菜单中取消选中"主要纵坐标轴"复选框(见图 10-75),即可实现隐藏。

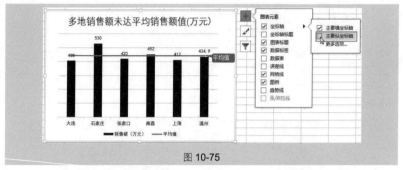

图 10-75

其他对象的隐藏操作方法相同。若要恢复显示,则重新选中复选框即可。

技巧 23　图表中对象的填色

新创建的图表会默认自动填充系统设置的颜色,如果用户对默认颜色不满意,可以按以下操作重新设置填充颜色,以使图表呈现最合理的样式。下面以数据系列的填色为例介绍操作方法(其他对象的操作方法相同)。

❶ 选中数据系列,切换至"格式"→"形状样式"选项组中,单击"形状填充"按钮,在下拉菜单"主题颜色"栏中可选择填充颜色,如图 10-76 所示。单击即可应用于选中的对象,如图 10-77 所示。

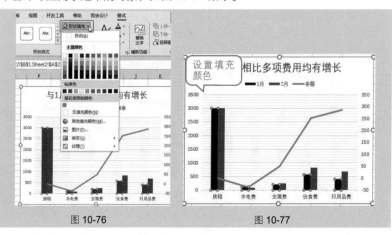

图 10-76　　　　　　　　图 10-77

❷ 除了纯色外，还可以设置其他颜色样式，这时可以打开"设置数据系列格式"窗格（在数据系列上双击即可打开"设置数据系列格式"窗格）。单击"填充与线条"标签按钮，在"填充"栏选中"渐变填充"单选按钮，然后设置各项渐变参数（见图 10-78），设置后图表的系列填充可达如图 10-79 所示的效果。

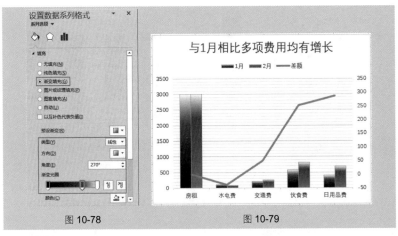

图 10-78　　　　　　　　　　　　　　　　图 10-79

应用扩展

在填充对象颜色之前，需要准备选中对象，用户可以在"格式"选项卡的"当前所选内容"组中单击"图表元素"下拉按钮，在下拉菜单中选择需要的对象名称即可，如图 10-80 所示。

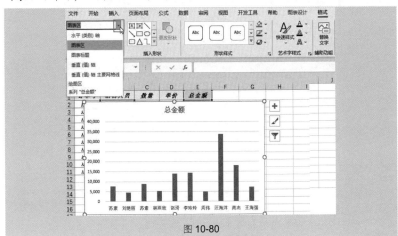

图 10-80

图表线条的美化包括对线条颜色、粗细和线型的设置。如图 10-81 所示显示的是水平轴的默认线条样式，如图 10-82 所示为设置后的线条样式。

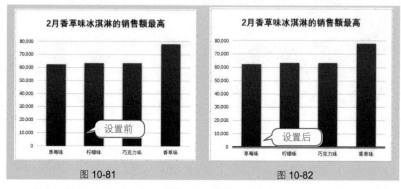

图 10-81　　　　　　　　　　图 10-82

在水平轴上双击鼠标，打开"设置坐标轴格式"右侧窗格，单击"填充与线条"标签按钮，展开"线条"栏，可以设置线条的颜色、粗细值（见图 10-83），并在"复合类型"下拉列表框中选择线条的样式，如图 10-84 所示。

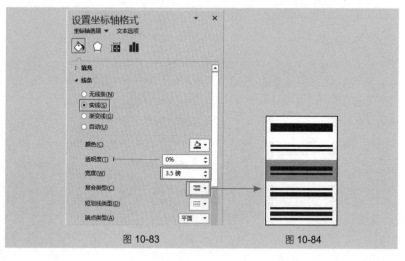

图 10-83　　　　　　　　　　图 10-84

专家点拨

若要对其他对象进行边框线条的设置，其操作方法都是一样的。例如要设置数据系列的边框，则双击数据系列，打开"设置数据系列格式"右侧窗格，在"填充与线条"标签中按相同方法进行设置即可。

高效随身查——Office 2021 必学的高效办公应用技巧（视频教学版）

技巧 25　折线图数据标记点格式设置

创建折线图图表后，其轮廓和标记点样式效果是默认的。下面介绍如何设置折线图数据标记点类型和大小。

❶ 打开图表，双击数据系列打开"设置数据系列格式"窗格（见图 **10-85**），分别设置内置类型、大小以及填充颜色，如图 **10-86** 所示。

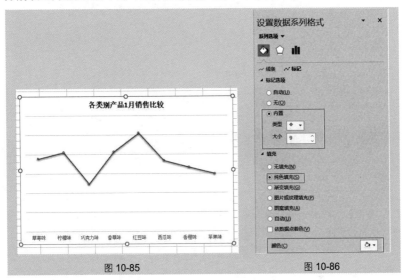

图 10-85　　　　　　　　　　　　　　　图 10-86

❷ 返回图表后，可以看到设置的折线图数据标记点样式，如图 **10-87** 所示。

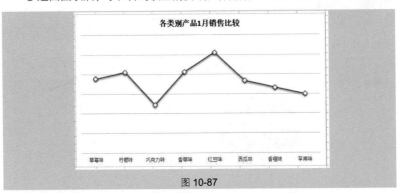

图 10-87

技巧 26　将建立的图表转换为静态图片

在文档或其他文件中插入专业的图表，可使文档更有说服力。为了使图表方便使用，可以将建立完成的图表转换为静态图片，然后添加到 Word、PPT 或者其他应用程序中。

❶ 选中图表，按"Ctrl+C"快捷键复制，在空白处单击鼠标，然后在"开始"→"剪贴板"选项组中单击"粘贴"下拉按钮，选择"图片"选项，即可将图表粘贴为图片，如图 10-88 所示。

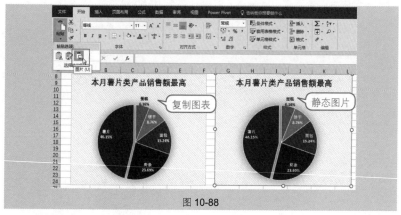

图 10-88

❷ 选中转换后的静态图表，按"Ctrl+C"快捷键复制，然后打开 Windows 程序自带的绘图工具，将复制的图片粘贴。单击"保存"按钮（见图 10-89），打开对话框，设置好保存位置后即可保存到计算机中，以方便后期将图片应用于其他位置。

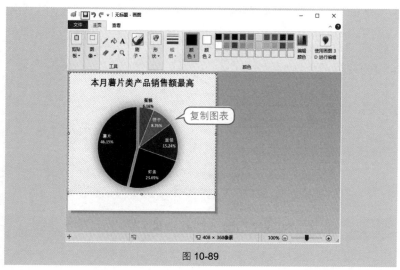

图 10-89

如果要快速应用设计好的图表样式，可以将其保存为"模板"格式。下面介绍如何在其他图表中应用创建好的自定义模板样式。

❶ 选中图表，单击鼠标右键，在弹出的快捷菜单中选择"另存为模板"命令（见图 10-90），打开"保存图表模板"对话框。

❷ 保持默认文件夹位置不变，设置文件名，单击"保存"按钮，如图 10-91 所示。

图 10-90　　　　　　　　　　　图 10-91

❸ 打开新的图表，单击鼠标右键，在弹出的快捷菜单中选择"更改图表类型"命令（见图 10-92），打开"更改图表类型"对话框。选择刚才保存的图表模板即可，如图 10-93 所示。

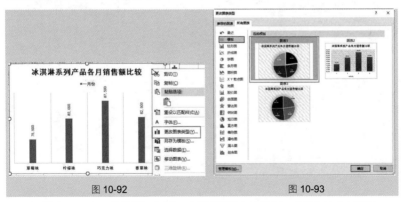

图 10-92　　　　　　　　　　　图 10-93

❹ 单击"确定"按钮返回图表，即可看到应用效果，如图 10-94 所示。

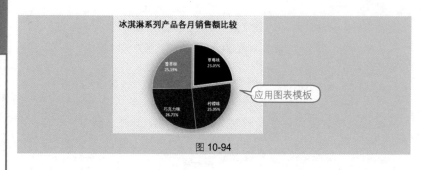

图 10-94

🎙️ **专家点拨**

如果要删除设置好的图表模板，可以在"更改图表类型"对话框中单击左下角的"管理模板"按钮，即可打开文件夹，直接删除不需要的模板即可。

技巧 28　Excel 图表应用于 Word 分析报告

图表是分析报告中必不可少的元素。在 Excel 中复制了图表后，如果能将图表应用到 Word 分析报告文档中，可以提升数据的说服力。下面示范具体的操作过程。

❶ 在 Excel 中选择图表，按"Ctrl+C"快捷键执行复制操作，如图 10-95 所示。

❷ 打开 Word，将光标定位到需要粘贴图表的位置，按"Ctrl+V"快捷键执行粘贴操作，如图 10-96 所示。

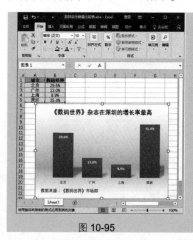

图 10-95

图 10-96

技巧 29　PowerPoint 演示文稿中使用 Excel 图表

在使用 PowerPoint 制作汇报型演示文稿时，经常需要添加图表以提高所描述观点的可信度和说服力。如果想使用的图表在 Excel 中已经创建了，可以直接复制使用。

❶ 在 Excel 工作表中选中饼图，按 "Ctrl+C" 快捷键复制图表，如图 10-97 所示。

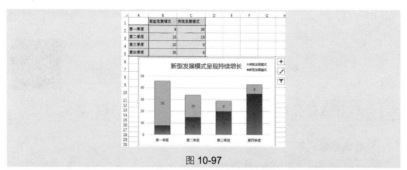

图 10-97

❷ 切换到演示文稿中，按 "Ctrl+V" 快捷键粘贴，通过单击 "粘贴选项" 下拉按钮，可以看到下拉列表中还有其他几个选项按钮，默认为 "保留源格式与链接数据"，如图 10-98 所示。

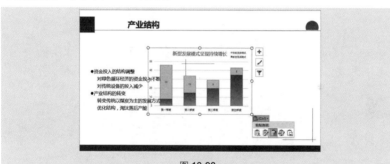

图 10-98

❸ 移动图表的位置即可达到如图 10-99 所示的效果。

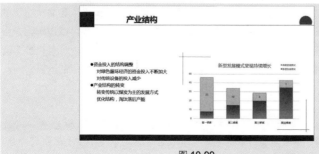

图 10-99

第11章 常用函数应用技巧

11.1 公式编辑实用技巧

技巧1 什么是公式？什么是函数？

1. 什么是公式？

公式是 Excel 工作表中进行数据计算的等式，以"="为引导，等号后面通常由函数、名称、运算符、常量以及单元格引用等要素组成。

如图 11-1 所示的公式，以"="开头，后面是一个单元格的引用，"+"为运算符，后面又是一个单元格的引用，公式表示对两个单元格的数值相加。

D2		× ✓ fx	=B2+C2	
▲	A	B	C	D	E
1	姓名	一月报销	二月报销	报销总额	
2	唐颖	0	550	550	
3	魏晓丽	300	256	556	
4	肖周文	600	200	800	
5	翟雨欣	900	400	1300	
6	张宏良	354	0	354	
7	张明	568	245	813	
8	赵魁	0	450	450	
9	刘晨	200	0	200	

图 11-1

2. 什么是函数？

函数的结构是以函数名称开始，后面是左圆括号、以逗号（英文状态下的逗号）分隔的参数，接着则是标志函数结束的右圆括号。函数可以理解为是程序内置的专门用于解决某些运算的公式，如求和、求平均值、统计条目数等。利用函数可以解决非常复杂的手工运算，或是无法通过手工完成的运算。

📢 专家点拨

单一函数不能返回值，必须以公式的形式出现，即前面添加上"="号才能得到计算结果。函数不是一个单独的个体，它是公式中一个重要的组成部分。

如图 11-2 所示的公式为求一组数据的平均值，常规的办法是依次把所有数据相加，再除以数据个数，目前表格中数据较少，勉强还能求出结果，但是试想如果数据多达几百条、上千条，这样去相加再相除，结果可想而知。而如图 11-3 所示使用的是求平均值函数 AVERAGE 函数，同样是求平均值，公式却简单多了，而且无论对多少条目求平均值，都不是问题，这里就突显出 Excel 中函数的强大。

B12　=(B2+B3+B4+B5+B6+B7+B8+B9+B10)/9

	A	B	C	D	E	F
1	分店	利润（万元）				
2	中环城店	119.58				
3	明光路汽车站店	91.27				
4	新地中心店	66.5				
5	中绿广场店	132.82				
6	滨湖新区店	97.26				
7	城隍庙店	121.5				
8	蒙城路店	129.05				
9	南站店	40.22				
10	黄金广场店	88.3				
11						
12	平均利润	98.5				

图 11-2

B12　=AVERAGE(B2:B10)

	A	B	C	D
1	分店	利润（万元）		
2	中环城店	119.58		
3	明光路汽车站店	91.27		
4	新地中心店	66.5		
5	中绿广场店	132.82		
6	滨湖新区店	97.26		
7	城隍庙店	121.5		
8	蒙城路店	129.05		
9	南站店	40.22		
10	黄金广场店	88.3		
11				
12	平均利润	98.5		

图 11-3

如图 11-4 所示的公式，以“=”开头，后面跟着函数名称，紧接着是函数的参数。这个例子是要根据库存数量的多少返回相应的提示文字，当库存的数量小于 10，返回“补货”，否则返回“充足”。显然这样一个关于条件的判断，如果不使用函数而只使用表达式是无法得到想要的结果的。

再如图 11-5 所示，此处函数意在从产品规格中提取产品厚度信息。在本例中，MID 函数用于从指定位置开始提取字符，括号内的 B2、9、3 为 3 个参数，从给定的 B2 单元格字符串中的第 9 位开始提取，提取的字符个数为 3。这个 MID 函数就是一个文本函数，它可以轻松解决从字符串中提取字符的问题。而且 MID 函数经常可以和其他函数嵌套使用，达到我们想要的结果。

D2　=IF(C2<10,"补货","充足")

	A	B	C	D	E
1	商品代码	规格型号	库存	库存提醒	
2	001001	EPSON0012	22	充足	
3	001002	YJ-200W	12	充足	
4	002001	YJ-100W	4	补货	
5	002002	长城DDX	5	补货	
6	003001	LU-10-02	7	补货	
7	003002	LU-10-03	12	充足	
8	003003	LU-10-04	14	充足	
9	003004	LU-10-05	5	补货	
10	003005	LU-10-06	6	补货	
11	003006	LU-10-07	17	充足	

图 11-4

C2　=MID(B2,9,3)

	A	B	C	D
1	编码	规格	厚度	价格
2	001	LPE-W12-1.0cm	1.0	55
3	002	LPE-W12-1.2cm	1.2	64
4	003	LPE-W12-1.4cm	1.4	69
5	004	LPE-W12-1.6cm	1.6	75
6	005	LPE-W12-1.8cm	1.8	83
7	006	LPE-W12-2.0cm	2.0	88
8	007	LPE-W12-2.2cm	2.2	94
9	008	LPE-W12-2.4cm	2.4	97
10	009	LPE-W12-2.6cm	2.6	101
11	010	LPE-W12-2.8cm	2.8	108

图 11-5

综上所述，函数可以帮助我们在日常工作中有针对性地解决某些运算、统计、查询等复杂问题，函数是公式中一个最重要的元素，不使用函数的公式只能解决简易的计算，要想完成特殊的计算或是进行较为复杂的数据计算则必须要使用函数。因此 Excel 程序中提供了很多不同类型的函数，目的是完成各种各样的数据计算与分析。如果想将函数应用得得心应手，靠的是多用，多积累，接触的时间长了，你会发现你的工作离不开函数，小小的函数真的会解决大问题。

技巧2　了解函数的参数

了解了公式、函数的概念之后，对函数的参数应该比较容易理解了，因为上面在举例时我们已经涉及函数的参数。函数的参数包括在紧接着函数名称后的括号内，函数是靠参数给出指定值才能完成相应的运算、统计、查询等。

函数的多个参数之间需要使用逗号进行间隔，如图 11-6 所示的 AVERAGEIF 函数，括号内的"A2:A12""<>*(新店)""B2:B12"是 3 个参数，其中，"A2:A12"是要进行条件判断的一个或多个单元格，"B2:B12"是要计算平均值的实际单元格区域，中间部分的""<>*(新店)""是设定的条件。因此这个 AVERAGEIF 函数是用于对给定的条件进行判断，如果满足设定的条件，则进行求平均值运算，如果不满足就不进行运算。Excel 还提供了其他按指定条件计算数据的函数，如"SUMIF""COUNTIF"等。

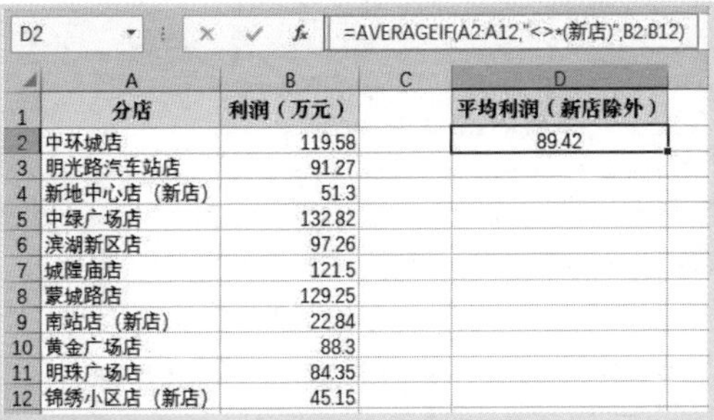

D2	▼	:	×	✓	fx	=AVERAGEIF(A2:A12,"<>*(新店)",B2:B12)

▲	A	B	C	D
1	分店	利润（万元）		平均利润（新店除外）
2	中环城店	119.58		89.42
3	明光路汽车站店	91.27		
4	新地中心店（新店）	51.3		
5	中绿广场店	132.82		
6	滨湖新区店	97.26		
7	城隆商店	121.5		
8	蒙城路店	129.25		
9	南站店（新店）	22.84		
10	黄金广场店	88.3		
11	明珠广场店	84.35		
12	锦绣小区店（新店）	45.15		

图 11-6

通过为函数设置不同的参数，可以实现解决多种问题。下面介绍几个例子。

● 公式"=SUM（A2:B10）"中，括号中的"A2:B10"就是函数的参数，且是一个变量值。

● 公式"=IF(D3=0,0,C3/D3)"中，括号中"D3=0""0""C3/D3"，分别为 IF 函数的 3 个参数，且参数为常量和表达式两种类型。

● 公式"=VLOOKUP($A$9,$A$2:$D$6,COLUMN(B1))"中，除了使用变量值作为参数，还使用了函数表达式"COLUMN(B1)"作为参数（以该表达式返回的值作为 VLOOKUP 函数的第 3 个参数），这个公式是函数嵌套使用的示例。

技巧 3 编辑公式

了解公式、函数以及函数的参数之后，就可以进行公式编辑了。编辑公式主要在公式编辑栏中完成。可以采用键盘输入与鼠标点选结合的方式完成公式的编辑。引用单元格区域的数据进行计算时可以通过鼠标拖曳选取，文本参数、运算符、常量使用键盘输入即可。

❶ 选中要设置公式的目标单元格，将光标定位到编辑栏中，输入 "=" 号，接着输入函数名称、左括号（见图 11-7），需要引用单元格区域时就用鼠标拖动去选取（见图 11-8），多参数时使用逗号间隔开即可。

图 11-7 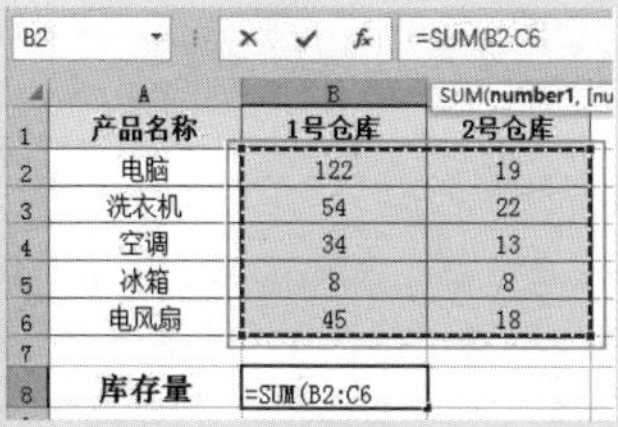　　　　　　　　　　　　图 11-8

❷ 接着手动输入其他部分，如图 11-9 所示。

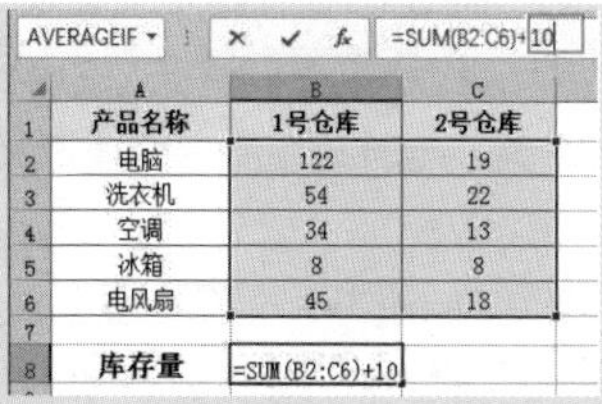

图 11-9

在编辑公式时，也可以使用手动输入与"函数参数"对话框相结合的方式。

❶ 如图 11-10 所示，先输入 "=COUNTIF("，然后单击编辑栏左侧的按钮 fx，打开"函数参数"对话框，将光标定位到第一个参数设置框中，在下方可看到对此参数有相关的文字说明，如图 11-11 所示。

图 11-10　　　　　　　　　　　图 11-11

❷分别设置参数后，单击"确定"按钮返回工作表（见图 **11-12**），可以看到完整的公式及计算结果，如图 **11-13** 所示。

图 11-12　　　　　　　　　　　　　　　图 11-13

专家点拨

在"函数参数"对话框中设置参数时，如果是常量、表达式就采用手动输入。如果是单元格的引用，则可以单击设置框右侧的按钮，这时会切换回工作表中，可用鼠标拖曳选中单元格区域，选择后再单击按钮回到"函数参数"对话框中。

技巧4　复制公式得到批量结果

在数据处理中，建立公式通常都不只是为了得到一项数据，更重要的是想通过复制公式得到批量结果。当完成了一个公式的设置后，可以通过复制的办法批量建立其他单元格的公式，从而得到批量计算结果。

1. 利用填充柄复制公式

❶选中 **D2** 单元格，将鼠标指针指向填充柄（单元格右下角处的黑点），按住鼠标左键向下拖动，如图 **11-14** 所示。

❷到达目标位置 D10 单元格后，释放鼠标左键，即可实现公式复制并得出批量结果，如图 **11-15** 所示。

	A	B	C	D
1	品种	单价	销量	销售额
2	坚果山核桃	19.9	7	139.3
3	奶油味夏威夷果	15.9	18	
4	紫薯花生	6.9	13	
5	薄壳奶香巴旦木	19	19	
6	坚果开口松子	22	19	
7	坚果小山核桃仁	38	11	
8	蟹黄瓜子仁	9.9	15	
9	炭烧腰果仁	16	17	
10	开心果	29	17	
11				

图 11-14

	A	B	C	D
1	品种	单价	销量	销售额
2	坚果山核桃	19.9	7	139.3
3	奶油味夏威夷果	15.9	18	286.2
4	紫薯花生	6.9	13	89.7
5	薄壳奶香巴旦木	19	19	361
6	坚果开口松子	22	19	418
7	坚果小山核桃仁	38	11	418
8	蟹黄瓜子仁	9.9	15	148.5
9	炭烧腰果仁	16	17	272
10	开心果	29	17	493

图 11-15

2. 用"Ctrl+D"快捷键复制公式

选中包括公式在内的需要填充的目标区域（见图 **11-16**），按"Ctrl+D"

快捷键即可快速实现公式的填充，如图 **11-17** 所示。

图 11-16 图 11-17

3. 配合"Shift"键大范围复制公式

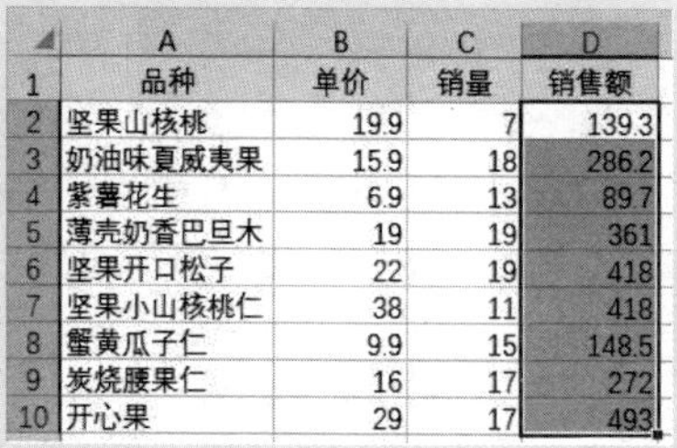

❶ 选中第一个包含公式的 **E2** 单元格，然后在名称栏中输入要使用公式的最后一个单元格的地址（本例为方便显示只选择少量单元格），如图 **11-18** 所示。

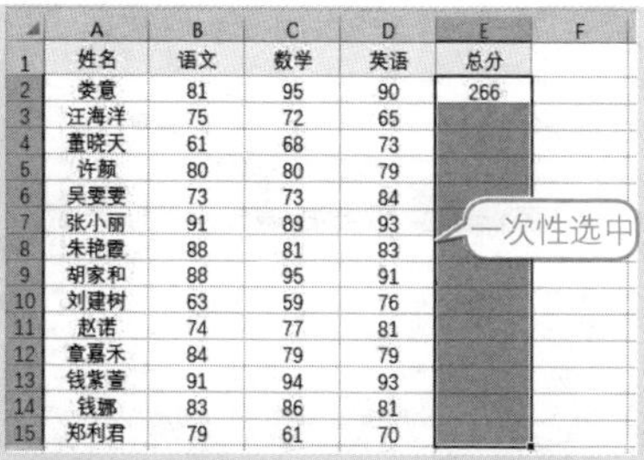

❷ 按"Shift+Enter"快捷键，即可选中第一个单元格到所输入单元格地址之间的区域，如图 **11-19** 所示。

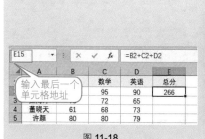

图 11-18 图 11-19

❸ 将光标定位到公式编辑栏中（见图 **11-20**），按"Ctrl+Enter"快捷键，即可一次性完成选中单元格的公式复制，如图 **11-21** 所示。

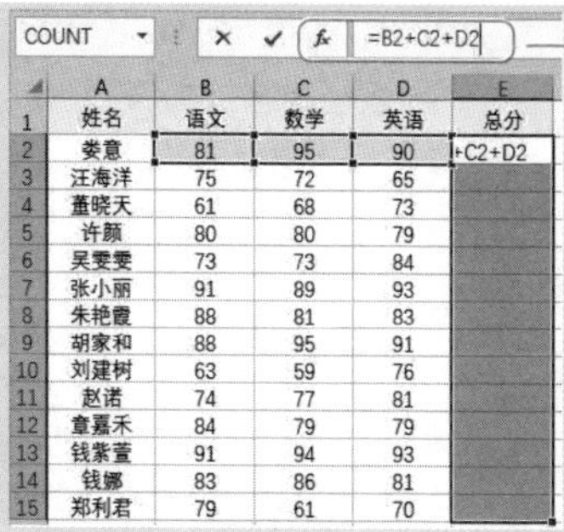

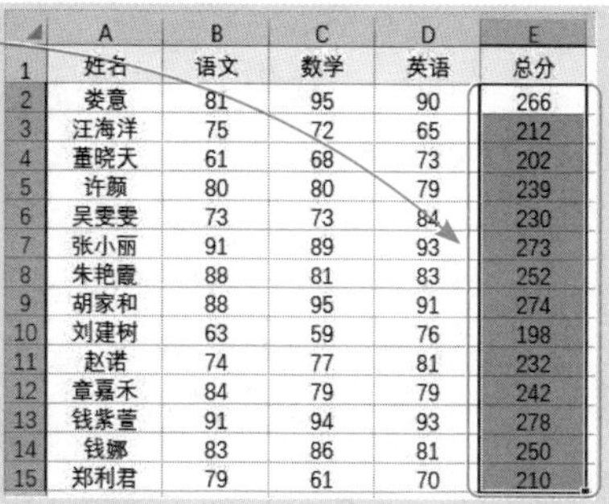

图 11-20 图 11-21

对于初学者而言，有时候可能并不太清楚要完成当前的计算该使用什么函数。要明确的一点是，我们虽了解了函数确实非常有用，但是要用好函数确非一朝一夕之事，对于初学者而言只有多看、多用、多思考、多操作才能逐步对函数深入了解，以致有计算需求时就能想到大概从哪方面着手。下面介绍几个学习函数的办法。

1. 快速查找和学习某函数用法

如果大致知道要求解什么，可以使用搜索函数的功能寻找函数。

❶ 单击编辑栏前的按钮 *fx*，打开"插入函数"对话框。

❷ 在"搜索函数"文本框中输入一段简短的文字，说明对数据要进行怎样的处理，如此处输入"最大值"，如图 11-22 所示。

❸ 单击"转到"按钮，可以看到列表中显示了几个与求最大值相关的函数，如图 11-23 所示。

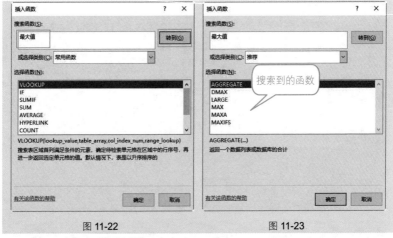

图 11-22　　　　　　　　　图 11-23

❹ 在列表中选中函数（此例为"MAXIFS"，后面函数实例会具体讲解），下面有该函数的参数与功能介绍文字。如果想了解更加详细的用法，单击左下角的"有关该函数的帮助"超链接，弹出"Excel 帮助"窗口，其中显示该函数的说明、语法、备注及使用示例，如图 11-24 所示。

2. 函数名称的记忆输入法

Excel 中的函数种类众多，可能有时并不能记住某个函数的完整写法，此时可以利用函数的记忆功能，只要输入前两个字母，即可从列表中选择相应函数。

图 11-24

例如，现在想要汇总任意两个城市的业绩之和，以"SUM"开头，但函数全称不太清楚，具体操作如下。

❶ 首先在编辑栏中输入"="号，然后输入函数的前两个或三个字母，此时可以看到列表中显示出所有以这些字母开头的函数，选中列表中的函数时，还会显示出对该函数功能的简短解释文字，如图 11-25 所示。

❷ 双击目标函数，可以看到编辑栏中插入了函数且自动添加了左括号，在编辑栏下方自动弹出函数的参数列表（见图 11-26），即提示现在要设置哪一个参数（当前要设置的参数显示为黑色加粗字体），我们称之为函数屏幕提示工具。

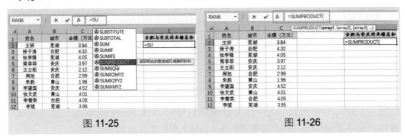

图 11-25　　　　　　　　　　　　　图 11-26

👉 **专家点拨**

当出现函数屏幕提示工具时，指向函数名可以显示出蓝色链接，单击可快速查看该函数的帮助信息。

3. 启用“插入函数”对话框编辑函数

如果函数不涉及嵌套使用，可以使用“插入函数”对话框来完成对其参数的设置。因为在“插入函数”对话框中会对该函数的参数的设置给出提示，相对于完全牢记函数的参数就简单多了。

技巧 6　相对引用数据源计算

在 Excel 中，当使用鼠标点选单元格或单元格区域参与运算时，对数据源的引用默认采用的是相对引用方式。采用相对引用的数据源，当将公式复制到其他位置时，公式中的单元格地址会随着改变。

例如，本例为一份费用类别统计表，要求统计出各个费用类别在 3 个月份的支出总额，其操作如下。

❶ 选中 E2 单元格，在公式编辑栏中输入公式“=SUM(B2:D2)”，按“Enter”键即可计算出“差旅费”的总支出，如图 11-27 所示。

❷ 当需要计算其他费用类型的总金额时，不需要在每个单元格中依次输入公式，只要选中 E2 单元格，向下拖动复制公式即可。可看到随着公式的复制，单元格引用 B2:D2 将随着其所在位置的不同而自动变为“B3:D3、B4:D4……B8:D8”（见图 11-28），这种引用方式即为相对引用，其引用对象与所在公式的单元格保持相对位置关系。

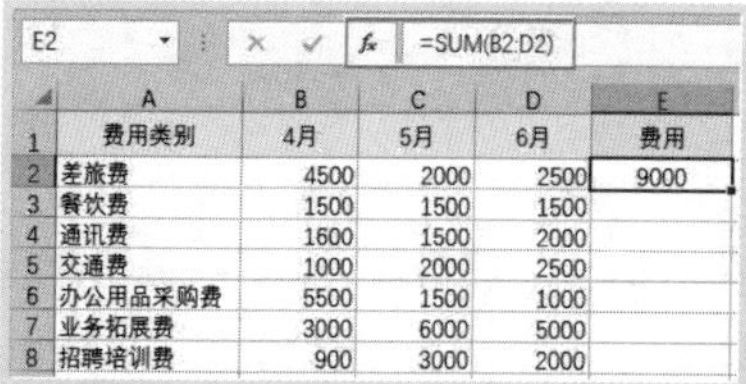

E2　=SUM(B2:D2)

	A	B	C	D	E
1	费用类别	4月	5月	6月	费用
2	差旅费	4500	2000	2500	9000
3	餐饮费	1500	1500	1500	
4	通讯费	1600	1500	2000	
5	交通费	1000	2000	2500	
6	办公用品采购费	5500	1500	1000	
7	业务拓展费	3000	6000	5000	
8	招聘培训费	900	3000	2000	

图 11-27

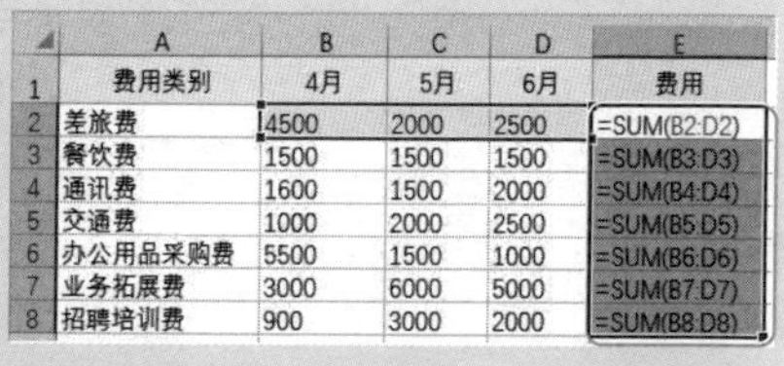

	A	B	C	D	E
1	费用类别	4月	5月	6月	费用
2	差旅费	4500	2000	2500	=SUM(B2:D2)
3	餐饮费	1500	1500	1500	=SUM(B3:D3)
4	通讯费	1600	1500	2000	=SUM(B4:D4)
5	交通费	1000	2000	2500	=SUM(B5:D5)
6	办公用品采购费	5500	1500	1000	=SUM(B6:D6)
7	业务拓展费	3000	6000	5000	=SUM(B7:D7)
8	招聘培训费	900	3000	2000	=SUM(B8:D8)

图 11-28

技巧 7　绝对引用数据源计算

数据源的绝对引用，是指把公式复制或者填充到新位置时，公式中对单元格的引用位置保持不变。要对数据源采用绝对引用方式，需要在单元格的地址前添加“$”符号来标注，这样就可以使单元格的地址信息不会随着公式的移动、复制、填充而改变，其显示为 $A$1、$A$2:$B$2 的这种形式。

例如，本例为一份店铺各分店营业额统计表，要求算出各店营业额在总营业额中所占的比值。

❶ 选中 C2 单元格，在公式编辑栏中输入“=B2/SUM($B$2:$B$8)”，按“Enter”键即可得到“银泰城店”的营业额占整个营业额的比值，如图 11-29 所示。

❷ 向下进行公式的复制得到批量结果。如图 11-30 所示显示了各个单元格的公式，由于 B2:B8 单元格区域需要保持不变，以便作为求比值的依据，使用绝对引用即可达到这种计算目的。这样，单元格引用无论所在公式复制到哪一个单元格位置，都不会改变其中的引用对象。

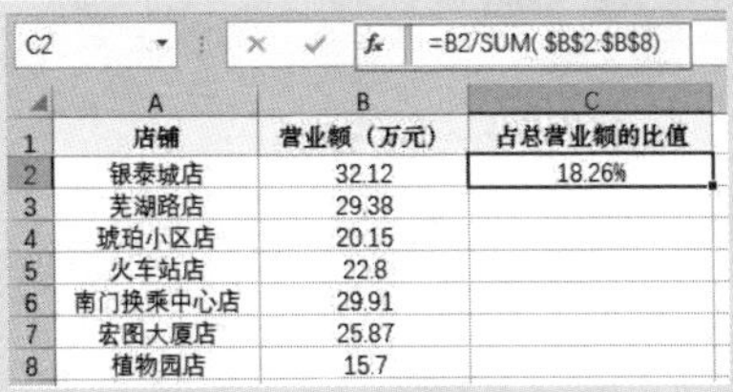
C2 =B2/SUM($B$2:$B$8)

	A	B	C
1	店铺	营业额（万元）	占总营业额的比值
2	银泰城店	32.12	18.26%
3	芜湖路店	29.38	
4	琥珀小区店	20.15	
5	火车站店	22.8	
6	南门换乘中心店	29.91	
7	宏图大厦店	25.87	
8	植物园店	15.7	

图 11-29

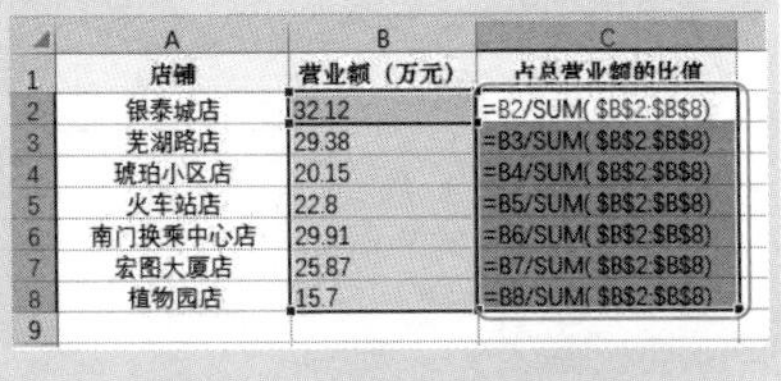

	A	B	C
1	店铺	营业额（万元）	占总营业额的比值
2	银泰城店	32.12	=B2/SUM($B$2:$B$8)
3	芜湖路店	29.38	=B3/SUM($B$2:$B$8)
4	琥珀小区店	20.15	=B4/SUM($B$2:$B$8)
5	火车站店	22.8	=B5/SUM($B$2:$B$8)
6	南门换乘中心店	29.91	=B6/SUM($B$2:$B$8)
7	宏图大厦店	25.87	=B7/SUM($B$2:$B$8)
8	植物园店	15.7	=B8/SUM($B$2:$B$8)
9			

图 11-30

专家点拨

一般来说，一个公式中数据源的引用方式全部使用绝对引用将不具备太大意义，因为无论公式复制到任何位置，其计算结果都不改变。一般会采用相对引用与绝对引用的混合方式，即需要变动的采用相对引用方式，不需要变动的采用绝对引用方式。

技巧 8　引用其他工作表数据源计算

在进行公式运算时，也可以引用其他工作表中的数据源来参与计算。在引用其他工作表中的数据源时，需要先切换进入目标工作表，然后用鼠标拖动选取需要的单元格区域即可。

例如，下面的工作簿中，需要引用“一月支出”与“二月支出”中的数据进行差值计算。

❶ 在“差额”表格中选中 B2 单元格，在公式编辑栏中输入“=”，如图 11-31 所示。

❷ 在“一月支出”工作表名称标签上单击一次鼠标切换到该工作表中，单击 B2 单元格，此时可以看到公式编辑栏中显示了对“一月支出”工作表 B2 单元格的引用，如图 11-32 所示。

❸ 输入减号“–”，接着在“二月支出”工作表名称标签上单击一次鼠标切换到该工作表中，单击 B2 单元格，此时可以看到公式编辑栏中显示了对“二月支出”工作表 B2 单元格的引用，如图 11-33 所示。

④ 按"Enter"键即可在"差额"工作表的 **B2** 单元格中返回计算结果，如图 **11-34** 所示。

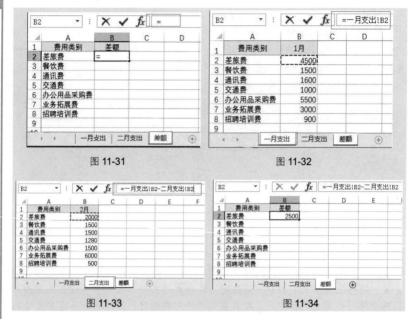

图 11-31　　　　　　　　　图 11-32

图 11-33　　　　　　　　　图 11-34

应用扩展

如果要实现跨工作簿数据的引用，可以同时打开需要引用的工作簿"一月支出"和"二月支出"（见图 11-35），在"差额统计"工作簿中的 B2 单元格分别引用两张工作簿中的 B2 单元格数据即可，如图 11-36 所示。

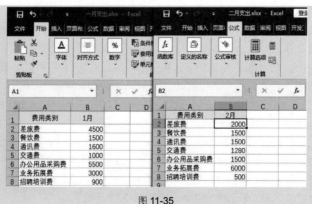

图 11-35

图 11-36

技巧 9　将公式引用的数据源定义为一个简易名称

在 Excel 中可以用定义名称的方法来代替单元格区域，定义名称后如果想引用这个单元格区域，则可以直接用这个名称代替。尤其是跨工作表引用单元格时，可以事先将其他工作表的单元格区域定义为名称，引用起来就很方便了。下面通过一个例子来讲解定义名称与应用名称的过程。

❶ 在 "单价表" 中选中所有数据区域，然后将光标移至名称框并单击，输入名称（见图 11-37），按 "Enter" 键即可将选中的单元格区域定义为一个名称。

❷ 在 "销售表" 中选中 C2 单元格，在公式编辑栏中输入部分公式，当需要使用名称时，在 "公式" → "定义的名称" 选项组中单击 "用于公式" 按钮，打开下拉菜单，当前工作簿中定义的所有名称都会显示在此处，如图 11-38 所示。

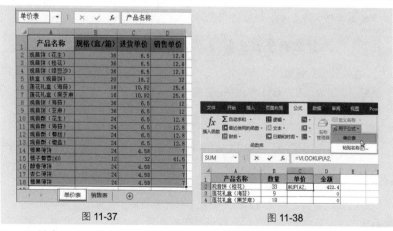

图 11-37　　　　　　　　　　　图 11-38

❸ 单击要应用的名称，即可显示到公式中（如果对名称比较了解，也可以直接手动输入名称），如图 11-39 所示。

④选择名称后接着完成公式的建立，如果还有名称需要引用，则按步骤❷相同方法操作即可，完成公式输入后即可得到查询结果，如图 11-40 所示。

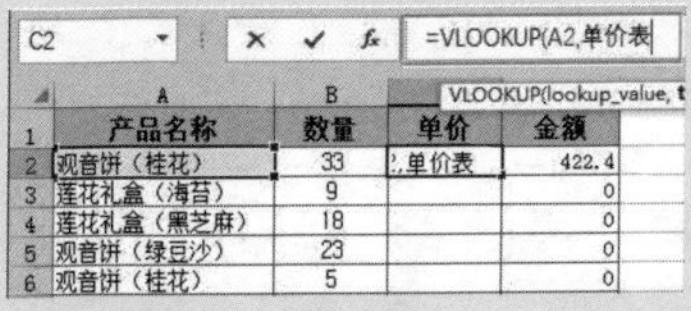

图 11-39

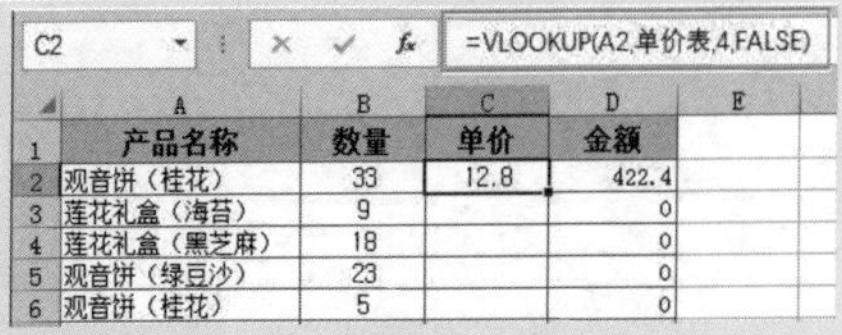

图 11-40

📢 **专家点拨**

从示例可以看到，可以将一个单元格区域用一个直观且简易的名称来代替。定义名称后，公式复制时，单元格的引用位置不变，即相当于绝对引用。

技巧 10　相对引用和绝对引用切换快捷键 "F4" 键

按 "F4" 键可以快速地在相对引用和绝对引用之间进行切换。

下面以 "=SUM(B2:D2)" 为例，依次按 "F4" 键，得到结果如下。

❶ 选中公式 "=SUM(B2:D2)" 中的 "B2:D2" 全部内容，按 "F4" 键，公式变为 "=SUM($B$2:$D$2)"。

❷ 第二次按 "F4" 键，公式变为 "=SUM(B$2:D$2)"。

❸ 第三次按 "F4" 键，公式变为 "=SUM($B2:$D2)"。

❹ 第四次按 "F4" 键时，公式变回初始状态 "=SUM(B2:D2)"。

❺ 继续按 "F4" 键，再次进行循环。

技巧 11　为什么有些公式要按 "Ctrl+Shift+Enter" 组合键结束

在处理公式运算时，有些按 "Enter" 键即可完成，但有些情况会出现错误值提示。例如，选中 B11 单元格，在编辑栏中输入 "=SUM(B2:B9*C2:C9)"，按 "Enter" 键，可以看到结果为错误值显示，如图 11-41 所示。如果使用 "Ctrl+Shift+Enter" 组合键即可返回正确的结果，如图 11-42 所示。

公式的计算原理是，将 B2*C2、B3*C3、B4*C4……，这些计算结果组成一个数组，然后再使用 SUM 函数对这一个数组中的数据进行求和，得到最终结果。

数组公式是指可以在数组的一项或多项上执行多步计算的公式，在输入结束后按 "Ctrl+Shift+Enter" 组合键进行数据计算，计算后公式两端自动添加上 "{}"。上例为单个单元格数组公式，那对于多单元格数组公式，就是在多个单元格中使用同一公式并按照数组公式的方法按 "Ctrl+Shift+Enter" 组合键结束编辑形成的公式。使用多单元格数组公式能够保证在同一范围内的公式具有同一性，并在选定的范围内分别显示数组公式的各个运算结果。下面通过实例来了解多单元格数组公式。

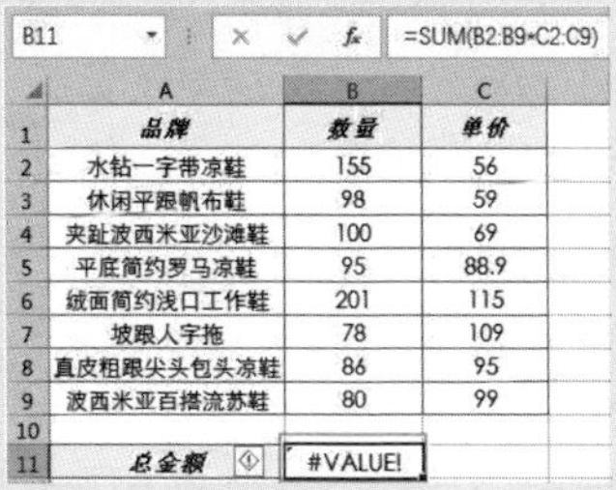
B11 =SUM(B2:B9*C2:C9)

	A	B	C
1	品牌	数量	单价
2	水钻一字带凉鞋	155	56
3	休闲平跟帆布鞋	98	59
4	夹趾波西米亚沙滩鞋	100	69
5	平底简约罗马凉鞋	95	88.9
6	绒面简约浅口工作鞋	201	115
7	坡跟人字拖	78	109
8	真皮粗跟尖头包头凉鞋	86	95
9	波西米亚百搭流苏鞋	80	99
10			
11	总金额	#VALUE!	

图 11-41

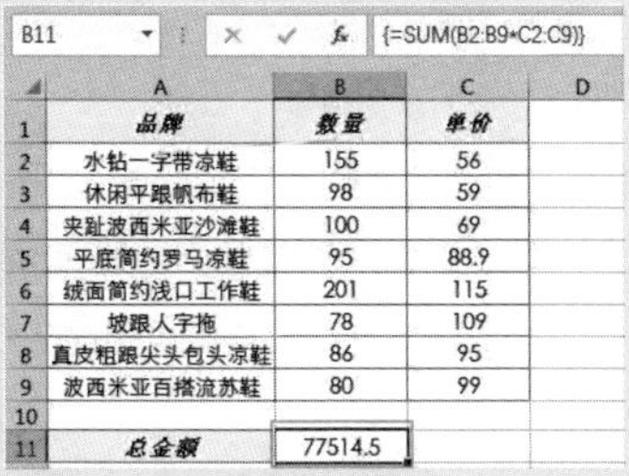
B11 {=SUM(B2:B9*C2:C9)}

	A	B	C	D
1	品牌	数量	单价	
2	水钻一字带凉鞋	155	56	
3	休闲平跟帆布鞋	98	59	
4	夹趾波西米亚沙滩鞋	100	69	
5	平底简约罗马凉鞋	95	88.9	
6	绒面简约浅口工作鞋	201	115	
7	坡跟人字拖	78	109	
8	真皮粗跟尖头包头凉鞋	86	95	
9	波西米亚百搭流苏鞋	80	99	
10				
11	总金额	77514.5		

图 11-42

选中 E2:E11 单元格区域，输入数组公式"=C2:C11*D2:D11"，如图 11-43 所示。按"Ctrl+Shift+Enter"组合键，可一次性返回多个计算结果，如图 11-44 所示。

公式的计算原理是 E2=C2*D2、E3=C3*D3、E3=C3*D3……

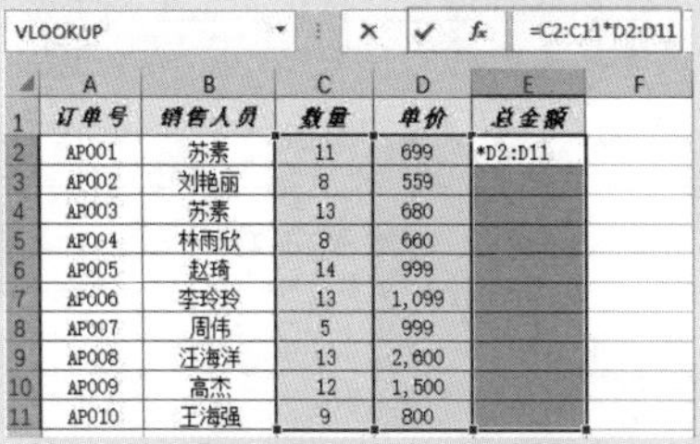
VLOOKUP =C2:C11*D2:D11

	A	B	C	D	E	F
1	订单号	销售人员	数量	单价	总金额	
2	AP001	苏素	11	699	*D2:D11	
3	AP002	刘艳丽	8	559		
4	AP003	苏素	13	680		
5	AP004	林雨欣	8	660		
6	AP005	赵琦	14	999		
7	AP006	李玲玲	13	1,099		
8	AP007	周伟	5	999		
9	AP008	汪海洋	13	2,600		
10	AP009	高杰	12	1,500		
11	AP010	王海强	9	800		

图 11-43

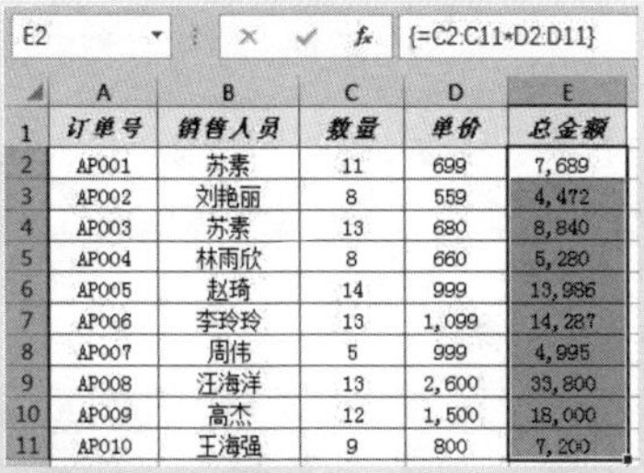
E2 {=C2:C11*D2:D11}

	A	B	C	D	E
1	订单号	销售人员	数量	单价	总金额
2	AP001	苏素	11	699	7,689
3	AP002	刘艳丽	8	559	4,472
4	AP003	苏素	13	680	8,840
5	AP004	林雨欣	8	660	5,280
6	AP005	赵琦	14	999	13,986
7	AP006	李玲玲	13	1,099	14,287
8	AP007	周伟	5	999	4,995
9	AP008	汪海洋	13	2,600	33,800
10	AP009	高杰	12	1,500	18,000
11	AP010	王海强	9	800	7,200

图 11-44

专家点拨

使用此类公式后，公式所在的任何单元格都不能被单独编辑，否则会弹出警告对话框。

在后面介绍函数公式时，凡是按"Ctrl+Shift+Enter"组合键结束的公式都是数组公式，读者在学习理解公式时记住要按本例中介绍的数组公式的计算方式去理解。

技巧 12 将公式结果转换为数值

当利用公式计算出相应结果后，为了方便对数据的使用（如将统计结果移动到其他位置使用），有时需要将公式的计算结果转换为数值，这样可以防止返回错误值，或者当公式引用的数据源被意外删除时导致计算错误。具体转换的方法如下。

❶ 选中 C 列中的公式计算结果，按 "Ctrl+C" 快捷键复制，接着按 "Ctrl+V" 快捷键粘贴。

❷ 单击粘贴区域右下角的按钮 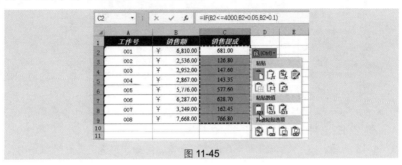（Ctrl），打开下拉菜单，单击按钮 （值）（见图 11-45），即可去除公式只粘贴数值。

图 11-45

📝 应用扩展

如果想将工作表中的所有的公式计算结果都转换为数值，而又不确定哪些单元格使用了公式，可以使用如下办法一次性选中所有使用了公式的单元格。在 "开始" → "编辑" 选项组中单击 "查找和选择" 按钮，在下拉菜单中选择 "定位条件" 命令，如图 11-46 所示。打开 "定位条件" 对话框，选中 "公式" 单选按钮（见图 11-47），单击 "确定" 按钮即可一次性选中工作表中所有包含公式的单元格。

图 11-46   图 11-47

技巧 13　学会用 "公式求值" 功能逐步分解理解公式

使用 "公式求值" 功能可以分步求出公式的计算结果（根据计算的优先级

求取），如果公式有错误，可以方便、快速地找出导致错误发生的步骤；如果公式没有错误，使用该功能可以便于对公式的理解，初学者可以使用该功能进行函数的学习。

❶ 选中显示公式的单元格，在"公式"→"公式审核"选项组中单击按钮 ⊿ 公式求值（见图 11-48），即可弹出"公式求值"对话框。

图 11-48

❷ 要求的值会添加下画线效果显示（见图 11-49），单击"求值"按钮，即可对下画线的部分求值，此处求得平均值，如图 11-50 所示。

图 11-49　　　　　　　　　　　　　图 11-50

❸ 单击"求值"按钮，再对下画线部分求值，如图 11-51 所示；再单击"求值"按钮，即可求出最终结果，如图 11-52 所示。

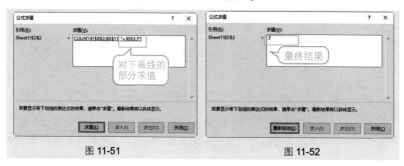

图 11-51　　　　　　　　　　　　　图 11-52

11.2　数据的计算、统计、查询技巧

技巧 14　用好"自动求和"按钮中几个函数

Excel 程序功能区中有"自动求和"功能按钮，此按钮下包含几个最常用的函数项，如求和、平均值、计数、最大值以及最小值等，利用它们可以快速地完成求和、求平均值等操作。

❶ 选中目标单元格，在"公式"→"函数库"选项组中单击"自动求和"按钮，在下拉菜单中选择"求和"命令，如图 11-53 所示。

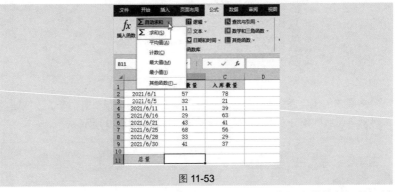

图 11-53

❷ 此时函数根据当前选中单元格周围的数据默认参与运算的单元格区域为 B2:B10，可以利用鼠标重新在数据区域中拖曳选取 B2:B9 单元格区域，如图 11-54 所示。

❸ 按"Enter"键即可得出计算结果，同理可得到入库总量，如图 11-55 所示。

VLOOKUP				=SUM(B2:B10)
	A	B	C	D
1	日期	出库数量	入库数量	
2	2021/6/1	57	78	
3	2021/6/5	32	21	
4	2021/6/11	11	39	
5	2021/6/16	29	63	
6	2021/6/21	43	41	
7	2021/6/25	68	56	
8	2021/6/28	33	29	
9	2021/6/30	41	37	
10				
11	总量	=SUM(B2:B10)		

图 11-54

	A	B	C
1	日期	出库数量	入库数量
2	2021/6/1	57	78
3	2021/6/5	32	21
4	2021/6/11	11	39
5	2021/6/16	29	63
6	2021/6/21	43	41
7	2021/6/25	68	56
8	2021/6/28	33	29
9	2021/6/30	41	37
10			
11	总量	314	364

图 11-55

💡 **专家点拨**

上面的例子以"求和"为例，其他操作同"求和"类似。在单击函数后，函数会根据当前选择单元格附近的数据情况来默认参与运算的单元格区域，如

高效随身查——Office 2021 必学的高效办公应用技巧（视频教学版）

果默认的参数不正确，可以利用鼠标重新在数据区域中拖曳选取即可。

技巧 15　根据不同的返利率计算各笔订单的返利金额

根据产品交易总金额的多少，其返利百分比各不相同，具体规则如下。

- 总金额小于等于 500 元时，返利率为 5%。
- 总金额在 500~1000 元时，返利率为 8%。
- 总金额大于 1000 元时，返利率为 15%。

即设置公式并复制后可批量得出如图 11-56 所示的结果。

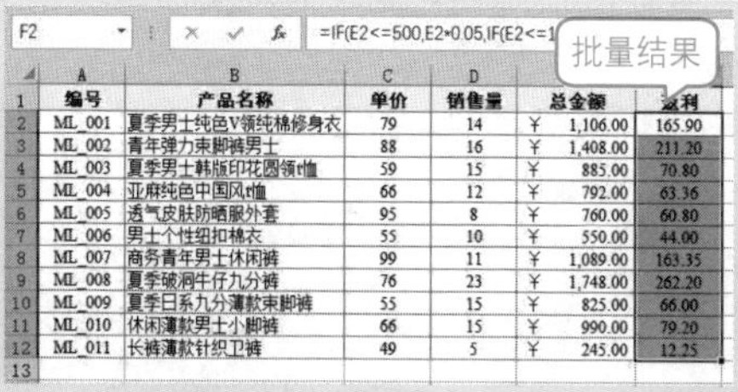
F2　=IF(E2<=500,E2*0.05,IF(E2<=1

	A	B	C	D	E	F
1	编号	产品名称	单价	销售量	总金额	返利
2	ML_001	夏季男士纯色V领纯棉修身衣	79	14	¥ 1,106.00	165.90
3	ML_002	青年弹力束脚裤男士	88	16	¥ 1,408.00	211.20
4	ML_003	夏季男士韩版印花圆领t恤	59	15	¥ 885.00	70.80
5	ML_004	亚麻纯色中国风t恤	66	12	¥ 792.00	63.36
6	ML_005	透气皮肤防晒服外套	95	8	¥ 760.00	60.80
7	ML_006	男士个性纽扣棉衣	55	10	¥ 550.00	44.00
8	ML_007	商务青年男士休闲裤	99	11	¥ 1,089.00	163.35
9	ML_008	夏季破洞牛仔九分裤	76	23	¥ 1,748.00	262.20
10	ML_009	夏季日系九分薄款束脚裤	55	15	¥ 825.00	66.00
11	ML_010	休闲薄款男士小脚裤	66	15	¥ 990.00	79.20
12	ML_011	长裤薄款针织卫裤	49	5	¥ 245.00	12.25
13						

图 11-56

❶ 选中 F2 单元格，在公式编辑栏中输入公式：

```
=IF(E2<=500,E2*0.05,IF(E2<=1000,E2*0.08,E2*0.15))
```

按“Enter”键得出计算结果（本条记录的返利金额为“1106*0.15”），如图 11-57 所示。

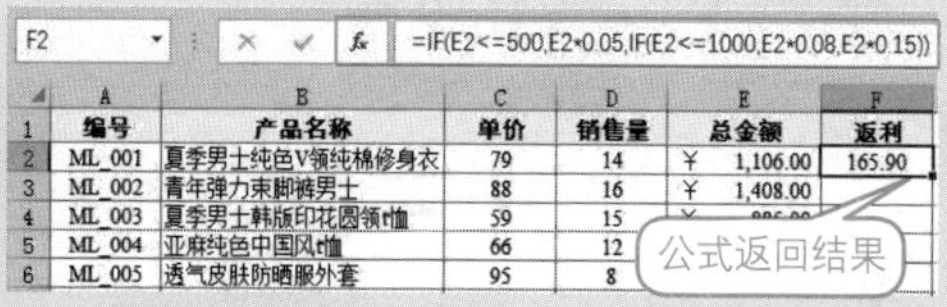
F2　=IF(E2<=500,E2*0.05,IF(E2<=1000,E2*0.08,E2*0.15))

	A	B	C	D	E	F
1	编号	产品名称	单价	销售量	总金额	返利
2	ML_001	夏季男士纯色V领纯棉修身衣	79	14	¥ 1,106.00	165.90
3	ML_002	青年弹力束脚裤男士	88	16	¥ 1,408.00	
4	ML_003	夏季男士韩版印花圆领t恤	59	15		
5	ML_004	亚麻纯色中国风t恤	66	12		
6	ML_005	透气皮肤防晒服外套	95	8		

图 11-57

❷ 选中 F2 单元格，拖动右下角的填充柄向下复制公式，即可根据 E 列中的总金额批量计算出各条交易的返利金额。

使用函数

IF 函数是根据指定的条件来判断其“真”（TRUE）、“假”（FALSE），从而返回其相对应的内容。

公式解析

=IF(E2<=500,E2*0.05,IF(E2<=1000,E2*0.08,E2*0.15))

① ② ③

① 当 E2<=500 时，返利金额为“E2*0.05”。
② 当 E2 在 500~1000 时，返利金额为“E2*0.08”。
③ 当 E2>1000 时，返利金额为“E2*0.15”。

技巧 16　根据业务处理量判断员工业务水平

表格中记录了各业务员的业务处理量，通过设置公式来实现根据业务处理量来自动判断员工业务水平。具体要求如下。

- 当两项业务处理量都大于 20 时，返回结果为“好”。
- 当某一项业务量大于 30 时，返回结果为“好”。
- 否则返回结果为“一般”。

即设置公式并复制后可批量得出如图 11-58 所示的结果。

	A	B	C	D
1	姓名	电话处理量	邮件处理量	业务水平
2	许言	31	35	好
3	陈丹辰	15	18	一般
4	章晔	7	31	好
5	蔡晓雯	22	45	好
6	朱倩	15	16	一般
7	张茗茗	12	35	好
8	张泽	16	22	一般
9	苏敏慧	22	17	一般
10	周树杨	15	32	好

批量结果

图 11-58

❶ 选中 D2 单元格，在公式编辑栏中输入公式：

```
=IF(OR(AND(B2>20, C2>20), (C2>30)),"好","一般")
```

按“Enter”键得出结果，如图 11-59 所示。

D2　=IF(OR(AND(B2>20, C2>20), (C2>30)),"好","一般")

	A	B	C	D	E	F
1	姓名	电话处理量	邮件处理量	业务水平		
2	许言	31	35	好		
3	陈丹辰	15	18			
4	章晔	7	31			
5	蔡晓雯	22	45			
6	朱倩	15	16			

公式返回结果

图 11-59

❷ 选中 D2 单元格，拖动右下角的填充柄向下复制公式，即可根据 B 列与 C 列中的数量批量判断业务水平。

使用函数

- IF 函数是根据指定的条件来判断其“真”（TRUE）、“假”（FALSE），从而返回其相对应的内容。
- OR 函数属于逻辑函数类型，用于判断当给出的参数组中任何一个参数逻辑值为 TRUE，即返回 TRUE；任何一个参数的逻辑值为 FALSE，即返回 FALSE。

● AND 函数属于逻辑函数类型,用于判断当所有的条件均为"真"(TRUE)时,返回的运算结果为"真"(TRUE);反之,返回的运算结果为"假"(FALSE)。所以它一般用来检验一组数据是否都满足条件。

公式解析

=IF(OR(AND(B2>20, C2>20), (C2>30))," 好 "," 一般 ")
　①　　　　　　　　　　②　　　　　　　　③

① 判断 B2>20 和 C2>20 这两个条件是否都满足。

② 判断 B2 和 C2 同时大于 20 与 C2>30 这两个条件是否有一个满足。

③ 当第②步中返回结果为 TRUE 时,返回"好",否则返回"一般"。

技巧 17　根据销售额用"★"评定等级

在销售统计表中,要求根据销售额用"★"评定等级,具体要求如下。

● 如果销售额小于 5 万元,等级为 3 颗星。

● 如果销售额在 5~10 万元,等级为 5 颗星。

● 如果销售额大于 10 万元,等级为 8 颗星。

即通过公式设置返回如图 11-60 所示 C 列中的结果。

❶ 在空白单元格中输入"★"(本例中在 C1 单元中输入)。

❷ 选中 C3 单元格,在公式编辑栏中输入公式:

`=IF(B3<5,REPT($C$1,3),IF(B3<10,REPT($C$1,5),REPT($C$1,8)))`

按"Enter"键得出结果,如图 11-61 所示。

图 11-60　　　　　　　　　　　图 11-61

❸ 选中 C3 单元格,拖动右下角的填充柄向下复制公式,即可批量用"★"进行等级评定。

公式解析

=IF(B3<5,REPT($C$1,3),IF(B3<10,REPT($C$1,5),REPT($C$1,8)))
　　①　　　　　　　　　②　　　　　　　　　　　③

① 如果 B3 中的值小于 5,重复输入 3 次 C1 单元格中的值。

289

②　如果 B3 中的值在 5~10，重复输入 5 次 C1 单元格中的值。
③　如果 B3 中的值大于 10，重复输入 8 次 C1 单元格中的值。

技巧 18　库存量过小时提示补货

表格中统计了商品的库存量，通过设置公式实现根据库存量给出补货提示。具体要求如下。

● 库存量小于 15 时，提示"补货"。
● 库存量大于 30 时，提示"充足"。
● 库存量在 15~30 时，提示"准备"。

即设置公式并复制后可批量得出 D 列的结果，如图 11-62 所示。

❶选中 D3 单元格，在公式编辑栏中输入公式：

`=IF(C3<30,IF(C3<=15,"补货","准备"),"充足")`

按"Enter"键得出结果，如图 11-63 所示。

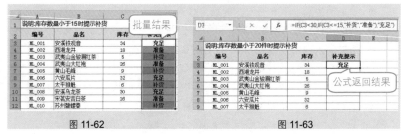

图 11-62　　　　　　　　图 11-63

❷选中 D3 单元格，拖动右下角的填充柄向下复制公式，即可根据 D 列中的库存数量批量得出提示结果。

为了突出体现补货的记录，可以为公式返回的结果设置条件格式。

❸选中 D 列中的公式返回结果，在"开始"→"样式"选项组中单击按钮 条件格式 ·，在弹出的下拉菜单中选择"突出显示单元格规则"→"等于"命令（见图 11-64），打开"等于"对话框。

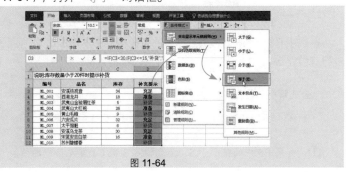

图 11-64

④ 设置等于值为"补货"，并在"设置为"下拉列表框中设置显示的格式"黄填充色深黄色文本"，如图 11-65 所示。

图 11-65

⑤ 单击"确定"按钮，即可让所有显示"补货"的单元格显示特殊格式。

📑 公式解析

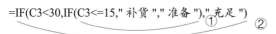

=IF(C3<30,IF(C3<=15," 补货 "," 准备 "))," 充足 ")
           ①   ②

① 当 C3 小于等于 15 时，返回"补货"，在 15~30 时返回"准备"。
② 当 C3 大于 30 时显示"充足"，小于 30 时返回上步结果。

技巧 19　根据成绩返回测评等级

IF 函数可以通过不断嵌套来解决多重条件判断问题，Excel 2021 版本的 IFS 函数不仅可以更好地解决多重条件问题，而且参数非常简单和易于理解。

例如下面的例子中有 5 层条件：

● "面试成绩 =100"时，返回"满分"；
● "100> 面试成绩 >=95"时，返回"优秀"；
● "95> 面试成绩 >=80"时，返回"良好"；
● "80> 面试成绩 >=60"时，返回"及格"；
● "面试成绩 <60"时，返回"不及格"。

设置公式并复制后可批量得出如图 11-66 所示的结果。

	A	B	C
1	姓名	面试	测评结果
2	何启新	90	良好
3	周志鹏	55	不及格
4	夏奇	77	及格
5	周金星	95	优秀
6	张明宇	76	及格
7	赵飞	99	优秀
8	韩玲玲	78	及格
9	刘莉	78	及格
10	李杰	89	良好
11	周莉美	64	及格

批量结果

图 11-66

❶ 选中 C2 单元格，在公式编辑栏中输入公式：

```
=IFS(B2=100,"满分",B2>=95,"优秀",B2>=80,"良好",
B2>=60,"及格",B2<60,"不及格")
```

按 "Enter" 键得出结果，如图 11-67 所示。

❷ 选中 C2 单元格，拖动右下角的填充柄向下复制公式，即可根据 B 列中的成绩判断出测评结果等级。

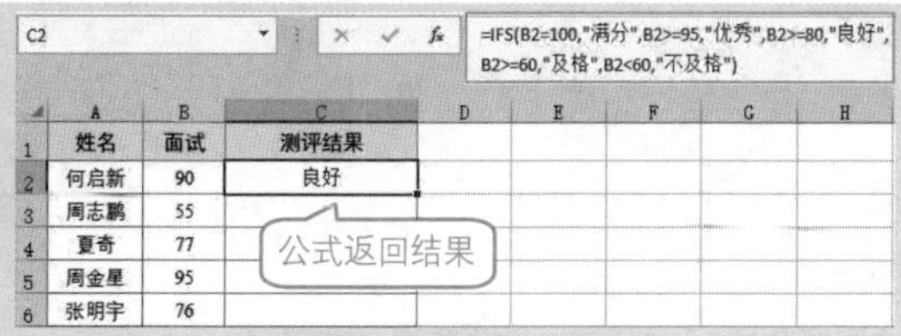

图 11-67

使用函数

IFS 函数用于检查是否满足一个或多个条件，且是否返回与第一个 TRUE 条件对应的值。IFS 函数允许测试最多 127 个不同的条件，可以免去 IF 函数的过多嵌套。比较一下，如果这项判断使用 IF 函数，公式要写为 =IF(B2=100,"满分",IF(B2>=95,"优秀",IF(B2>=80,"良好",IF(B2>=60,"及格","不及格"))))"，这么多层的括号书写起来稍不仔细就很容易出错，而且在多次使用 IF 函数嵌套时逻辑稍微不清晰就会导致公式设置错误。而使用 IFS 函数实现起来非常简单，只需要条件和值成对出现就可以了。

公式解析

=IFS(B2=100," 满分 ",B2>=95," 优秀 ",B2>=80," 良好 ", B2>=60," 及格 ",
①   ②   ③   ④
B2<60," 不及格 ")
⑤

① 条件 1 是判断 B2 单元格的数据范围是否是 "100"，若对应的结果是，则返回 "满分"。

② 条件 2 是判断 B2 单元格的数据范围是否是 "95 到 100 之间"，若对应的结果是，则返回 "优秀"。

③ 条件 3 是判断 B2 单元格的数据范围是否是 "80 到 95 之间"，若对应的结果是，则返回 "良好"。

④ 条件 4 是判断 B2 单元格的数据范围是否是 "60 到 80 之间"，若对应的结果是，则返回 "及格"。

⑤ 条件 5 是判断 B2 单元格的数据范围是否是 "60 分以下"，若对应的结果是，则返回 "不及格"。

技巧 20 根据商品的名称与颜色对商品一次性调价

下面的例子中，表格中需要通过设置公式来实现根据商品的名称与颜色进行一次性调价。具体要求如下。

● 只对空调调价，其他商品保持原价。

● 银灰色空调上调 300 元，其他颜色空调上调 150 元。

即设置公式并复制后可批量得出如图 11-68 所示的结果。

图 11-68

❶ 选中 D2 单元格，在公式编辑栏中输入公式：

```
=IF(NOT(LEFT(A2,2)="空调"),"原价",IF(AND(LEFT(A2,2)=
"空调",B2="银灰色"),C2+300,C2+150))
```

按"Enter"键得出结果，如图 11-69 所示。

❷ 选中 D2 单元格，拖动右下角的填充柄向下复制公式，即可根据 A 列中的名称与 B 列中的颜色批量得出调整后的价格。

D2			× ✓ fx	=IF(NOT(LEFT(A2,2)="空调"),"原价",IF(AND(LEFT(A2,2)="空调", B2="银灰色"),C2+300,C2+150))			
	A	B	C	D	E	F	G	H
1	名称	颜色	单价	调价后				
2	洗衣机GF01035	白色	1850	原价				
3	空调PH0032	银灰色	2560					
4	微波炉KF05	红色	568					
5	洗衣机GF01082	红色	1900					

公式返回结果

图 11-69

使用函数

● IF 函数是根据指定的条件来判断其"真"（TRUE）、"假"（FALSE），从而返回其相对应的内容。

● AND 函数属于逻辑函数类型，用于当所有的条件均为"真"（TRUE）时，返回的运算结果为"真"（TRUE）；反之，返回的运算结果为"假"（FALSE）。所以它一般用来检验一组数据是否同时满足条件。

● NOT 函数属于逻辑函数类型，用于对参数值求反，当要确保一个值不等于某一特定值时，可以使用 NOT 函数。

第 11 章 常用函数应用技巧

293

● LEFT 函数属于文本函数类型，用于根据所指定的字符数返回文本字符串中第一个或前几个字符。

📖 公式解析

=IF(NOT(LEFT(A2,2)=" 空调 ")," 原价 ",IF(AND(LEFT(A2,2)=" 空调 ", B2=" 银灰色 ")),C2+300,C2+150))

① 从 A2 单元格的数据中提取前 2 个字。
② 判断①中提取的数据是否不是"空调"。
③ 如果②的返回结果为 TRUE，则公式返回结果为"原价"。
④ 从 A2 单元格的数据中提取前 2 个字，如果为"空调"并且 B2 单元格中的值为"银灰色"，返回结果为 TRUE，否则返回结果为 FALSE。
⑤ 如果④的返回结果为 TRUE，公式返回结果为"C2+300"，否则返回"C2+150"。

使用 IFS 函数进行多条件判断，可以大大简化 IF 函数的多层嵌套，避免在多次使用 IF 函数时发生混乱和逻辑错误。

本例可以使用 IFS 函数重新设置，公式如下（只需要在 "=" 后输入 IFS 函数，剩下的参数全部都是不同的条件表达式以及其返回的内容，公式设置逻辑简单明了）。

❶ 选中 D2 单元格，在公式编辑栏中输入公式：

> =IFS(NOT(LEFT(A2,2)="空调")," 原价 ",AND(LEFT(A2,2)="空调 ",B2="银灰色"),C2+300,LEFT(A2,2)="空调",C2+150)

按 "Enter" 键得出结果，如图 11-70 所示。
❷ 选中 D2 单元格，拖动右下角的填充柄向下复制公式，即可根据 A 列中的名称与 B 列中颜色批量得出调整后的价格。

图 11-70

📖 公式解析

=IFS(NOT(LEFT(A2,2)=" 空调 "))," 原价 ",AND(LEFT(A2,2)=" 空调 ",B2=" 银灰色 "),C2+300,LEFT(A2,2)=" 空调 ",C2+150)

① 条件 1 是判断 A2 单元格的数据是否不是"空调",对应的结果是返回"原价"。

② 条件 2 是判断 A2 单元格的数据是否是"空调",并且 B2 单元格中的值为"银灰色",对应的结果是返回"C2+300"。

③ 条件 3 是判断 A2 单元格的数据是否是"空调",排除条件 2 的"银灰色"后,对应的结果是返回"C2+150"。

技巧 21 统计某一销售员的总销售金额

当前表格中统计了产品的销售记录(其中一位销售员有多条销售记录),现在需要统计出某一位销售员的销售金额合计值。

选中 C13 单元格,在公式编辑栏中输入公式:

=SUMIF(C2:C12,"李旻",D2:D12)

按"Enter"键,即可统计出"李旻"的销售金额合计值,如图 **11-71** 所示。

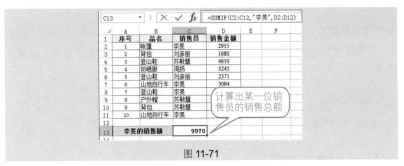

图 11-71

🥄 使用函数

SUMIF 函数用于按照指定条件对若干单元格、区域或引用求和。

📑 公式解析

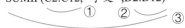

=SUMIF(C2:C12," 李旻 ",D2:D12)

①用于条件判断的区域。

②用于进行求和的区域。

③判断①区域中是否为"李旻",如果是,则将对应在②区域上的值进行求和。

技巧 22 统计各部门工资金额

如图 **11-72** 所示的表格统计了各员工的工资(分属于不同部门),要求统计出各个部门的工资总额，即得到 **F2:F5** 单元格区域的数据。

❶ 选中 **F2** 单元格，在公式编辑栏中输入公式：

```
=SUMIF($B$2:$B$12,E2,$C$2:$C$12)
```

按“Enter”键得出“人事部”的工资总额，如图 **11-73** 所示。

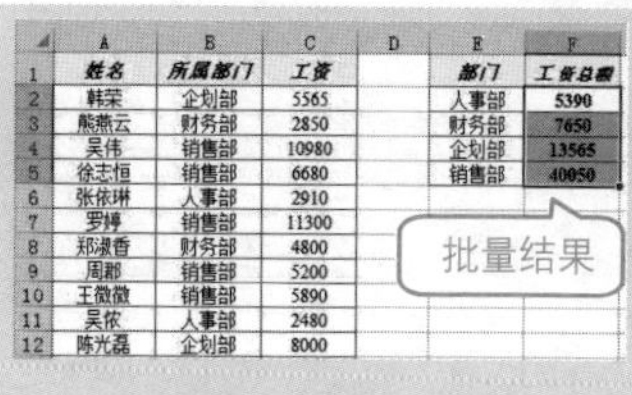

	A	B	C	D	E	F
1	姓名	所属部门	工资		部门	工资总额
2	韩荣	企划部	5565		人事部	5390
3	熊燕云	财务部	2850		财务部	7650
4	吴伟	销售部	10980		企划部	13565
5	徐志恒	销售部	6680		销售部	40050
6	张依琳	人事部	2910			
7	罗婷	销售部	11300			
8	郑淑香	财务部	4800			
9	周郡	销售部	5200			
10	王微微	销售部	5890			
11	吴依	人事部	2480			
12	陈光磊	企划部	8000			

图 11-72

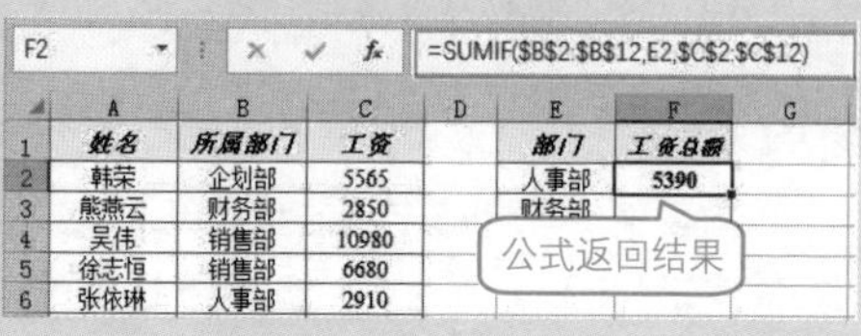

F2 =SUMIF($B$2:$B$12,E2,$C$2:$C$12)

	A	B	C	D	E	F	G
1	姓名	所属部门	工资		部门	工资总额	
2	韩荣	企划部	5565		人事部	5390	
3	熊燕云	财务部	2850		财务部		
4	吴伟	销售部	10980				
5	徐志恒	销售部	6680				
6	张依琳	人事部	2910				

图 11-73

❷ 选中 **F2** 单元格，拖动右下角的填充柄向下复制公式，即可得出其他部门的工资总额。

专家点拨

E2:E5 单元格区域的数据需要被公式引用，因此必须事先建立好，并确保正确。

公式解析

=SUMIF($B$2:$B$12,E2,$C$2:$C$12)

①　②　③

① 用于条件判断的区域。

② 用于进行求和的区域。

③ 判断①区域中的值是否与 E2 单元格中的值相同，如果是，则将对应在②区域上的值进行求和。

技巧 23　用通配符对某一类数据求和

如图 **11-74** 所示表格中统计了各种服装（包括男女服装）的销售金额，要求统计出男装的合计金额。

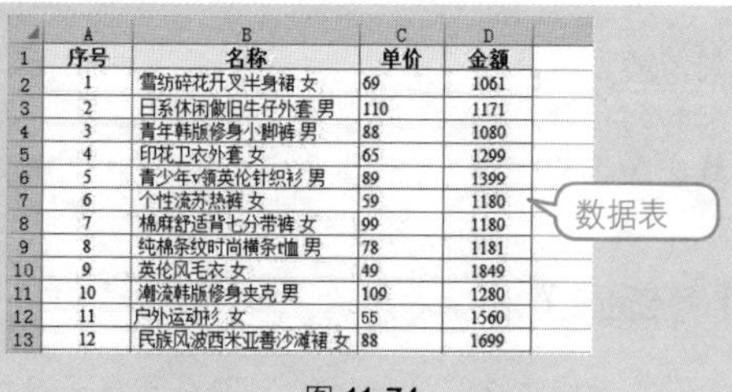

	A	B	C	D
1	序号	名称	单价	金额
2	1	雪纺碎花开叉半身裙 女	69	1061
3	2	日系休闲做旧牛仔外套 男	110	1171
4	3	青年韩版修身小脚裤 男	88	1080
5	4	印花卫衣外套 女	65	1299
6	5	青少年v领英伦针织衫 男	89	1399
7	6	个性流苏热裤 女	59	1180
8	7	棉麻舒适背七分带裤 女	99	1180
9	8	纯棉条纹时尚横条t恤 男	78	1181
10	9	英伦风毛衣 女	49	1849
11	10	潮流韩版修身夹克 男	109	1280
12	11	户外运动衫 女	55	1560
13	12	民族风波西米亚普沙滩裙 女	88	1699

图 11-74

选中 **F2** 单元格，在公式编辑栏中输入公式：

`=SUMIF(B2:B13,"*男",D2:D13)`

按"Enter"键得出结果，如图 11-75 所示。

图 11-75

📖✎ 公式解析

=SUMIF(B2:B13,"*男",D2:D13)
　　　　　　①　　②　　　　③

① 用于条件判断的区域。

② 用于进行求和的区域。

③ 判断①区域中是否为以"男"结尾，将所有以"男"结尾的名称对应在②区域上的值进行求和。

技巧 24　统计出指定学历员工人数

表格中记录了每位员工的学历信息，要求统计出指定学历员工人数。例如，要统计出"本科"的人数，具体操作如下。

选中 **B13** 单元格，在公式编辑栏中输入公式：

`=COUNT(SEARCH("本科",D2:D11))`

按"Ctrl+Shift+Enter"组合键得出统计结果，如图 11-76 所示。

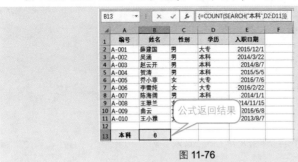

图 11-76

👆 使用函数

COUNT 函数用于返回数字参数的个数，即统计数组或单元格区域中含有

297

数字的单元格个数。

高效随身查——Office 2021（必学的高效办公）应用技巧（视频教学版）

📝 **公式解析**

$$=COUNT(\underbrace{SEARCH("本科",D2:D11)}_{②})^{①}$$

① 在 D2:D11 单元格区域查找"本科"，找到则返回数字 1，找不到则返回 #VALUE！。

② 统计出①步中返回的 1 的个数。

技巧 25 　统计成绩表中不及格人数

如图 11-77 所示的表格统计了学生的考试分数，要求统计出不及格人数。

❶ 首先在 D2 单元格输入界限设定值为"60"分。

❷ 选中 E2 单元格，在公式编辑栏中输入公式：

```
=COUNTIF($B$2:$B$17,"<"&D2)
```

按"Enter"键统计出 B2:B17 单元格区域中小于 60 分的人数，如图 11-78 所示。

图 11-77

图 11-78

🐾 **使用函数**

COUNTIF 函数计算区域中满足给定条件的单元格的个数。

📢 **专家点拨**

上述例子中，想要统计出及格人数，输入公式"=COUNTIF($B$2: $B$17,">=""&D2"即可。

技巧 26 　统计成绩表中各科目平均分

如图 11-79 所示表格中统计了学生各门功课的成绩，要求计算各门功课的平均分，即得到第 11 行中的数据。

❶ 选中 B11 单元格，在公式编辑栏中输入公式：

=AVERAGE(B2:B9)

按 "Enter" 键得出 "语文" 平均分，如图 11-80 所示。

❷ 选中 B11 单元格，拖动右下角的填充柄向右复制公式，即可批量得出其他科目的平均分。

图 11-79   图 11-80

技巧 27   统计各班级平均分

如图 11-81 所示表格中统计了学生成绩（分属于不同的班级），要求计算出各个班级的平均分，即得到 F2:F4 单元格区域的统计结果。

❶ 选中 F2 单元格，在公式编辑栏中输入公式：

=AVERAGEIF($A$2:$A$13,E2,$C$2:$C$13)

按 "Enter" 键得出 "合小 1 班" 的平均分数，如图 11-82 所示。

图 11-81   图 11-82

❷ 选中 F2 单元格，拖动右下角的填充柄至 F4 单元格中，即可快速计算出 "合小 2 班" 与 "合小 3 班" 的平均分数，如图 11-81 所示。

使用函数

AVERAGEIF 函数用于返回某个区域内满足给定条件的所有单元格的平均值。

📢 **专家点拨**

E2:E4 单元格区域的数据需要被公式引用，因此必须事先建立好，并确保正确。

📖 **公式解析**

=AVERAGEIF($A$2:$A$13,E2,$C$2:$C$13)

①用于条件判断的区域。

②用于求和的区域。

公式最终结果为判断①步指定单元格区域中的值是否等于 E2 单元格的值，如果等于，则返回对应在②步指定单元格区域上的值，将所有返回的值求平均值。

技巧 28　统计出指定班级分数大于指定值的人数

如图 **11-83** 所示表格中统计了各班级中学生成绩。现在要求统计出各个班级中分数大于 **600** 分的人数，即得到 F2:F4 单元格区域的统计结果。

	A	B	C	D	E	F
1	班级	姓名	分数		班级	分数大于600的人数
2	1	韩伟	499		1	1
3	2	王丽云	589		2	0
4	1	周庆生	603		3	2
5	2	侯朝霞	510			
6	3	杨秦	609			批量结果
7	1	程东升	465			
8	3	苏利珺	618			
9	2	程成	555			
10	2	李海理	480			
11	3	周亚美	580			
12						

图 11-83

● 选中 **F2** 单元格，在公式编辑栏中输入公式：

=SUMPRODUCT((A$2:A$11=E2)*(C$2:C$11>600))

按"Enter"键得出 1 班分数大于 **600** 分的人数，如图 **11-84** 所示。

F2		✕ ✓ fx	=SUMPRODUCT((A$2:A$11=E2)*(C$2:C$11>600))				
	A	B	C	D	E	F	G
1	班级	姓名	分数		班级	分数大于600的人数	
2	1	韩伟	499		1	1	
3	2	王丽云	589		2		
4	1	周庆生	603		3	公式返回结果	
5	2	侯朝霞	510				
6	3	杨秦	609				

图 11-84

● 选中 **F2** 单元格，拖动右下角的填充柄至 F4 单元格中，即可得出其他班级中分数大于 **600** 分的人数。

🍵 **使用函数**

SUMPRODUCT 函数用于在指定的几组数组中，将数组间对应的元素相乘，并返回乘积之和。

公式解析

=SUMPRODUCT((A$2:A$11=E1)*(C$2:C$11>600))

① 判断 A2:A11 单元格区域的值是否等于 E2 中的值，如果是，则返回 TRUE，不是则返回 FALSE。

② 判断 C2:C11 单元格区域的值是否大于 600，如果是，则返回 TRUE，不是则返回 FALSE。

③ 当①与②同时返回 TRUE 时返回 1，否则返回 0，最后统计 1 的个数。

技巧 29　按月汇总出库数量

如图 11-85 所示表格中按日期统计了出库数量，现在要求设置公式统计出各个月份的出库总数量，即得到 F 列的数据。

	A	B	C	D	E	F
1	编号	日期	出库数量		月份	数量
2	ML-001	21/6/1	200		20年12月	55
3	ML-002	21/6/20	156		21年1月	400
4	ML-003	20/12/30	55		21年2月	150
5	ML-004	21/1/10	180		21年3月	200
6	ML-005	21/1/25	220		21年4月	100
7	ML-006	21/2/5	150		21年5月	90
8	ML-007	21/4/26	100		21年6月	355
9	ML-008	21/3/1	200			
10	ML-009	21/5/10	90			

批量结果

图 11-85

❶ 选中 F2 单元格，在公式编辑栏中输入公式：

=SUMPRODUCT((TEXT($B$2:$B$10,"yymm")=TEXT(E2,"yymm"))*$C$2:$C$10)

按 "Enter" 键得出 2020 年 12 月的出库总数量，如图 11-86 所示。

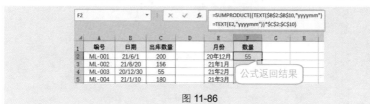

图 11-86

❷ 选中 F2 单元格，拖动右下角的填充柄向下复制公式，即可批量得出其他各个月份的总出库数量。

使用函数

● SUMPRODUCT 函数用于在指定的几组数组中，将数组间对应的元素相乘，并返回乘积之和。

● TEXT 函数属于文本函数类型，用于将数值转换为按指定数字格式表示的文本。

专家点拨

E2:E8 单元格区域的数据需要被公式引用，因此必须事先建立好，并确保正确。

公式解析

=SUMPRODUCT((TEXT($B$2:$B$10,"yymm")=TEXT(E2,"yymm"))*$C$2:$C$10)

                                               ①   ②   ③

① 使用 TEXT 函数将 $B$2:$B$10 单元格区域的日期转换为"年月"的形式。

② 将 E2 单元格的日期转换为"年月"的形式。

③ 判断①与②步的结果是否相等，如果相等，则将对应在 $C$2:$C$10 单元格区域中的值求和。

技巧 30　满足双条件计算平均值

如图 11-87 所示表格中规定了某仪器测试的有效值范围与 8 次测试的结果（其中包括无效的测试）。要求排除无效测试计算出有效测试的平均值。本例规定，值小于 2.0 或大于 3.0 均视为无效值。

选中 B12 单元格，在公式编辑栏中输入公式：

`=AVERAGEIFS(B3:B10,B3:B10,">=2.0",B3:B10,"<=3.0")`

按"Enter"键得出介于有效范围内的平均值。

B12		× ✓ fx	=AVERAGEIFS(B3:B10,B3:B10,">=2.0",B3:B10,"<=3.0")		
▲	A	B	C	D	
1	有效范围	2.0~3.0			
2	次数	测试结果			
3	1	1.69			
4	2	2.43			
5	3	2.21			
6	4	1.62			
7	5	3.33			
8	6	2.25			
9	7	3	公式返回结果		
10	8	2.45			
11					
12	平均值	2.468			

图 11-87

使用函数

AVERAGEIFS 函数返回满足多重条件的所有单元格的平均值。

📋 **公式解析**

=AVERAGEIFS(B3:B10,B3:B10,">=2.0",B3:B10,"<=3.0")

   ①   ②   ③

① 用于求平均值的区域。

② 第1个条件判断的区域与第1个条件。

③ 第2个条件判断的区域与第2个条件。

  公式意义为将同时满足②与③条件的对应在①区域上的值求平均值。

技巧 31   统计工资大于指定金额的人数

  表格中统计了每位员工的工资，要求统计出工资金额大于3000元的共有几人。

  选中 **E2** 单元格，在公式编辑栏中输入公式：

```
=COUNTIF(C2:C12,">=3000")
```

  按 "Enter" 键得出工资金额大于3000元的人数，如图 **11-88** 所示。

👆 **使用函数**

  COUNTIF 函数用于计算区域中满足给定条件的单元格的个数。

技巧 32   统计各班级第一名成绩

  本例中按班级统计了学生成绩，现在要求统计出各班级中的最高分，可以按如下方法来设置公式。

 ❶ 选中 **F5** 单元格，在公式编辑栏中输入公式：

```
=LARGE(IF($A$2:$A$12=E5,$C$2:$C$12),1)
```

  同时按 "Ctrl+Shift+Enter" 组合键，返回 1 班级最高分。

 ❷ 选中 **F5** 单元格，向下复制公式到 F6 单元格中，快速返回 2 班级最高分，如图 **11-89** 所示。

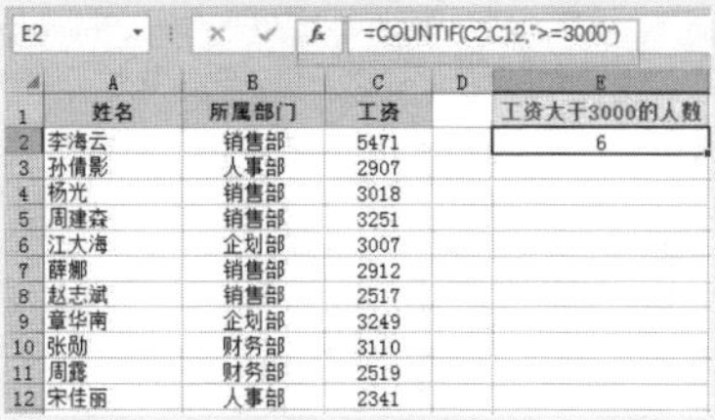

图 11-88

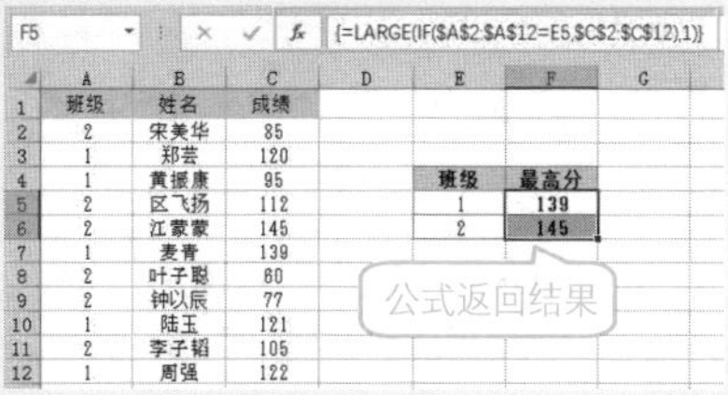

图 11-89

📢 **专家点拨**

E5:E6 单元格区域的数据需要被公式引用，因此必须事先建立好，并确保正确。

📝 **公式解析**

=LARGE(IF($A$2:$A$12=E5,$C$2:$C$12),1)

① 在 $A$2:$A$12 单元格区域中寻找与 E5 单元格中相同值的记录，并返回对应在 $C$2:$C$12 上的值。返回的是一个数组。

② 从①步的返回数组中提取最大值。

技巧 33　返回车间女职工的最高产量

本例表格统计了某车间本月的生产产量数据，现在要统计出该车间女性员工的产量最高值。因为求最大值需满足性别为"女"这一条件，因此要使用 IF 函数配合 MAX 函数来设计此公式，在 Excel 2021 中可以直接将这两个函数合并为 MAXIFS 函数来设置公式按条件求最大值。

选中 **E2** 单元格，在公式编辑栏中输入公式：

`=MAXIFS(C2:C13,B2:B13,"女")`

按"Enter"键得出女职工的最高产量，如图 **11-90** 所示。

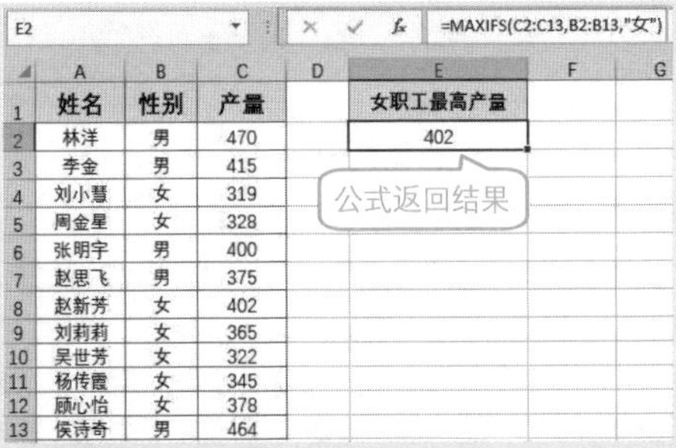

图 11-90

👆 **使用函数**

MAXIFS 与 MINIFS 函数用于返回一组数据中满足指定条件的最大值和最小值。二者的语法是相同的。

📢 **专家点拨**

在 Excel 没有 MAXIFS 函数的版本中，不能像 SUMIF、AVERAGEIF 等

函数一样进行按条件判断。要想实现按条件求最大值或最小值，可以借助 IF 函数设计数组公式。如本例可以使用公式“=MAX(IF(B2:B13="女",C2:C13))”，按“Ctrl+Shift+Enter”组合键返回结果。

如果是满足多重条件，使用 MAXIFS 是非常方便的。只要将条件按参数的格式一一写入即可。第一个参数为返回值的区域，第二个参数与第三个参数是第一组条件判断区域与条件，第三个参数与第四个参数是第二组条件判断区域与条件，以此类推。

公式解析

=MAXIFS(C2:C13,B2:B13,"女")

此公式中的参数就是标准的参数，第一个参数是确定最大值所在的区域，第二个参数是判断条件的区域，第三个参数是条件。

技巧 34　返回最低报价

本例表格中统计的是各个公司对不同产品的报价，下面需要找出喷淋头产品的最低报价是多少。

选中 G1 单元格，在公式编辑栏中输入公式：

```
=MINIFS(C2:C14,B2:B14,"喷淋头")
```

按“Enter”键得出喷淋头的最低报价，如图 11-91 所示。

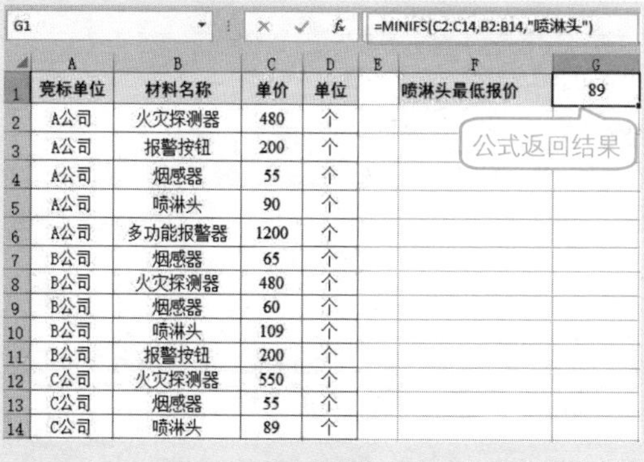

	A	B	C	D	E	F	G
1	竞标单位	材料名称	单价	单位		喷淋头最低报价	89
2	A公司	火灾探测器	480	个			
3	A公司	报警按钮	200	个			
4	A公司	烟感器	55	个			
5	A公司	喷淋头	90	个			
6	A公司	多功能报警器	1200	个			
7	B公司	烟感器	65	个			
8	B公司	火灾探测器	480	个			
9	B公司	烟感器	60	个			
10	B公司	喷淋头	109	个			
11	B公司	报警按钮	200	个			
12	C公司	火灾探测器	550	个			
13	C公司	烟感器	55	个			
14	C公司	喷淋头	89	个			

图 11-91

技巧 35　使用 DAYS360 函数计算总借款天数

通过借款日期和还款日期，使用 DAYS360 函数计算总借款的天数，如图 11-92 所示，即得到 E2:E8 单元格区域的统计结果。

❶ 选中 E2 单元格，在公式编辑栏中输入公式：

```
=DAYS360(C2,D2,FALSE)
```

按 "Enter" 键即可计算出借款天数，如图 11-93 所示。

图 11-92

图 11-93

②选中 E2 单元格，拖动右下角的填充柄向下复制公式，即可计算出其他各项借款的总借款天数。

使用函数

DAYS360 函数按照一年 360 天的算法（每个月以 30 天计，一年共计 12个月）返回两日期间相差的天数，这在一些会计计算中将会用到。

技巧 36 判断应收账款是否到期

如图 11-94 所示的表格中，要求根据还款日期判断各项应收账款是否到期。如果到期（约定超过还款日期 90 天为到期），则返回未还款的金额，如果未到期，则返回 "未到期" 文字，即得到 E 列的数据。

图 11-94

①选中 E2 单元格，在公式编辑栏中输入公式：

```
=IF(TODAY()-D2>90,B2-C2,"未到期")
```

按 "Enter" 键得出结果，如图 11-95 所示。

图 11-95

②选中 E2 单元格，拖动右下角的填充柄向下复制公式，即可批量得出如图 11-94 所示（E 列数据）的结果。

使用函数

● IF 函数是根据指定的条件来判断其"真"（TRUE）、"假"（FALSE），从而返回其相对应的内容。
● TODAY 函数返回当前日期的序列号。

公式解析

=IF(TODAY()-D2>90,B2-C2," 未到期 ")

①用当前日期减去 D2 单元格的日期。
②如果①步结果大于 90，则返回 B2-C2 的值，否则返回"未到期"文字。

技巧 37 应收账款逾期提醒

如图 11-96 所示表格显示了借款的相关信息，可以根据各项借款的到期日期进行应收账款的逾期提醒设置，即得到 E 列的结果，负数表示已逾期，正数表示未逾期。

● 选中 E2 单元格，在公式编辑栏中输入公式：

=DAYS360(TODAY(),D2)

按"Enter"键得出结果，如图 11-97 所示。

序号	借款金额	借款日期	到期日期	是否逾期
1	20850.00	2020/12/1	2021/4/1	-49
2	5000.00	2021/6/2	2021/8/15	85
3	15600.00	2021/5/10	2021/5/16	6
4	120000.00	2021/3/4	2021/4/22	-28
5	15000.00	2021/6/17	2021/6/17	27

图 11-96

序号	借款金额	借款日期	到期日期	是否逾期
1	20850.00	2020/12/1	2021/4/1	-49
2	5000.00	2021/6/2	2021/8/15	
3	15600.00	2021/5/10		
4	120000.00	2021/3/4		

图 11-97

● 选中 E2 单元格，拖动右下角的填充柄向下复制公式，即可批量得出结果。

使用函数

● DAYS360 函数按照一年 360 天的算法（每个月以 30 天计算），返回两日期间相差的天数，这在一些会计计算中将会用到。
● TODAY 函数返回当前日期的序列号。

公式解析

=DAYS360(TODAY(),D2)

① 返回当前日期。

② 计算当前日期与 D2 单元格中日期的差值。

技巧 38　计算出员工工龄

如图 11-98 所示表格的 C 列中显示了各员工的入职日期，要求根据入职日期计算员工的工龄，即得到 D 列的结果。

❶ 选中 D2 单元格，在公式编辑栏中输入公式：

```
=YEAR(TODAY())-YEAR(C2)
```

按"Enter"键得出结果（是一个日期值），如图 11-99 所示。

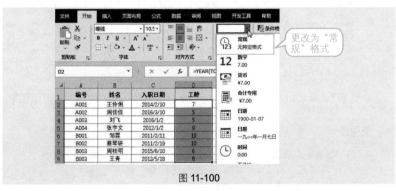

图 11-98　　　　　　　　　　　　图 11-99

❷ 选中 D2 单元格，拖动右下角的填充柄向下复制公式，即可批量得出一列日期值。选中"工龄"列函数返回的日期值，在"开始"→"数字"选项组的下拉列表中选择"常规"格式，即可得出正确的工龄值，如图 11-100 所示。

图 11-100

使用函数

● YEAR 函数表示某日期对应的年份。返回值为 1900~9999 的整数。

● TODAY 函数返回当前日期的序列号。

技巧 39 实现根据工龄自动追加工龄工资

如图 11-101 所示表格中显示了员工的入职时间，现在要求根据入职时间计算工龄工资（每满一年，工龄工资自动增加 100 元），即得到 D 列的数据。

❶ 选中 D2 单元格，在公式编辑栏中输入公式：

```
=DATEDIF(C2,TODAY(),"y")*100
```

按 "Enter" 键得到一个日期值，如图 11-102 所示。

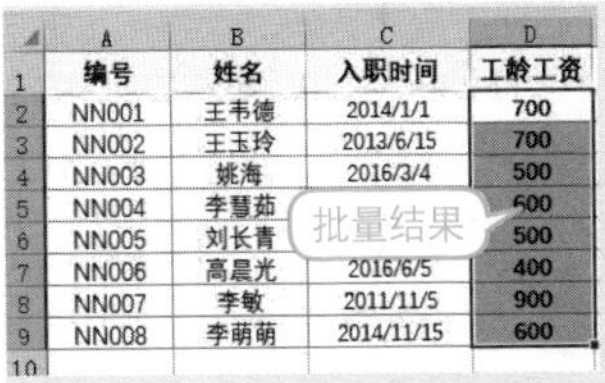

	A	B	C	D
1	编号	姓名	入职时间	工龄工资
2	NN001	王韦德	2014/1/1	700
3	NN002	王玉玲	2013/6/15	700
4	NN003	姚海	2016/3/4	500
5	NN004	李慧茹		600
6	NN005	刘长青		500
7	NN006	高晨光	2016/6/5	400
8	NN007	李敏	2011/11/5	900
9	NN008	李萌萌	2014/11/15	600

图 11-101

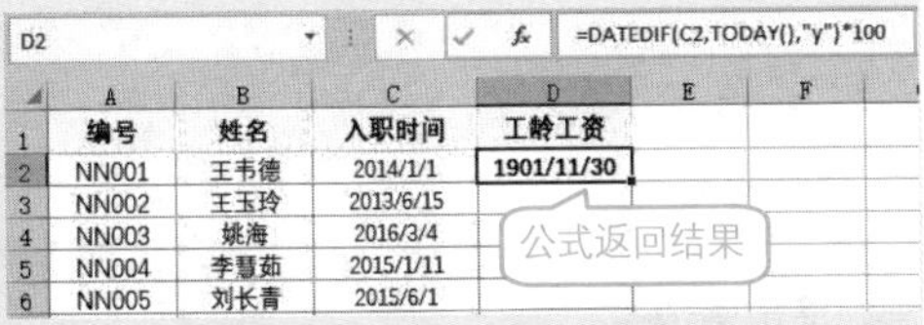

D2 =DATEDIF(C2,TODAY(),"y")*100

	A	B	C	D	E	F
1	编号	姓名	入职时间	工龄工资		
2	NN001	王韦德	2014/1/1	1901/11/30		
3	NN002	王玉玲	2013/6/15			
4	NN003	姚海	2016/3/4			
5	NN004	李慧茹	2015/1/11			
6	NN005	刘长青	2015/6/1			

图 11-102

❷ 选中 D2 单元格，拖动右下角的填充柄向下复制公式，即可批量得出一列日期值。选中 "工龄工资" 列中函数返回的日期值，在 "开始" → "数字" 选项组的下拉列表中选择 "常规" 格式，即可显示出正确的工龄工资，得到如图 11-101 所示的效果。

使用函数

DATEDIF 函数用于计算两个日期之间的年数、月数和天数（用不同的参数指定）。y 表示返回两个日期之间的年数；m 表示返回两个日期之间的月数；d 表示返回两个日期之间的天数。

公式解析

=DATEDIF(C2,TODAY(),"y")*100

① 返回当前日期。
② 判断 C2 单元格日期与①步结果日期之间的年数（用 "y" 参数指定）。
③ 将②步结果乘以 100。

技巧 40 根据休假天数自动计算休假结束日期

如图 11-103 所示表格中显示了休假开始日期与休假天数，要求通过设置公式自动显示出休假结束日期，即得到 D 列的结果。

❶ 选中 D2 单元格，在公式编辑栏中输入公式：

```
=WORKDAY(B2,C2)
```

按"Enter"键得出结果（默认是一个日期序列号），如图 11-104 所示。

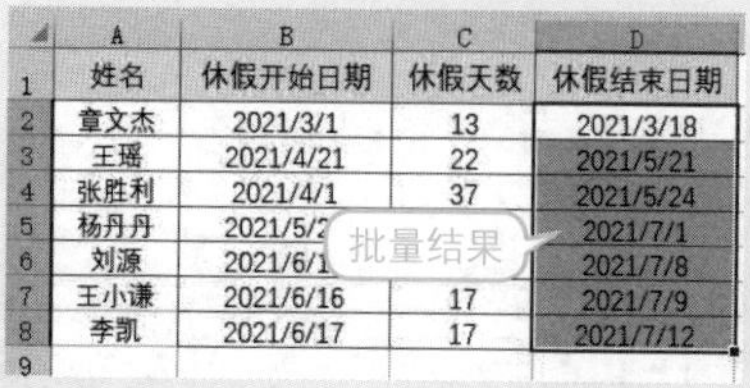

图 11-103

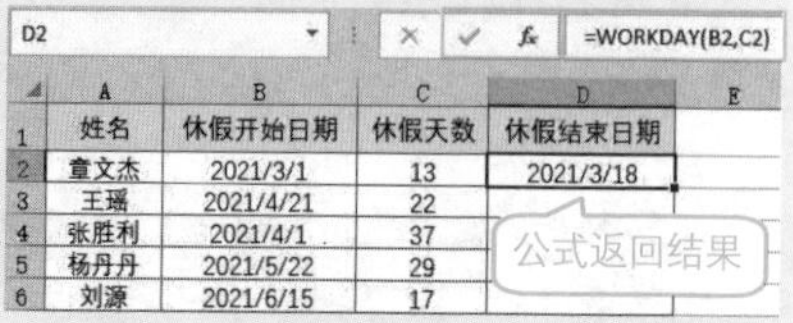

图 11-104

②选中 D2 单元格，拖动右下角的填充柄向下复制公式，即可批量得出结果，将 D2 单元格的单元格格式设置为"日期"格式，即可得到如图 11-103 所示的效果。

🥄 使用函数

WORKDAY 函数返回在某日期（起始日期）之前或之后、与该日期相隔指定工作日的某一日期的日期值。工作日不包括双休日和专门指定的假日。

技巧 41　判断加班日期是否是双休日

如图 11-105 所示表格的 A 列中显示了加班日期，要求根据 A 列中的加班日期判断是双休日加班还是平时加班，即得到 E 列的结果。

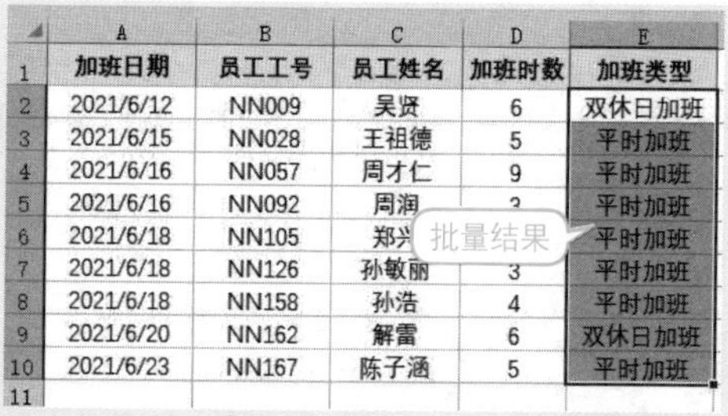

图 11-105

①选中 E2 单元格，在公式编辑栏中输入公式：

```
=IF(OR(WEEKDAY(A2,2)=6,WEEKDAY(A2,2)=7),"双休日加班","平时加班")
```

按"Enter"键得出加班类型，如图 11-106 所示。

②选中 E2 单元格，拖动右下角的填充柄向下复制公式，即可批量根据加班日期得出加班类型。

高效随身查——Office 2021（必学的高效办公）应用技巧（视频教学版）

图 11-106

使用函数

- OR 函数属于逻辑函数类型。若给出的参数中任何一个参数逻辑值为 TRUE，即返回 TRUE；若所有参数的逻辑值都为 FALSE，即返回 FALSE。
- WORKDAY 函数返回在某日期（起始日期）之前或之后、与该日期相隔指定工作日的某一日期的日期值。工作日不包括双休日和专门指定的假日。

公式解析

=IF(OR(WEEKDAY(A2,2)=6,WEEKDAY(A2,2)=7)," 双休日加班 "," 平时加班 ")④   ①   ②   ③

① 判断 A2 单元格中的星期数是否为 6。
② 判断 A2 单元格中的星期数是否为 7。
③ 判断①步结果与②步结果中是否有一个成立。
④ 如果③步结果成立，返回"双休日加班"，否则返回"平时加班"。

技巧 42　计算员工的加班时长

如图 11-107 所示表格中要根据上班时间与下班时间计算加班时长，如果直接用 C 列的数据减去 B 列的数据，当 C 列数据大于 B 列数据时可以实现，但当 C 列数据小于 B 列数据时，则不能得出正确结果。现在要求通过设置公式得到如图 11-108 所示 D 列中的结果。

图 11-107

图 11-108

311

● 选中 D2 单元格，在公式编辑栏中输入公式：

```
=TEXT(MOD(C2-B2,1),"h 小时 mm 分 ")
```

按 "Enter" 键得出结果，如图 **11-109** 所示。

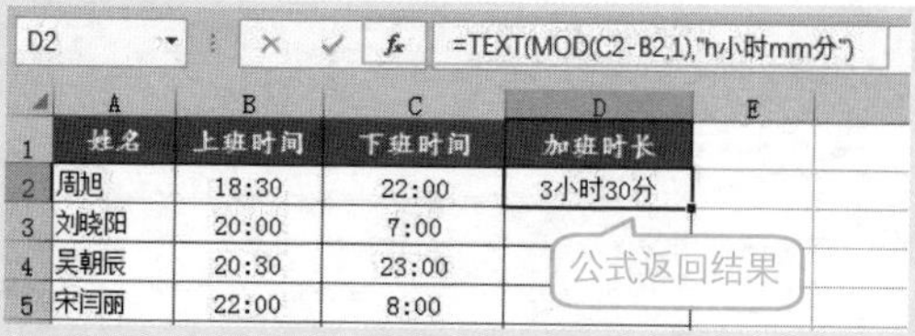

图 **11-109**

● 选中 **D2** 单元格，拖动右下角的填充柄向下复制公式，即可批量计算出各员工的加班时长。

使用函数

● TEXT 函数属于文本函数类型，用于将数值转换为按指定数字格式表示的文本。
● MOD 函数属于数学函数类型，用于求两个数值相除后的余数，其结果的正负号与除数相同。

公式解析

=TEXT(MOD(C2-B2,1),"h 小时 mm 分 ")

① C2 单元格时间与 B2 单元格时间的差值与 1 相除后的余数。
② 将①步的结果转换为 h 小时 mm 分的形式。

专家点拨

本公式中使用 MOD 函数主要是为了解决下班时间减去上班时间为负值这一情况。

技巧 43　返回值班日期对应的星期数

如图 **11-110** 所示表格的 C 列中显示了各员工的值班日期，要求根据值班日期快速得知对应的星期数，即得到 D 列的结果。

● 选中 **D2** 单元格，在公式编辑栏中输入公式：

```
=WEEKDAY(C2,1)
```

按 "Enter" 键得出结果，如图 **11-111** 所示。

● 选中 **D2** 单元格，拖动右下角的填充柄向下复制公式，即可根据日期批量返回对应的星期数。

图 11-110 图 11-111

📢 **专家点拨**

WEEKDAY 函数的第 2 个参数设置为 1 或者不设置时，星期天都返回 1，星期一返回 2，星期二返回 3，……；如果设置第 2 个参数为 2，则星期一返回 1，星期二返回 2，星期三返回 3……

如果使用公式"=TEXT(WEEKDAY(C2,1)，"aaaa")"，则显示"星期*"。

技巧 44 根据产品编码查询库存数量

本例表格中统计了产品的库存数据（为方便数据显示，只给出部分记录），要求根据给定的任意的产品编码快速查询其库存数量。

❶ 选中 A 列中任意单元格，在"数据"→"排序和筛选"选项组中单击"升序"按钮（见图 11-112），即可按"编码"对数据重新排序，排序后如图 11-113 所示。

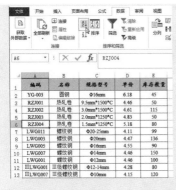

图 11-112 图 11-113

❷ 选中 H2 单元格，在公式编辑栏中输入公式：

```
=LOOKUP(G2,A2:A1000,E2:E1000)
```

按"Enter"键即可查询出 G2 单元格中给出的产品编码所对应的库存数量，如图 11-114 所示。

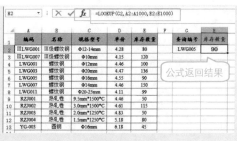

H2 =LOOKUP(G2,A2:A1000,E2:E1000)

	A	B	C	D	E	F	G	H
1	编码	名称	规格型号	单价	库存数量		查询编号	库存数量
2	ⅢLWG001	Ⅲ级螺纹钢	Φ12-14mm	4.28	80		LWG005	90
3	ⅢLWG007	Ⅲ级螺纹钢	Φ10mm	4.15	120			
4	LWG001	螺纹钢	Φ12mm	4.46	100			
5	LWG003	螺纹钢	Φ20mm	4.47	136			
6	LWG005	螺纹钢	Φ16mm	4.55	90			
7	LWG007	螺纹钢	Φ14mm	4.46	150			
8	LWG011	螺纹钢	Φ20-25mm	4.11	99			
9	RZJ001	热轧卷	9.5mm*1500*C	4.46	50			
10	RZJ002	热轧卷	3.0mm*1500*C	4.61	115			
11	RZJ003	热轧卷	2.0mm*1250*C	4.83	50			
12	RZJ004	热轧卷	1.5mm*1250*C	5.18	80			
13	YG-003	圆钢	Φ16mm	6.18	45			

图 11-114

③ 当需要查询其他产品的库存数量时，只需要更改 G2 单元格中的编码即可实现查询，如图 11-115 所示。

	A	B	C	D	E	F	G	H
1	编码	名称	规格型号	单价	库存数量		查询编号	库存数量
2	ⅢLWG001	Ⅲ级螺纹钢	Φ12-14mm	4.28	80		RZJ002	115
3	ⅢLWG007	Ⅲ级螺纹钢	Φ10mm	4.15	120			
4	LWG001	螺纹钢	Φ12mm	4.46	[illegible]			
5	LWG003	螺纹钢	Φ20mm	4.47	[illegible]			
6	LWG005	螺纹钢	Φ16mm	4.55	[illegible]			
7	LWG007	螺纹钢	Φ14mm	4.46	150			
8	LWG011	螺纹钢	Φ20-25mm	4.11	99			
9	RZJ001	热轧卷	9.5mm*1500*C	4.46	50			
10	RZJ002	热轧卷	3.0mm*1500*C	4.61	115			
11	RZJ003	热轧卷	2.0mm*1250*C	4.83	50			
12	RZJ004	热轧卷	1.5mm*1250*C	5.18	80			
13	YG-003	圆钢	Φ16mm	6.18	45			

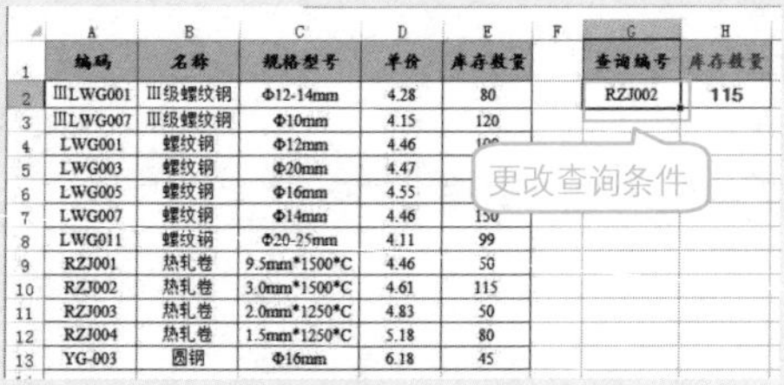

图 11-115

使用函数

LOOKUP 函数在单行区域或单列区域（称为“向量”）中查找值，然后返回第二个单行区域或单列区域中相同位置的值。

技巧 45　使用 VLOOKUP 函数建立档案查询表

如图 11-116 所示为一份员工档案表（实际工作中可能会有多条记录），另一份为建立的档案查询表（见图 11-117），要求通过给定的任意姓名实现快速查询员工档案资料。

	A	B	C	D	E	F	G	H
1	姓名	工号	性别	年龄	学历	部门	职务	入职日期
2	周晓玲	NL-001	女	26	大专	财务部	员工	2015/1/8
3	柳贤晟	NL-005	男	31	本科	生产部	经理	2012/3/19
4	许诺	NL-007	男	29	大专	销售部	员工	2016/4/27
5	周宣敏	NL-011	女	23	大专	人事部	员工	2016/3/13
6	秦海莲	NL-017	女	35	本科	财务部	经理	2014/10/16
7	赵杨	NL-019	男	31	研究生	研发部	经理	2011/3/17
8	李思韵	NL-023	女	41	本科	销售部	经理	2015/9/19
9	金鑫	NL-027	男	30	大专	生产部	领班	2015/5/21
10	管林俊	NL-031	男	29	本科	生产部	经理	2013/11/12
11	刘斯云	NL-035	女	23	大专	生产部	员工	2015/12/21
12	王梓	NL-040	男	27	研究生	企划部	经理	2013/8/14
13	冯夏	NL-041	女	35	大专	人事部	经理	2012/7/3
14	蒋程彬	NL-045	男	25	本科	企划部	员工	2014/12/13
15	简俊杰	NL-050	男	32	大专	生产部	经理	2011/1/15

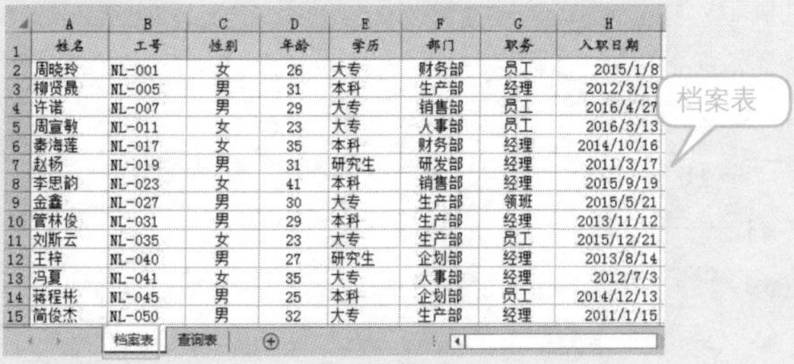

图 11-116

图 11-117

❶ 首先在"查询表"的 **A3** 单元格中输入姓名，如"刘斯云"，选中 B3 单元格，在公式编辑栏中输入公式：

`=VLOOKUP($A$3,档案表!$A$2:$H$12,COLUMN(),FALSE)`

按"Enter"键，得到如图 **11-118** 所示的效果。

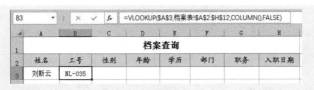

图 11-118

❷ 选中 **B3** 单元格，拖动右下角的填充柄向右复制公式，即可得到"刘斯云"员工的相关档案信息，如图 **11-119** 所示。

图 11-119

❸ 选中 **H3** 单元格，在"开始"→"数字"选项组中单击单元格格式设置的下拉按钮，在下拉列表中选择"短日期"选项，如图 **11-120** 所示。

图 11-120

315

❹ 当需要查询其他员工时，只需要在 **A3** 单元格更改姓名，按"Enter"

键即可返回相应的查询结果，如图 11-121 所示。

图 11-121

使用函数

- VLOOKUP 函数在表格或数值数组的首行查找指定的数值，并由此返回表格或数组当前行中指定列处的值。
- COLUMN 函数表示返回指定单元格引用的列号。

公式解析

=VLOOKUP($A$3, 档案表 !$A$2:$H$12,COLUMN(),FALSE)
　　　　　　　　　　①　　　　　　　　　　　　　②

① 返回当前列的列号，B3 单元格中的公式返回值为 2；随着公式向右复制，C3 单元格的公式返回值为 3，D3 单元格的公式返回值为 4……。因此用这个返回值来指定想返回哪列的值。

② 从"档案表 !$A$2:$H$12"中的首列中查找与 A3 中姓名相同的记录，找到后返回对应在①步返回值指定的那一列上的值。

技巧 46　查找销售额最高的销售员

本例表格中统计了各个销售员不同月份的销售金额并计算了总金额，要求快速查询出哪个销售员的销售额最高。

选中 C11 单元格，在公式编辑栏中输入公式：

`=INDEX(A2:A9,MATCH(MAX(E2:E9),E2:E9,))`

按"Enter"键得出最高销售额对应的销售员，如图 11-122 所示。

图 11-122

使用函数

- INDEX 函数用于返回表格或区域中指定位置处的值。
- MATCH 函数属于查找函数类型，用于返回在指定方式下与指定数值匹配的数组中元素的相应位置。
- MAX 函数属于统计函数类型，用于返回数据集中的最大数值。

公式解析

③
=INDEX(A2:A9,MATCH(MAX(E2:E9),E2:E9,))
　　　　　　　　　①　　　②

① 返回 E2:E9 单元格区域中的最大值。
② 返回①步结果在 E2:E9 单元格区域中的位置。
③ 返回 A2:A9 单元格区域中②步结果指定位置处的值。

技巧 47　按指定月份、指定专柜查找销售金额

如图 11-123 所示表格中统计了各个店铺不同月份的销售利润（实际工作中可能会包含更多数据），要求实现快速查询任意店铺任意月份的利润额。

	A	B	C	D
1	专柜	1月	2月	3月
2	中绿广场店	54.4	82.34	32.43
3	阜阳北路店	84.6	38.65	69.5
4	城隍庙店	73.6	50.4	53.21
5	南七店	112.8	102.45	108.37
6	太湖路店	45.32	56.21	50.21
7	青阳南路店	163.5	77.3	98.25
8	港澳广场店	98.09	43.65	76
9	步行街店	132.76	23.1	65.76

数据源

图 11-123

❶ 建立查询列标识，首先输入一个月份和一个店铺名称。

❷ 选中 C12 单元格，在公式编辑栏中输入公式：

=INDEX(B2:D9,MATCH(B12,A2:A9,0),MATCH(A12,B1:D1,0))

按 "Enter" 键得出 "青阳南路店" 在 2 月的利润金额，如图 11-124 所示。

C12			fx	=INDEX(B2:D9,MATCH(B12,A2:A9,0),MATCH(A12,B1:D1,0))				
	A	B	C	D	E	F	G	H
1	专柜	1月	2月	3月				
2	中绿广场店	54.4	82.34	32.43				
3	阜阳北路店	84.6	38.65	69.5				
4	城隍庙店	73.6	50.4	53.21				
5	南七店	112.8	102.45	108.37				
6	太湖路店	45.32	56.21	50.21				
7	青阳南路店	163.5	77.3	98.25				
8	港澳广场店	98.09	43.65	76				
9	步行街店	132.76						
10			公式返回结果					
11	月份	专柜	金额					
12	2月	青阳南路店	77.3					

图 11-124

❸ 当要查询其他月份、其他店铺的利润金额时，只需要更换查询对象即可。如图 11-125 所示查询了"步行街店"在 3 月的利润金额。

	A	B	C	D	E
1	专柜	1月	2月	3月	
2	中绿广场店	54.4	82.34	32.43	
3	阜阳北路店	84.6	38.65	69.5	
4	城隍庙店	73.6	50.4	53.21	
5	南七店	112.8	102.45	108.37	
6	太湖路店	45.32	56.21	50.21	
7	青阳南路店	163.5	77.3	98.25	
8	港澳广场店	98.09	43.65	76	
9	步行街店	132.76	23.1	65.76	
10		更换查询对象			
11			金额		
12	3月	步行街店	65.76		

图 11-125

使用函数

● INDEX 函数用于返回表格或区域中指定位置处的值。
● MATCH 函数属于查找函数类型，用于返回在指定方式下与指定数值匹配的数组中元素的相应位置。

公式解析

=INDEX(B2:D9,MATCH(B12,A2:A9,0),MATCH(A12,B1:D1,0))
③   ①   ②

① 在 A2:A9 单元格区域中寻找 B12 单元格的值，并返回其位置（位于第几行中）。

② 在 B1:D1 单元格区域中寻找 A12 单元格的值，并返回其位置（位于第几列中）。

③ 返回 B2:D9 单元格区域中①步结果指定行与②步结果指定列交叉处的值。

第 12 章 幻灯片的创建及整体布局技巧

12.1 演示文稿及幻灯片的创建技巧

技巧 1 创建演示文稿

当需要进行工作汇报、企业宣传、技术培训、应聘演讲以及项目方案解说时，通过个人口述是不具有吸引力和说服力的，当具备 PPT 放映条件时，一般都会选择通过演示文稿的播放来让观众加深印象，提高信息传达的力度与效率。无论要设计出哪种形式的幻灯片，正确地创建一篇新演示文稿是首要工作。

❶ 打开计算机后，单击左下角的 "开始" 按钮，在打开的屏幕面板中单击 "PowerPoint" 按钮（见图 12-1），打开 PowerPoint 启动界面，如图 12-2 所示。

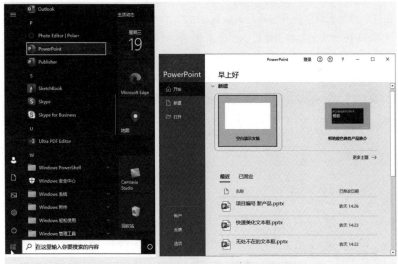

图 12-1   图 12-2

❷ 单击 "空白演示文稿" 即可创建空白的演示文稿，如图 12-3 所示。

图 12-3

技巧2　创建新幻灯片

创建新演示文稿后，需要进入演示文稿创建新幻灯片进行内容的编辑。

打开演示文稿，在"开始"→"幻灯片"选项组中单击"新建幻灯片"按钮，在其下拉列表框中选择想使用的版式，比如"两栏内容"版式（见图12-4）（默认有11种版式），单击即可以此版式创建一张新的幻灯片，如图12-5所示。

图 12-4

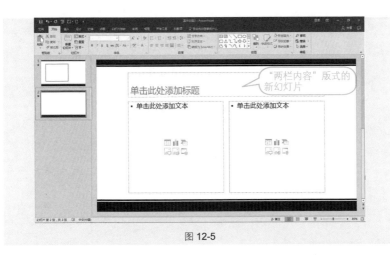

图 12-5

📢 **专家点拨**

除了上述所讲的方法外，还可以使用"Enter"键快速创建。选中目标幻灯片后，只要按"Enter"键就可以依据上一张幻灯片的版式创建新幻灯片。

技巧3 更改幻灯片的版式

在创建新幻灯片后，如果新幻灯片的版式不符合当前要求，可以重新更改其版式。如图 12-6 所示，幻灯片版式为"标题与文本"，如图 12-7 所示为更改为"内容与标题"版式，并添加了图片的效果。

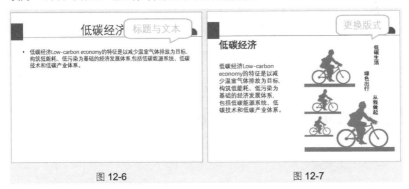

图 12-6　　　　　　　　　　　　　　　图 12-7

❶选中要更改版式的幻灯片，在"开始"→"幻灯片"选项组中单击"版式"下拉按钮，在弹出的下拉列表中选择"内容与标题"版式，如图 12-8 所示。应用后的幻灯片效果如图 12-9 所示。

图 12-8   图 12-9

❷ 调整标题与正文的位置，并在右侧的占位符中单击按钮 ▦（图片占位符）插入图片即可。也可以根据需要选择其他占位符添加新的元素（如图表、表格、SmartArt 图形等）。

应用扩展

也可以选中该幻灯片，单击鼠标右键，在弹出的快捷菜单中将指针指向"版式"按钮，在子菜单中选择需要更换的版式，如图 12-10 所示。

图 12-10

技巧 4　移动、复制、删除幻灯片

一篇演示文稿通常都会包含多张幻灯片，因为内容前后逻辑关系，很多时候需要对幻灯片进行移动、复制、删除等操作。

1. 移动幻灯片

在"视图"→"演示文稿视图"选项组中选择"幻灯片浏览"命令，进入幻灯片浏览视图中，选中需要被移动的图片（见图 12-11），按住鼠标左键拖曳到合适的位置后释放鼠标，即可完成移动，如图 12-12 所示。

图 12-11　　　　　　　　　　　　　　　　　图 12-12

2. 复制幻灯片

在幻灯片浏览视图中选中需要被复制的幻灯片，单击鼠标右键，在弹出的快捷菜单中选择"复制幻灯片"命令（见图 12-13），即可完成复制，如图 12-14 所示。

图 12-13　　　　　　　　　　　　　　　　　图 12-14

3. 删除幻灯片

在幻灯片浏览视图中选中需要被删除的幻灯片，单击鼠标右键，在弹出的快捷菜单中选择"删除幻灯片"命令（见图 12-15），即可删除目标幻灯片。

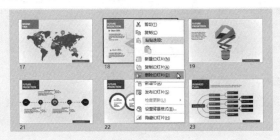

图 12-15

专家点拨

如果不进入幻灯片浏览视图中操作，也可以直接在窗口左侧的缩略图窗格中进行移动、复制、删除等操作。比如选中左侧的缩略图，按住鼠标左键不放的同时按"Ctrl"键，也可以实现幻灯片的快速复制。

技巧 5　复制使用其他演示文稿中的幻灯片

如果当前建立的演示文稿需要使用其他演示文稿中的某张幻灯片，直接将其复制过来使用即可。

❶ 打开目标演示文稿，选中要使用的幻灯片并按"Ctrl+C"快捷键进行复制操作，如图 12-16 所示为选中了第 2 张幻灯片并复制。

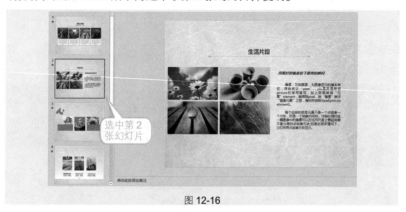

图 12-16

❷ 切换到当前幻灯片中，在窗口左侧的缩略图窗格中定位需要粘贴的位置，按"Ctrl+V"快捷键进行粘贴，如图 12-17 所示。

图 12-17

应用扩展

复制得来的幻灯片默认自动应用当前演示文稿的主题，如果想让复制得到的幻灯片保持原有主题，操作如下：

复制幻灯片后，不要直接粘贴，而是在"开始"→"剪贴板"选项组中单击"粘贴"下拉按钮，在打开的下拉菜单中单击"保留源格式"按钮，如图 12-18 所示。粘贴后即可保留原幻灯片的主题，如图 12-19 所示。

图 12-18　　　　　　　　　　图 12-19

12.2　为演示文稿应用主题的技巧

技巧 6　快速为空白演示文稿应用主题

默认创建的演示文稿是空白的，没有任何元素，因此根据当前所建立的幻灯片内容选择一个合适的主题是首要工作。如图 **12-20** 所示为空白演示文稿应用了"肥皂"主题后的效果。

主题是用来对演示文稿中所有幻灯片的外观进行匹配的一个样式。例如，让幻灯片具有统一背景效果、统一的修饰元素、统一的文字格式等。当应用了主题后，无论使用什么版式都会保持这些统一的风格。

图 **12-20**

❶ 选中目标幻灯片，在"设计"→"主题"选项组中单击按钮⊡，显示程序内置的所有主题，如图 **12-21** 所示。

图 12-21

❷ 选择"肥皂"主题，即可为演示文稿应用选中的主题。

技巧 7 什么是模板？

模板是 PPT 骨架，它包括了幻灯片整体设计风格（使用哪些版式、使用什么色调，使用什么图形图片作为设计元素等）、封面页、目录页、过渡页、内页、封底，有了这样的模板，在实际创建 PPT 时可以填入相应内容补充设计即可。

模板包含主题，主题是组成模板的一个元素（主题的概念及应用技巧见技巧 6）。

如图 **12-22** 所示即为一套模板，可以看到不但包括主题元素（统一背景效果、统一的修饰元素、统一的文字格式等），同时还设计好了一些版式（过渡页版式、目录版式、内容页版式等）。用户在进行设计时，如果这些版式正好符合要求，就可以直接填入内容，或者做局部更改后投入使用。

图 12-22

应用扩展

在主选项卡中选择"文件"→"新建"命令，显示在右侧列表中有模板也有主题，如图 12-23 所示。

图 12-23

单击选中的模板后（见图 12-24），单击"创建"按钮即可进行创建。

图 12-24

也可以输入关键字，在线搜索 Office Online 上的联机模板与主题，如图 12-25 所示。

图 12-25

　　演示文稿想要设计得精彩，离不开好的内容和模板。若有好的内容，模板选择的不合适，最终效果也是会大打折扣的，所以，选择合适的模板也是至关重要的。在互联网上有很多设计精美的模板，用户通过下载便可直接应用。如果对下载的模板不满意，还可以充分调动设计思路去补充、修改模板。对于普通用户来说，要想完全靠自己的能力来设计一套好的模板还是有些困难的。这涉及版式、文字设计以及色彩搭配等相关专业知识，而有了主体思路后再去局部修改就容易多了。

　　如图 **12-26** 所示为在扑奔网站上下载的"粉蓝年终工作总结汇报 PPT"模板。根据实际情况可以更改模板中的年份、内容、数字、图片、背景效果等元素。

图 12-26

　　❶ 打开"扑奔网"网页，在主页右上方搜索导航框内输入"工作总结"，单击按钮🔍，如图 **12-27** 所示。

图 12-27

❷ 打开 "商务 PPT" 搜索列表（见图 12-28），单击合适的模板缩略图进入下载网页，如图 12-29 所示。

图 12-28

图 12-29

❸ 单击 "立即下载" 超链接，设置下载模板存放的路径，如图 12-30 所示。

图 12-30

❹ 单击 "下载" 按钮，下载完成后，即可打开下载的模板并使用（如果是文件压缩包，按照操作提示解压即可）。

应用扩展

解压的方法是选中并打开下载的文件包，进入电脑程序安装的解压软件程序中（见图12-31），解压完成后即可使用。

图 12-31

专家点拨

"扑奔 PPT""无忧 PPT""泡泡糖办公"是目前几家不错的 PPT 网站。用户可以根据这些网站上提供的站内搜索来搜索需要的模板。

技巧9　重置主题的背景颜色

背景颜色是指幻灯片背景处的颜色，它可以是纯色的，也可以是渐变色，或者是图案纹理以及图片等，用户可以根据实际需要重置背景颜色。

纯色填充是最基础的背景色填充样式，本例需要重置背景的纯色填充效果。如图 12-32 所示为在 PPT 应用模板新建的演示文稿背景效果，如图 12-33 所示为重置背景色后的效果。

图 12-32

图 12-33

❶ 在"设计"→"自定义"选项组中单击"设置背景格式"按钮（见图 12-34），打开"设置背景格式"右侧窗口。

图 12-34

❷ 在"填充"栏中选中"纯色填充"单选按钮，在"颜色"下拉列表框中重置背景颜色为"茶色，个性色 1，淡色 60%"（见图 12-35），通过拖动"透明度"滑块设置背景纯色填充的透明度，如图 12-36 所示。

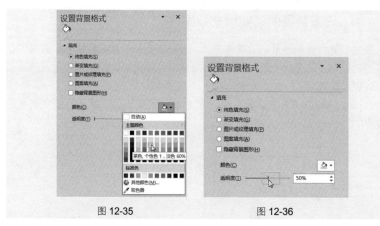

图 12-35   图 12-36

📖 应用扩展

设置完该张幻灯片的背景效果之后，如果想要让整篇演示文稿都应用同样的背景效果，只要单击"设置背景格式"窗口底部的"应用到全部"按钮即可；如果要取消设置的所有背景格式，可以单击"重置背景"按钮，如图 12-37 所示。

图 12-37

技巧 10　PPT 版式配色技巧

合理的配色是提升幻灯片质量的关键所在，但若非专业的设计人员，往往在配色方面总是达不到满意的效果。在 PPT 中有几个配色小技巧，读者可尝试使用。

- 邻近色搭配：邻近色是指在色带上相临近的颜色，如绿色与蓝色、红色和黄色。因为邻近色具有相近的颜色，色相间色彩倾向相似。所以用邻近色搭配设计 PPT 可以避免色彩杂乱，易于达到页面的和谐统一。
- 同色系搭配：同色系是指在一种颜色中不同的明暗度组成的颜色组。在幻灯片中使用同色系，在视觉上会显得比较单纯、柔和、协调。
- 用取色器借鉴成功作品的配色：在"形状填充""形状轮廓""文本填充""背景颜色"等涉及颜色设置的功能按钮下可以看到有一个"取色器"命令，因此如果看到自己想使用的配色，则可以先截取颜色图片，放到幻灯片，然后在设置形状时，用取色器去取色。

技巧 11   设置背景的渐变填充效果

纯色填充是背景最基本的填充样式，但是根据幻灯片内容特点，有时候设置其他的填充方式可以使幻灯片更具有层次感。本例将介绍幻灯片背景的渐变填充效果设置技巧。

如图 12-38 所示为默认背景色，如图 12-39 所示为设置背景渐变填充后的效果。

图 12-38

图 12-39

❶ 在"设计"→"自定义"选项组中单击"设置背景格式"按钮（见图 12-40），打开"设置背景格式"窗口。

图 12-40

❷ 在"填充"栏中选中"渐变填充"单选按钮。在"预设渐变"下拉列表

框中选择"顶部聚光灯 - 个性色 4"（见图 **12-41**），在"类型"下拉列表框中选择"线性"选项；在"方向"下拉列表框中选择"线性向下"（见图 **12-42**）。

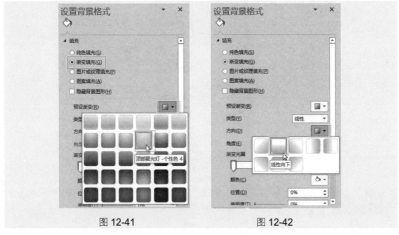

<table>
<tr><td>图 12-41</td><td>图 12-42</td></tr>
</table>

❸ 单击"关闭"按钮，即可为当前的幻灯片背景设置渐变填充效果，即可达到如图 **12-39** 所示的效果。

使用图片作为幻灯片的背景

图片在幻灯片编辑中的应用是非常广泛的，我们通常会根据当前演示文稿的表达内容、主题等来选用合适的图片作为背景。用户可以在计算机中创建一个文件夹，用于积累一些各种类型的图片素材。如图 **12-43** 所示为使用计算机中保存的图片作为背景。

图 12-43

❶ 在"设计"→"自定义"选项组中单击"设置背景样式"按钮，打开"设置背景格式"右侧窗口。

❷ 在"填充"栏中选中"图片或纹理填充"单选按钮，单击"插入"按钮（见图 12-44），打开"插入图片"对话框，如图 12-45 所示。

图 12-44　　　　　　　　　　　　　　　　图 12-45

❸ 找到图片所在路径并选中，单击"插入"按钮，即可将选中的图片应用为演示文稿的背景。

技巧 13　设置了主题的背景样式后如何快速还原

设置了主题的背景样式后如果不想再使用，可以快速将其还原到初始状态。

只需要选中目标幻灯片，在"设计"→"变体"选项组中单击"背景样式"下拉按钮，在下拉列表中选择"重置幻灯片背景"命令即可（见图 12-46）。

图 12-46

技巧 14　保存网络上下载的模板主题方便下次使用

如果对下载的演示文稿或模板效果满意，则可以将其保存到"我的模板"中。保存后，后期在创建文档时，就可以快速地套用此模板。

❶ 待保存为模板的演示文稿准备好后，在主选项卡中选择"文件"→"另存为"命令，单击右侧的"浏览"按钮，打开"另存为"对话框。

❷ 在"保存类型"下拉列表框中选择"PowerPoint 模板（*.potx）"选项，如图 12-47 所示。

❸ 单击"保存"按钮，即可将演示文稿模板保存到"我的模板"中。

图 12-47

❹ 在任意演示文稿中，选择"文件"→"新建"命令，在右侧单击"个人"标签，即可看到保存的模板，如图 12-48 所示。

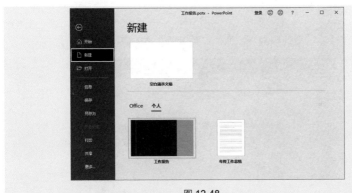

图 12-48

❺ 单击即可依据此模板创建演示文稿。

专家点拨

在"保存类型"下拉列表框中选择"PowerPoint 模板（*potx）"选项后，保存位置就会自动定位到 PPT 模板的默认保存位置，注意不要修改这个文件夹地址，否则将无法看到所保存的模板。

应用扩展

当演示文稿编辑完成后，如果后期需要使用类似的演示文稿，则也可以将其保存为模板。

演示文稿编辑完成后，选择"文件"→"另存为"命令，打开"另存为"对话框，按上述相同的步骤操作即可。

12.3　母版定制技巧

技巧 15　什么是母版？母版可以干什么？

幻灯片母版用于存储演示文稿的主题和幻灯片版式的相关元素信息，包括背景、颜色、字体、效果、占位符大小和位置等。母版是定义演示文稿中所有幻灯片页面格式的幻灯片，它包含演示文稿中的所有共有信息（比如设置自定义目录页版式中的图片、文字格式等元素），因此可以借助母版来统一幻灯片的整体版式、整体页面风格，让演示文稿具有相同的外观特点。

例如，设置所有幻灯片统一字体、定制同级文本统一项目符号、添加页脚以及 LOGO 标志，都可以借助母版统一设置。也就是说通过母版功能可以使相同的幻灯片元素实现简化操作，避免重复操作。

单击"视图"→"母版视图"选项组的"幻灯片母版"按钮，即可进入母版视图，可以看到默认的母版主体幻灯片版式、占位符等，如图 12-49 所示。

图 12-49

1. 版式

母版左侧显示了多种版式，这些版式适用于各种不同的编辑对象，可以根据实际内容的需要来选择相应的版式。其中包括"标题幻灯片""标题和内容""图片和标题""空白""比较"等多种版式。

当新建幻灯片时，可以选择需要的版式（见图 12-50），或者新建后，在幻灯片缩略图上单击鼠标右键，在弹出的快捷菜单中选择"版式"命令，在打开的列表中选择需要更改的版式，如图 12-51 所示。

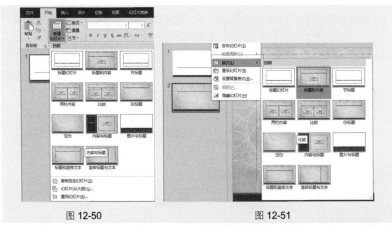

图 12-50　　　　　　　　　　图 12-51

在母版中可以对各个不同的版式效果进行局部修改。例如，对标题框统一设置图形修饰、统一添加下画线效果、统一设置标题文字的字体格式等（这些操作将在下面的技巧中进行介绍）。即只要在母版中对某个版式进行了格式设置，在创建幻灯片时应用这个版式，它就会得到相应的效果。如果选择母版进行设计或添加元素，将一次性应用于下面的所有版式。

2. 占位符

一种带有虚线或阴影线边缘的框，绝大部分幻灯片版式中都有这种框，在这些框内可以放置标题及正文，或者是图表、表格和图片等对象，并规定这些内容默认放置的位置和区域面积，如图 12-52 所示。占位符就如同一个文本框，还可以自定义边框样式、填充效果等，定义后，应用此版式创建新幻灯片时就会呈现出所设置的效果。

图 12-52

空白的演示文稿一般都需要使用统一的页面元素进行布局设计，例如在顶部或底部添加图形图片进行装饰，即使是下载的主题有时也需要进行一些类似的补充设计。当然只要掌握了正确的操作方法，设计思路可谓创意无限。

❶ 在"视图"→"母版视图"选项组中单击"幻灯片母版"按钮，进入母版视图中。

❷ 选中母版，在"插入"→"插图"选项组中单击"形状"下拉按钮，在下拉列表中选择"矩形"图形样式（见图 12-53），此时光标变成十字形状，按住鼠标左键拖动绘制图形，如图 12-54 所示。

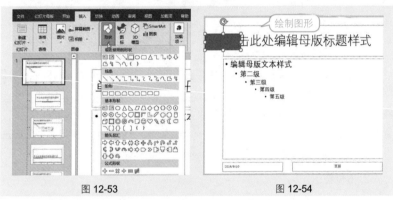

图 12-53　　　　　　　　　　　图 12-54

❸ 按相同的方法添加图形并设置图形格式（图形格式设置在后面的章节中会详细介绍），如图 12-55 所示，所有选中的图形都是绘制添加的。

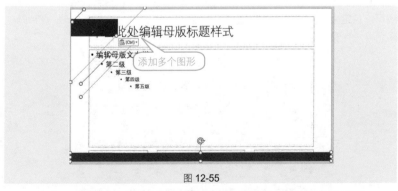

图 12-55

❹ 根据图形的位置重新对占位符的位置进行调整，如图 12-56 所示。

338

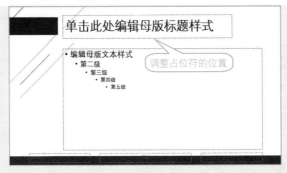

图 12-56

⑤ 退出母版视图，可以看到各幻灯片中都使用了上面添加的图形来布局页面，如图 12-57 所示。如果要修改这些图形样式，可以再次进入母版视图中逐步调整。

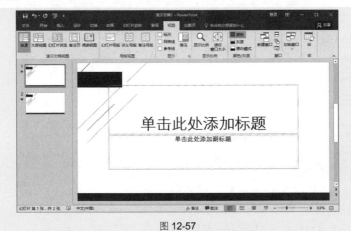

图 12-57

技巧 17　在母版中统一设计标题框的修饰效果

在幻灯片的标题位置处通常会设计图形进行统一修饰，要达到此设置效果，可进入母版中进行操作。如图 12-58 所示为所有幻灯片标题框中都有统一的修饰效果。

① 在 "视图" → "母版视图" 选项组中单击 "幻灯片母版" 按钮，进入母版视图中。选中 "标题和内容" 版式，在 "插入" → "插图" 选项组中单击 "形状" 下拉按钮，在下拉列表中选择 "矩形" 图形样式（见图 12-59），此时光标变成十字形状，按住鼠标左键拖动绘制图形，如图 12-60 所示。

图 12-58

图 12-59　　　　　　　　　图 12-60

❷ 按相同的方法添加图形并设置图形格式（图形格式设置在后面的章节中会详细介绍）。如图 12-61 所示，所有选中的图形都是绘制添加的，可以通过调整这些图形的大小、位置和叠放顺序达到自己想要的版式设计效果。

图 12-61

❸ 选中标题占位符，重新设置占位符中的文字格式，可以在"开始"→"字体"选项组中设置文字格式，然后在占位符边框上单击鼠标右键，在弹出的快捷菜单中选择"置于顶层"→"置于顶层"命令，如图 12-62 所示。

图 12-62

❹ 将占位符移至图形上，并更改字体颜色为白色，如图 12-63 所示。

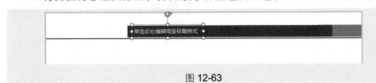

图 12-63

❺ 完成设置后退出母版视图，创建幻灯片时可以看到相同的标题框装饰效果，如图 12-64 所示。

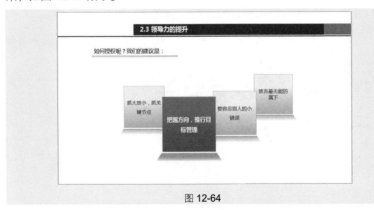

图 12-64

技巧 18　在母版中添加全篇统一的 LOGO 图片

在一些商务性的幻灯片中经常会将 LOGO 图片显示于每张幻灯片，一方面体现专业性，同时也起到修饰布局版面的作用。

如图 **12-65** 所示为所有幻灯片都使用了该公司的 LOGO 图片。

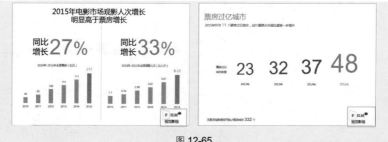

图 12-65

❶ 在"视图"→"母版视图"选项组中单击"幻灯片母版"按钮，进入母版视图中。在左侧选中主母版（见图 **12-66**），在"插入"→"图像"选项组中选择"图片"→"此设备"命令，如图 **12-67** 所示。

图 12-66　　　　　　　　　　图 12-67

❷ 在打开的"插入图片"对话框中找到 LOGO 图片所在路径并选中（见图 **12-68**），单击"打开"按钮，移动图片到需要的位置上，如图 **12-69** 所示。

图 12-68　　　　　　　　　　图 12-69

📑✐ **应用扩展**

LOGO 图片下面的文字部分可以使用添加文本框的方式来添加。

技巧 19　在母版中插入页脚

如果希望所有幻灯片都使用相同的页脚效果，也可以进入母版视图中进行编辑。

如图 **12-70** 所示为所有幻灯片都使用"发现需求，创造需求，满足需求"页脚的效果。

图 12-70

❶ 在"视图"→"母版视图"选项组中单击"幻灯片母版"按钮，进入母版视图中。在左侧选中主母版，在"插入"→"文本"选项组中单击"页眉和页脚"按钮（见图 **12-71**），打开"页眉和页脚"对话框。

❷ 选中"页脚"复选框，在下面的文本框中输入文字，如图 **12-72** 所示。

图 12-71

图 12-72

❸ 单击"全部应用"按钮，即可在母版中看到页脚文字，如图 **12-73** 所示。

图 12-73

❹ 设置完成后，关闭母版视图即可看到每张幻灯片都显示了相同的页脚。

应用扩展

除了插入页脚外，还可以插入日期和时间以及幻灯片编号等，如图 12-74 所示。

图 12-74

技巧 20　在母版中定制图片样式

如果要在过渡页和目录页中为插入的图片快速应用相同的样式，可以在母版视图中在相应的版式插入"图片"占位符并为图片设置外观样式。

❶ 在"视图"→"母版视图"选项组中单击"幻灯片母版"按钮，进入母版视图中。在左侧选中"过渡页"母版，选中"图片"占位符，在"形状格式"→"形状样式"选项组中单击"其他"按钮（见图 12-75），在打开的列表中选择样式即可。

❷ 此时可以看到图片占位符应用的外观样式，如图 12-76 所示。

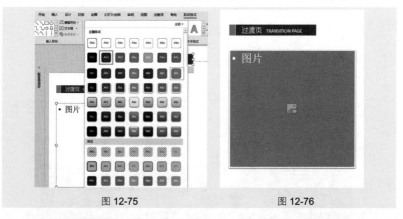

图 12-75　　　　　　　　　图 12-76

技巧 21　在母版中定制文字格式

无论是新建空白的演示文稿，还是套用模板或主题创建新演示文稿，我们看到标题文字与正文文字的格式都有默认的字体、字号。如果想更改整篇演示文稿中的文字格式（如标题想统一使用另外的字体或字号），可以进入幻灯片母版中进行操作。

如图 12-77、图 12-78 所示为在母版视图中统一定制的过渡页目录标题和内容文本格式。

图 12-77　　　　　　　　　　　　　　图 12-78

❶ 在"视图"→"母版视图"选项组中单击"幻灯片母版"按钮，进入母版视图中。在左侧选中"过渡页"母版，选中占位符内的文本后，在"开始"→"字体"选项组中分别设置字体格式、颜色、大小、字型等效果即可，如图 12-79 所示。

❷ 按照相同的操作方式，为下一段文本占位符内的文本设置字体格式即可，如图 12-80 所示。

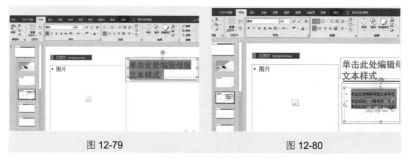

图 12-79　　　　　　　　　　　　　　图 12-80

❸ 返回普通视图后，插入版式，即可根据定制好的文字格式设计过渡页。

技巧 22　在母版中定制项目符号

从幻灯片的默认版式中可以看到，内容占位符中都有项目符号，用于显示不同级别的条目文本。如果对默认的项目符号样式不满意，可以进入母版中统一进行定制。

❶ 在"视图"→"母版视图"选项组中单击"幻灯片母版"按钮，进入母版视图中。在左侧选中母版，在右侧版式中选中要添加项目符号的文本，在"开

始"→"段落"选项组中单击"项目符号"按钮,在打开的下拉列表中选择"箭头项目符号"选项即可,如图 12-81 所示。

❷ 单击后,即可看到添加的项目符号效果,如图 12-82 所示。根据需要为其他级别文本添加项目符号即可。

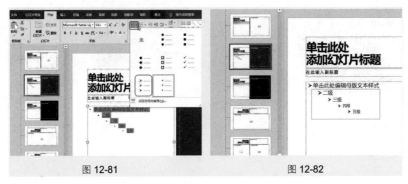

图 12-81   图 12-82

技巧 23   在母版中定制背景

新建演示文稿,默认的演示文稿为空白状态且为白色背景。用户可以使用其他颜色的背景进行重新设置,例如本例中要让所有幻灯片都使用图片背景。

❶ 在"视图"→"母版视图"选项组中单击"幻灯片母版"按钮,进入母版视图中。在左侧选中主母版,在右侧版式中单击鼠标右键,在弹出的快捷菜单中选择"设置背景格式"命令(见图 12-83),打开"设置背景格式"对话框。

❷ 在"填充"标签下选中"图片或纹理填充"单选按钮,并单击"图片源"下方的"插入"按钮(见图 12-84),打开"插入图片"对话框。

图 12-83   图 12-84

③ 选择合适的图片即可，如图 12-85 所示。

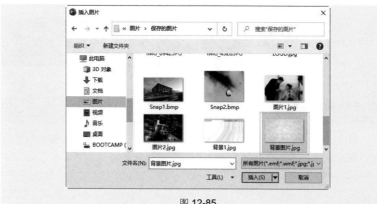

图 12-85

④ 单击"插入"按钮即可应用图片为所有幻灯片的背景，效果如图 12-86 所示。

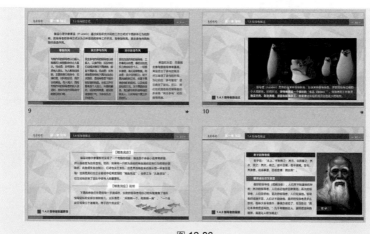

图 12-86

第 13 章 幻灯片中文本编辑技巧

技巧 1　下载并安装字体

要想让幻灯片的视觉效果更佳，其中的字体设置是一个非常重要的因素。如何去获得更多合适的字体呢？目前有很多字体网站可以下载丰富多样的字体，下载后安装即可使用。下面举例介绍从模板王网站下载并安装字体的方法。

❶ 打开浏览器，输入网址"http://fonts.mobanwang.com"，进入主页面，可以在搜索导向框中输入要使用的字体，也可以在页面字体列表区域选择所需字体，本例选择"九宫格字体"，如图 13-1 所示。

图 13-1

❷ 单击该字体后，在字体下载专题区显示出各种形式的九宫格字体，将鼠标光标定位到所需要的字体（见图 13-2），进入该字体的下载地址，如图 13-3 所示。

图 13-2

❸ 单击"点击进入下载"超链接，设置好下载字体的存放路径，如图 13-4 所示。

| 图 13-3 | 图 13-4 |

字体下载后，要进行安装才可以正常使用，安装步骤如下。

❶ 下载完成后，弹出"下载管理器"提示框，按照提示进行解压，如图 13-5 所示。

❷ 解压完成后，弹出安装对话框，单击"安装"按钮（见图 13-6），即可安装该字体。打开程序后在字体列表中即可显示此字体。

| 图 13-5 | 图 13-6 |

🔈 **专家点拨**

若下载的字体没有及时安装，也可以找到文件存放的位置，然后进行解压并安装即可。

技巧 2 众多文本时学会提炼关键内容

演示文稿里，如果说明性文本信息过多，会使观众无心观看，把不必要的文字和内容删减掉，只提炼并保留核心内容，是很重要的处理技巧。如图 13-7、图 13-8 所示为提取关键内容前后的效果。未排版前的幻灯片在总体上版面较拥挤，可读性差，通过字体格式的设置，可以使其达到比较良好的视觉效果。

图 13-7　　　　　　　　　图 13-8

除了大幅度删减内容，保留关键段落外，还可以通过以下几种方式来突出重点内容。

1. 文本图示化

压缩文本，转换文本表达方式，如让文本图示化，如图 13-9、图 13-10 所示为压缩文本前后的效果。

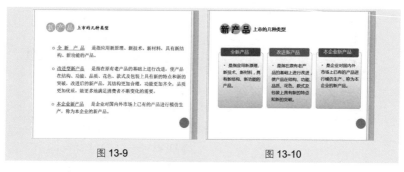

图 13-9　　　　　　　　　图 13-10

2. 注意提炼

提炼关键词或者保留关键段落，其余的文本可以采用建立批注的方式，如图 13-11、图 13-12 所示为建立批注前后的效果。

图 13-11　　　　　　　　　图 13-12

3. 条目化文本

对于无法精简的文本可以设置文本条目化，如改变文本级别、添加项目符号等，效果如图 13-13 所示。

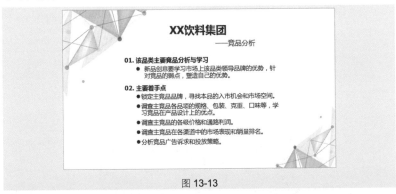

图 13-13

技巧3　文本排版时关键字要突出

无论是事先插入的占位符还是后来添加的文本框，默认字体一般为"等线"，字号大小为 18，占位符的文本大小由其文本级别决定。因此很多时候都需要根据设计思路对文字的格式进行设置，如标题文本一般都需要放大显示、内容文本需要保证清晰。另外，还有一些需要特殊设计的文本，以保证整个幻灯片版面的协调、美观。下面介绍文字排版的突出设计技巧。

对文字格式设置主要涉及文字的字体、大小、颜色、阴影、加粗、倾斜、下画线、突出显示颜色的强调效果等，个别文本还需要设置艺术效果以提升设计感。在演示文稿文本排版时，为了突出表达演示的重点内容，一般情况下，可以对关键字做有别于其他文本的特殊化设计，一方面可以突出重点，另一方面可以提高页面整体的图版率，比如改变字体颜色、加大效果字号、图形反衬等。

1. 变色

通过变色造成视觉上的色彩差，可以突出关键字，效果如图 13-14 所示。

2. 加大字号

通过加大字号，使得关键字在空间上被突出，效果如图 13-15 所示。

3. 图形反衬

通过图形反衬指向关键字，能加深阅读者印象，如图 13-16 所示。

图 13-14 　　　　　　　　　　图 13-15

图 13-16

技巧 4　排版时增减行间距

当文本包含多行时，行间距是非常紧凑的效果，根据排版要求，有时需要调整行距以获取更好的视觉效果。如图 13-17 所示为排版前的效果，如图 13-18 所示为增加行距后的效果。

图 13-17 　　　　　　　　　　图 13-18

选中文本框，在"开始"→"段落"选项组中单击"行距"下拉按钮，在打开的下拉列表中提供了几种行距，本例中选择"2.0"（默认为"1.0"），如图 13-19 所示。

图 13-19

📝 **应用扩展**

在"行距"按钮的下拉列表中可以选择"行距选项"命令，打开"段落"对话框。在"间距"栏中的"行距"下拉列表框中选择"固定值"选项，然后可以在后面的"设置值"文本框中设置任意间距值，如图 13-20 所示。

图 13-20

技巧 5　为文本添加项目符号

在幻灯片中编辑文本时，为了使得文本条理更加清晰，通常需要为其设置项目符号，如图 13-21 所示。

图 13-21

❶ 选取要添加项目符号的文本，在"开始"→"段落"选项组中单击"项目符号"下拉按钮，在打开的下拉列表中提供了几种可以直接套用的项目符号样式，如图 13-22 所示。

❷ 将鼠标指针指向项目符号样式时可预览效果，单击后即可应用。

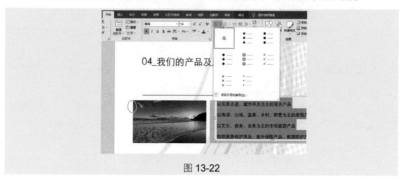

图 13-22

📝 应用扩展

如果想使用更加个性的项目符号，如图片项目符号，可以按下面的步骤操作。

❶ 在"项目符号"按钮的下拉列表中选择"项目符号和编号"命令，打开"项目符号和编号"对话框，如图 13-23 所示。

❷ 单击"图片"按钮，打开"插入图片"对话框，选择想作为项目符号显示的图片，如图 13-24 所示。

图 13-23   图 13-24

❸ 依次单击"插入""确定"按钮即可完成图片项目符号的设定。

技巧6　为条目文本添加编号

当幻灯片文本中包含一些列举条目时，一般可以为其添加编号，除了手动依次输入编号外，可以按如下方法一次性添加编号。

❶ 选中需要添加编号的文本内容，如果文本不连续，可以配合"Ctrl"键选中。

❷ 在"开始"→"段落"选项组中单击"编号"下拉按钮，在下拉列表中选择一种编号样式（见图 13-25），单击即可应用，如图 13-26 所示。

图 13-25

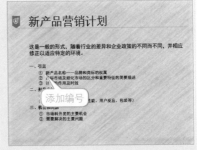

图 13-26

📢 **专家点拨**

也可以选择一处文本先添加编号，当其他地方的文本需要使用相同格式的编号时，利用格式刷快速刷取编号引用格式。

技巧 7　设置文字竖排效果

根据当前幻灯片的实际要求，可以设置文字为竖排效果，如图 13-27 所示。

选中文本框，在"开始"→"段落"选项组中单击"文字方向"按钮，在下拉列表中选择"竖排"选项即可，如图 13-28 所示。

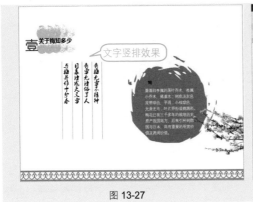

图 13-27

图 13-28

当一篇演示文稿中需要采用相同的文字格式时，为避免重复进行字体、字号的设置，可以采用格式刷来复制文字格式，然后在需要引用此格式的文本上刷一下即可快速引用格式。

❶ 选中需要引用其格式的文本（见图 13-29），在"开始"→"剪贴板"选项组中双击格式刷按钮 ，此时鼠标后带有小刷子形状的图标。

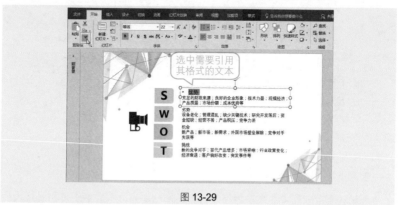

图 13-29

❷ 将该图标对准需要改变格式的文字，拖动鼠标，如图 13-30 所示。释放鼠标即可引用格式，如图 13-31 所示。

图 13-30　　　　　　　　图 13-31

❸ 按相同方法在下一处需要引用格式的文本上拖动。全部引用完成后，需要在"开始"→"剪贴板"选项组中再次单击按钮 取消格式刷的启用状态，如图 13-32 所示。

🔊 专家点拨

在使用格式刷按钮 时，如果只有一处需要引用格式，可以单击一次按钮 ，在格式引用后自动退出。如果有多处需要引用格式，则双击按钮 ，但使用完毕后需要手动退出其启用状态。

图 13-32

技巧 9　用图形做底纹突出或修饰文字

图形是幻灯片设计中常用的一个元素，它常用来设计文字，即用图形来反衬文字，既布局了版面又突出了文字，如图 13-33 与图 13-34 所示的幻灯片中使用了大量图形，实现了对多处文字的反衬。

图 13-33

图 13-34

在添加图形后，有时会使用在图形上添加文本框来输入文字，有时也会直接在图形上编辑文字。

选中图形，单击鼠标右键，在快捷菜单中选择"编辑文字"命令（见图 13-35），此时图形中出现闪烁光标，输入文字后如果需要设置文字的格式，则切换至"开始"→"字体"选项组中重新设置文字的字体、字号和颜色。

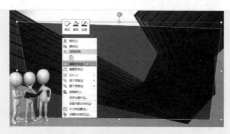

图 13-35

幻灯片中的文本可以通过套用样式快速应用艺术字效果。

❶ 选中文本，在"绘图工具"→"格式"→"艺术字样式"选项组中单击"其他"下拉按钮（见图 13-36），在下拉列表中显示了可以选择的艺术字样式，如图 13-37 所示。

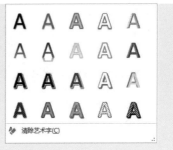

图 13-36　　　　　　　　　　　图 13-37

❷ 如图 13-38、图 13-39 所示为套用不同的艺术字样式后的效果。

图 13-38　　　　　　　　　　　图 13-39

应用扩展

这里套用的艺术字样式是基于原字体的，也就是在套用艺术字样式时不改变原字体，只能通过预设效果设置文字填充、边框、映像、三维等效果。当更改文字字体时，可以获取不同的视觉效果。如图 13-40 与图 13-41 所示为更改了字体后的艺术字效果。

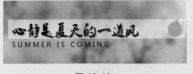

图 13-40　　　　　　　　　　　图 13-41

技巧 11　为大号标题文字应用内部填充效果

默认输入的文本都为单色显示，对于一些字号较大的文字，如标题文

高效随身查——Office 2021（必学的高效办公）应用技巧（视频教学版）

字，可以设置其不同的填充效果，如渐变填充、图片填充、图案填充等。如图 13-42 所示的标题文字设置了渐变填充效果，下面介绍操作方法。

❶ 选中文字，在"绘图工具"→"格式"选项卡的"艺术字样式"组中单击按钮 ⬚（见图 13-43），打开"设置形状格式"窗口。

图 13-42   图 13-43

❷ 单击"文本填充与轮廓"标签按钮，在"文本填充"栏中选中"渐变填充"单选按钮，在"预设渐变"下拉列表框中选择"顶部聚光灯 - 个性色 4"（见图 13-44），填充效果如图 13-45 所示。

图 13-44   图 13-45

❸ 在"类型"下拉列表框中选择"线性"选项，在"方向"下拉列表框中选择"线性向下"选项（见图 13-46），填充效果如图 13-47 所示。

❹ 单击按钮 ⬚，添加渐变光圈个数，选中第一个光圈，设置该光圈颜色，拖动光圈可调节幻灯片渐变区域（见图 13-48），添加光圈后可达到如图 13-49 所示的填充效果。

图 13-46

图 13-47

图 13-48

图 13-49

应用扩展

除了设置大号标题文字的渐变填充效果，还可以在"设置形状格式"窗格中选中"图片或纹理填充"单选按钮，设置其图片填充效果（见图 13-50）；选中"图案填充"单选按钮，设置其图案填充效果（见图 13-51）。

图 13-50

图 13-51

技巧 12　为大号标题文字应用轮廓线

对于一些字号较大的文字，如标题文字，还可以为其设置轮廓线条，这也是美化文字的一种方式。如图 13-52 所示为设置了轮廓线为白色实线后的效果。

❶ 选中文字并单击鼠标右键，在弹出的快捷菜单中选择"设置文字效果格式"命令，打开"设置形状格式"窗口。

❷ 单击"文本填充与轮廓"标签按钮，在"文本边框"栏中选中"实线"单选按钮。在"颜色"下拉列表框中选择"白色"，"宽度"设置为"3.5 磅"，如图 13-53 所示。

图 13-52　　　　　　　　　　　　　　　图 13-53

应用扩展

在设置线条时，除了选择线条的颜色与设置其宽度外，还可以在"复合类型"下拉列表中选择复合型线条，也可以在"短画线类型"下拉列表选择虚线样式，如图 13-54 所示。

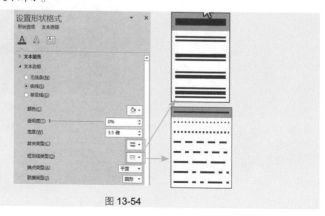

图 13-54

当幻灯片为深色背景时，为文字设置映像效果可以达到犹如镜面倒影的效果。

❶ 选中文字并单击鼠标右键，在弹出的快捷菜单中选择"设置文字效果格式"命令（见图 13-55），打开"设置形状格式"窗口。

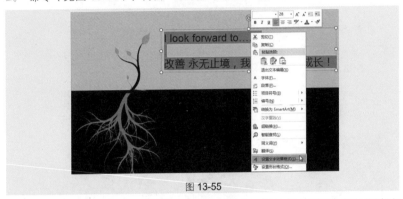

图 13-55

❷ 单击"文字效果"标签按钮，展开"映像"栏，在"预设"下拉列表中选择"全映像，8pt 偏移量"（见图 13-56），达到如图 13-57 所示的映射效果。

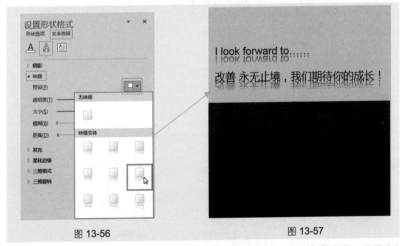

图 13-56　　　　　　　　　　　　　图 13-57

❸ 在第❷步操作过程中，如果对预设效果不满意，可以精确设置"透明度"为"63%"、"大小"为"75%"、"模糊"为"4 磅"、"距离"为"11 磅"等（见图 13-58），达到如图 13-59 所示的效果。

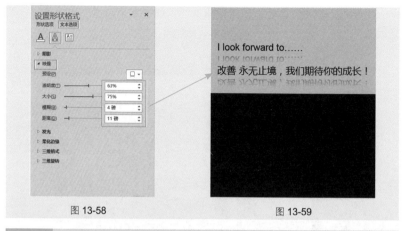

图 13-58　　　　　　　　　　　　图 13-59

技巧 14　无处不在的文本框

文字是幻灯片演示的核心，在建立幻灯片的过程中，文本框无时无刻不在使用着，因为文本框使用起来相对自由，需要使用时随时绘制添加即可。如图 13-60 所示的幻灯片中多处使用了文本框。

图 13-60

❶ 在"插入"→"文本"选项组中单击"文本框"下拉按钮，在下拉列表中选择"绘制横排文本框"选项，如图 13-61 所示。在目标位置上按住鼠标左键拖动即可绘制文本框，如图 13-62 所示。

图 13-61

❷ 鼠标定位于文本框内即可编辑文字，如果需要设置文字的格式，则切换至"开始"→"字体"选项组中重新设置文字的字体、字号和颜色，如图 13-63 所示。

图 13-62　　　　　　　　　图 13-63

技巧 15　快速美化文本框

文本框无时无刻不在使用着，因此在合适的应用环境下，采用合适的美化方式是非常重要的，可以套用样式快速美化文本框。

❶ 选中要编辑的文本框，在"形状格式"→"形状样式"选项组中单击"其他"下拉按钮（见图 13-64），在下拉列表中显示了可以选择的形状样式，如图 13-65 所示。

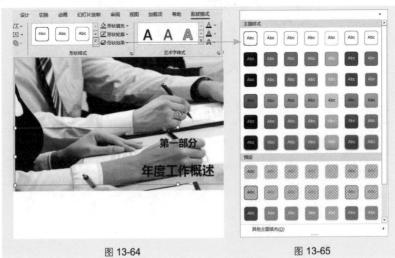

图 13-64　　　　　　　　　图 13-65

❷如图 13-66、图 13-67 所示为套用不同的形状样式后的效果。

图 13-66　　　　　　　　　　　　图 13-67

应用扩展

在建立幻灯片的过程中，文本框的使用非常多，多数情况下会使用无边框无填充的文本框。有时因应用环境需要会采用合适的美化方案，除了直接套用样式快速美化文本框样式外，还可以自定义设置文本框的线条样式、填充效果等。

❶选中文字，在"形状格式"→"形状样式"选项组中单击按钮 ▫（见图 13-68），打开"设置形状格式"右侧窗口，如图 13-69 所示。

❷展开"填充"栏，可设置文本框的填充效果。展开"线条"栏，可设置文本框的边框线条。

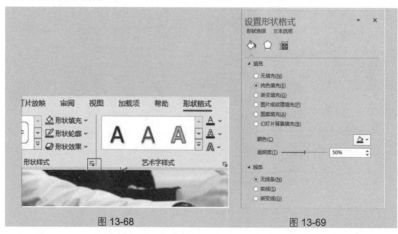

图 13-68　　　　　　　　　　　　图 13-69

技巧 16　快速将文本转换为 SmartArt 图形

在幻灯片中输入文本时，如果文本是直接输入在一个文本框或者同一占位符内，为了达到美化的效果，可以快速将文本转换为 SmartArt 图形。如图 13-70

所示为文本效果，如图 13-71 所示为将文本转换为 SmartArt 图形的效果。

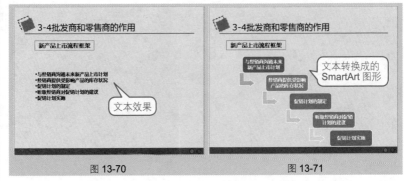

图 13-70　　　　　　　　　　　　图 13-71

❶ 选中文本所在文本框，在"开始"→"段落"选项组中单击"转换为SmartArt 图形"下拉按钮，在下拉列表中选择"其他 SmartArt 图形"命令，如图 13-72 所示。

❷ 打开"选择 SmartArt 图形"对话框，选择要使用的 SmartArt 图形的样式，如图 13-73 所示。

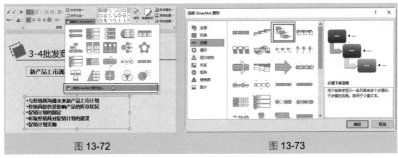

图 13-72　　　　　　　　　　　　图 13-73

❸ 单击"确定"按钮，即可将文本转换为 SmartArt 图形。

❹ 选中图形，在"SmartArt 设计"→"SmartArt 样式"选项组中可对图形的样式进行套用，以便快速美化。

🔊 专家点拨

在对文字进行 SmartArt 图形转换之前，需要重新整理文字内容，达到精简文字的效果。

技巧 17　当文本为多级别时如何转换为 SmartArt 图形

当文本不分级时，只要将文本分行显示，即可将其快速地转换为 SmartArt

图形；如果文本是分级的，如一个标题下面有几个细分项目，这种情况下就需要在转换前将文本的级别设置好，否则将无法转换为正确的 SmartArt 图形。

如图 13-74 所示的文本，直接转换后其效果如图 13-75 所示，这并不是正确的 SmartArt 图形。正确的转换方法如下。

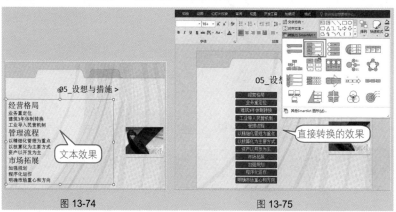

图 13-74　　　　　　　　　图 13-75

❶ 选中各小标题下面的文本，在"开始"→"段落"选项组中单击"提高列表级别"按钮，以改变文本的级别，如图 13-76 所示。

❷ 在"开始"→"段落"选项组中单击"转换为 SmartArt 图形"下拉按钮 ，在下拉列表中选择 SmartArt 图形样式，即可进行转换，如图 13-77 所示。

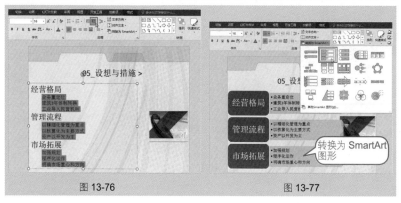

图 13-76　　　　　　　　　图 13-77

第14章 幻灯片中图片、图形、图表等对象的应用技巧

14.1 图片的应用及编辑技巧

技巧1 插入新图片

为了丰富幻灯片的表达效果，图片是幻灯片中必不可少的一个要素，图文结合，可以让幻灯片的表达效果更直观，并且更具观赏性。我们日常随处可见图片应用丰富的幻灯片，那么如何向幻灯片中添加图片呢？操作步骤如下。

1. 添加单张图片

❶ 选中目标幻灯片，在"插入"→"图像"选项组中选择"图片"→"此设备"命令（见图 14-1），打开"插入图片"对话框，找到图片存放的位置，选择图片，如图 14-2 所示。

图 14-1　　　　　　　　　　　　　　图 14-2

❷ 单击"插入"按钮，图片插入后，可根据版面调整图片的大小和位置，达到如图 14-3 所示的效果。

2. 一次性添加多张图片

如果幻灯片页面设计需要使用多张图片（如有时会使用多张小图以达到某种表达效果），此时可以一次性将多张图片同时添加进来。

❶ 选中目标幻灯片，在"插入"→"图像"选项组中选择"图片"→"此设备"命令，打开"插入图片"对话框，找到图片存放的位置。

❷ 打开图片文件夹，用鼠标一次性拖曳选取文件夹中所需要的多张图片，如图 14-4 所示。

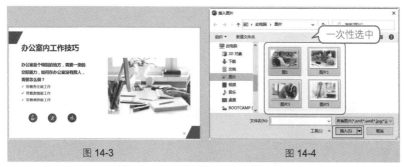

图 14-3　　　　　　　　　　图 14-4

❸ 单击"插入"按钮，即可一次性插入选中的图片，如图 14-5 所示。

❹ 插入图片后，可调整图片大小和位置并添加相关元素，达到如图 14-6 所示的效果。

图 14-5　　　　　　　　　　图 14-6

技巧 2　调整图片大小和位置

要想在幻灯片中使用图片，首先必须插入图片，但插入的图片其大小和位置也许并不适合版面设计要求（见图 14-7），为了达到预期的设计效果，需要对图片的大小和位置进行调整。下面介绍操作技巧。

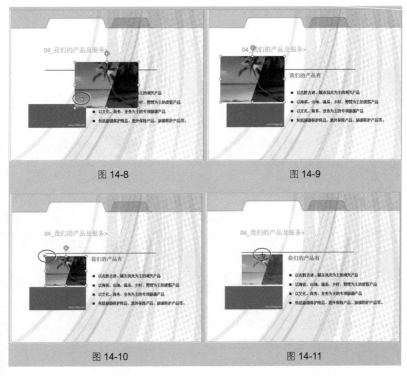

图 14-7

选中图片（见图 14-8），移动图片至左上方（见图 14-9），将鼠标指针指向拐角尺寸控制点，按住鼠标左键不放拖动鼠标可成比例缩放图片（见图 14-10），将鼠标指针指向拐角以外的其他尺寸控制点，可调整图片的高度和宽度，如图 14-11 所示。

图 14-8

图 14-9

图 14-10

图 14-11

技巧 3　根据幻灯片版面裁剪图片

如图 **14-12** 所示，幻灯片中插入的图片是矩形的，包含了较多无用部分，大小和位置均不适应插进右上方"**BOOK**"图标内，用户可以通过裁剪得到如图 **14-13** 所示的图片效果。

图 14-12　　　　　　　　　　图 14-13

❶ 选中图片，在"图片格式"→"大小"选项组中单击"纵横比"按钮，在下拉列表框中选择"1:1"，此时图片中会出现 8 个裁切控制点并默认为正方形裁剪区域，使用鼠标左键拖动相应的控制点到合适的位置（见图 **14-14**），单击"裁剪"按钮即可完成对图片的裁剪。

❷ 选择"裁剪"→"裁剪为形状"命令，在子菜单中选择"流程图"栏中的"连接点"图形，单击鼠标左键即可实现裁剪，如图 **14-15** 所示。

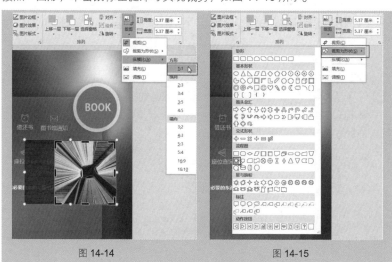

图 14-14　　　　　　　　　　　　　图 14-15

❸ 根据版面要求，使用鼠标左键拖动相应的控制点到合适的位置即可得到如图 14-13 所示的效果。

🔈 **专家点拨**

在裁剪图片纵横比为 1∶1 时，程序会自动默认裁剪正方形区域，当将图形更改为其他样式时，图形也依然保持 1∶1 的正图形样式。如果要自定义裁剪图片，可以通过调整四周的裁剪控制点实现。

技巧 4　快速删除图片背景

插入图片后，还可以将图片的背景删除，就像 Photoshop 中的 "抠图" 功能一样。如图 14-16 所示是原图片，将其背景删除后效果如图 14-17 所示。

图 14-16　　　　　　　　　　　　图 14-17

❶ 选中图片，在 "调整" 选项组中单击 "删除背景" 按钮（见图 14-18）即可进入背景消除状态，变色的部分表示要删除的区域，保持本色的部分为要保留的区域。

❷ 在 "背景消除" → "优化" 选项组中单击 "标记要保留的区域" 按钮（见图 14-19），在需要保留的区域单击或者拖动鼠标（绿色部分即是要保留的标记）（见图 14-20），按需依次选中其他要保留的区域即可。

❸ 标记完成后，在 "关闭" 选项组中单击 "保留更改" 按钮（见图 14-21），即可删除图片背景。

📖 **应用扩展**

如果有想删除而未变色的区域，则在 "优化" 选项组中单击 "标记要删除的区域" 按钮，将光标移动到图片上，单击需要删除的区域即可。

如果要恢复图片原始状态，可以在 "关闭" 选项组中单击 "放弃所有更改" 按钮，即可取消删除背景操作。

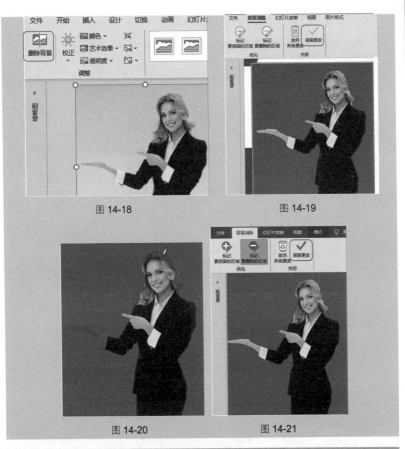

图 14-18

图 14-19

图 14-20

图 14-21

技巧5 设计全图型幻灯片

全图通常都是作为幻灯片的背景使用。使用全图作为幻灯片的背景时，注意要选用背景相对单一的图片，以便为文字预留空间；更多时候会使用图形遮挡来预留文字空间。

全图型 PPT 中的文字可以简化到只有一句，这样，重要的信息就不会被干扰，观众能完全聚焦在主题上。在幻灯片中插入图片之后，如果通过手动调整图片适应幻灯片页面，会导致纵横比混乱从而使得图片变形，这里可以通过"剪贴板"功能设置图片尺寸。

❶ 按照前面介绍的方法在一张空白幻灯片中插入图片，选中图片并在"开始"→"剪贴板"选项组中选择"剪切"命令，如图 14-22 所示。

❷ 在"设计"→"自定义"选项组中选择"设置背景格式"命令，如

图 14-23 所示，打开"设置背景格式"窗格。

图 14-22

图 14-23

❸ 设置"填充"为"图片或纹理填充"，再单击"图片源"下的"剪贴板"按钮，如图 14-24 所示。

图 14-24

❹ 继续在图片上绘制一个矩形（14.2 节会介绍图形的绘制技巧），并打开"设置形状格式"窗口，设置"填充"为"纯色填充"，并修改颜色为"白色"，调整透明度为"39%"，最后设置"线条"为"无线条"，如图 14-25 所示。

❺ 返回幻灯片后在文本占位符中输入文本，即可完成简单的全图型幻灯片的设计，效果如图 14-26 所示。

图 14-25

图 14-26

技巧 6　图片的边框修整

　　如图 14-27 所示，是插入图片的原本样式，通过边框设置可以使图片得到调整，如图 14-28 所示。

图 14-27

375

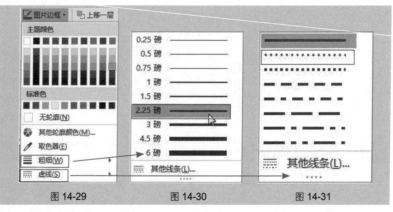

图 14-28

选中幻灯片中的图片，在"图片格式"→"图片样式"选项组中单击"图片边框"下拉按钮，在下拉列表框中选择图片边框颜色为"蓝色"，设置边框的"粗细"为"2.25磅"，"虚线"为"圆点"，如图14-29、图14-30、图14-31所示。

图 14-29　　　　　　　图 14-30　　　　　　　图 14-31

📖✏ **应用扩展**

除了在以上功能区域设置图片的边框效果以外，还可以打开"设置图片格式"窗口进行边框线条的设置。

选中图片，在"图片格式"→"图片样式"选项组中单击按钮 ▣（见图14-32），打开"设置图片格式"窗口，单击"填充与线条"标签按钮，展开"线条"栏，选中"实线"单选按钮，即可设置边框线条的相关参数，如图14-33所示。

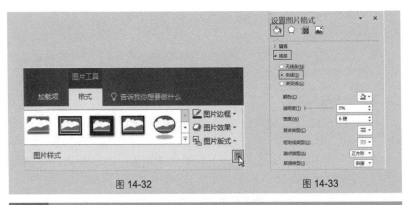

图 14-32　　　　　　　　　　　　　图 14-33

技巧 7　将多个图片更改为统一的外观样式

在幻灯片中使用多个图片时，我们通常要为多图片使用相同的外观，以保证幻灯片布局整体的协调统一。如图 14-34 所示各图片使用不同的外观样式，如图 14-35 和图 14-36 所示多个图形均为统一的外观形状，显然效果要优于未更改前的效果，整体看起来也更加协调统一。

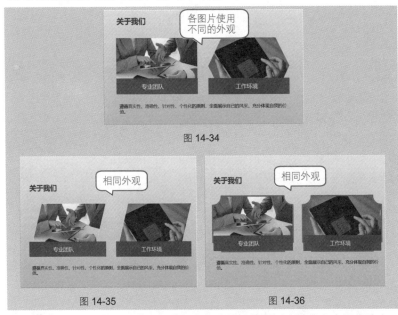

图 14-34

图 14-35　　　　　　　　　　　　　图 14-36

设置多个图片的统一外观，其要点是在设置前要一次性将多个图片选中，然后再进行设置。其设置操作则应用于选中的所有图片上。

1. 设置统一边框

按住"Ctrl"键不放，依次选中幻灯片中的多张图片，在"图片格式"→"图片样式"选项组中单击"图片边框"下拉按钮，按技巧 6 的方法分别设置线条的边框颜色、线条颜色、线条样式等，可得到如图 14-35 所示的效果。

2. 裁剪为相同形状

按住"Ctrl"键不放，依次选中幻灯片中的多张图片，在"图片格式"→"大小"选项组中单击"裁剪"下拉按钮，在下拉列表中选择"裁剪为形状"命令，在弹出的子列表中选择"椭圆"图形，如图 14-37 所示。执行操作后，程序自动将所有选中的图片裁剪成指定的形状样式，即得到如图 14-36 所示的效果。

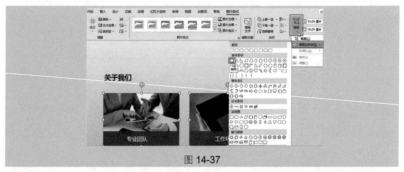

图 14-37

技巧 8　套用图片样式快速美化图片

图片样式是程序内置的用来快速美化图片的模板，它包括边框、柔化、阴影、三维效果等，如果没有特殊的设置要求，通过套用样式是快速美化图片的捷径。如图 14-38 所示为套用了"柔化边缘椭圆"图片样式后的效果，如图 14-39 所示为套用了"映像棱台 - 黑色"图片样式后的效果。

图 14-38　　　　　　　　　　图 14-39

❶ 按住"Ctrl"键不放，依次选中幻灯片中的多张图片，在"图片格式"→"图片样式"选项组中单击"其他"下拉按钮（见图 14-40），在下拉列表中显示

高效随身查——Office 2021 必学的高效办公应用技巧（视频教学版）

了可以选择的图片样式，如图 **14-41** 所示。

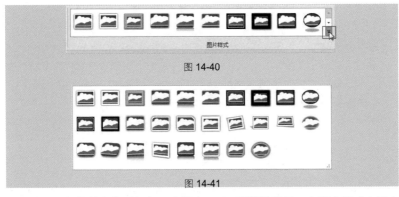

图 14-40

图 14-41

❷ 将鼠标指针定位到任意图片样式，即可预览其效果，在指定样式上单击鼠标左键就可以应用该样式。

🔊 专家点拨

如果要一键恢复图片原始状态，可以在"图片格式"→"调整"选项组中单击"重置图片"按钮（见图 14-42），即可取消所有格式。

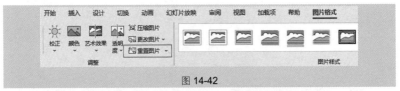

图 14-42

技巧 9 将多图片应用 SmartArt 图形快速排版

如图 **14-43** 所示是排列好的图片样式，如果想要进一步美化图片，可以将其转换为如图 **14-44** 所示的 SmartArt 图形样式。在 PPT 中具备这种将多图直接转换为 SmartArt 图形的功能。

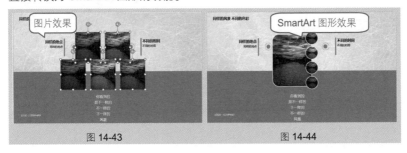

图 14-43

图 14-44

❶ 一次性选中多幅图片（见图 14-45），在"图片格式"→"图片样式"选项组中单击"图片版式"下拉按钮，在下拉列表中选择"重音图片"SmartArt 图形，如图 14-46 所示。

❷ 系统会将图片以所选择的版式显示出来，如图 14-47 所示。

❸ 在左侧的"文本"区域中可以输入各个名称，如果不需要名称可以依次输入空格，这样可以巧妙地将 SmartArt 图形中的"文本"字样隐藏起来，如图 14-48 所示即为隐藏了"文本"字样的效果。

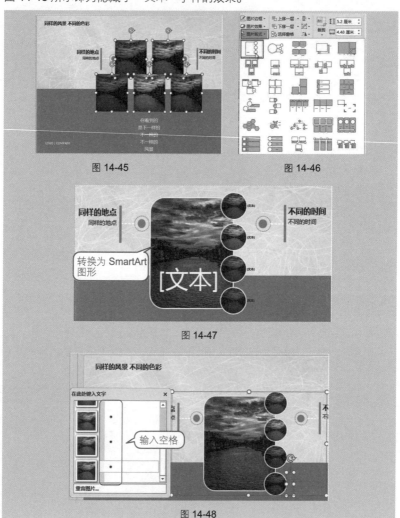

图 14-45　　　　　　　　　　　　　　　　　　图 14-46

图 14-47

图 14-48

✎ 应用扩展

通过应用不同的图片版式可以达到快速排版多张图片的目的。例如，应用"螺旋图"版式，其排版效果如图 14-49 所示。应用"蛇形图片题注列表"版式，其排版效果如图 14-50 所示。

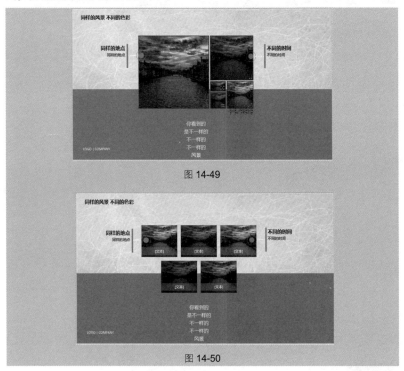

图 14-49

图 14-50

14.2 图形的应用及编辑技巧

技巧 10 图形常用于布局版面

版面布局在幻灯片的设计中是极为重要的，合理的布局能瞬间给人带来设计美感，提升观众的视觉享受。而图形是布局版面最重要的元素，一张空白的幻灯片，经过图形布局可立即呈现不同的布局。

如图 14-51 所示的幻灯片，通过直线提拉设计和透明三角形效果，使得幻灯片中的元素具有立体感。

如图 14-52 所示的幻灯片对过渡页幻灯片使用了矩形布局页面。

图 14-51

图 14-52

技巧 11　图形常用于表达数据关系

除了程序自带的各种图表类型之外，还可以利用不同图形的组合设计来表达数据关系，这也是图形的重要功能之一。

如图 14-53 所示的幻灯片，通过多图形组合表达的是一个列举的数据关系。

图 14-53

如图 14-54 所示的幻灯片表达的是一种顺序流程的关系。

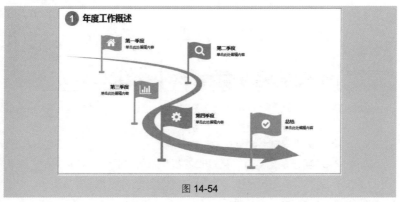

图 14-54

技巧12 选用并绘制需要的图形

通过以上几个技巧对图形的认识，我们知道了图形在幻灯片设计中发挥着巨大作用。那么，要想合理应用图形，则需要先向幻灯片中绘制图形。

❶ 首先打开目标幻灯片，在"插入"→"插图"选项组中单击"形状"下拉按钮，此列表中显示了众多图形样式，可根据实际需要选择使用。例如，此处选择"圆角矩形"图形样式，如图14-55所示。

❷ 此时光标变成十字形状，按住鼠标左键拖动即可进行绘制（见图14-56），释放鼠标即可绘制完成，效果如图14-57所示。

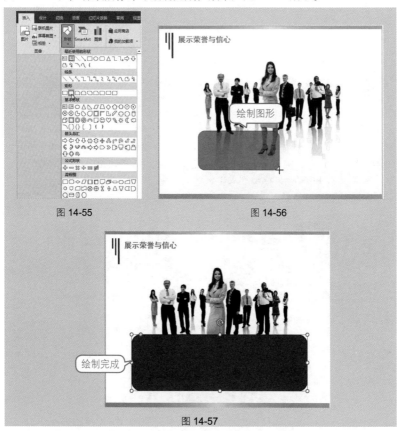

图14-55　　　　　　　　　　图14-56

图14-57

❸ 如果需要向图形中添加文本，则选中图形，单击鼠标右键，在弹出的快捷菜单中选择"编辑文字"命令（见图14-58），此时图形中出现闪烁光标，输入文字即可，也可以重新设置图形的颜色，如图14-59所示。

图 14-58　　　　　　　　　　　　　图 14-59

应用扩展

图形绘制完成后，有时因版面布局需要调整图形的大小，其调整方法与调整图片一样。

选中图形，鼠标指针指向图形上方或下方尺寸控制点，光标变为双箭头（见图 14-60），按住鼠标左键不放，光标变为十字形状，向下拖动控制点调整图形的高度。将鼠标指针指向图形左侧或右侧尺寸控制点，光标变为双箭头（见图 14-61），拖曳控制点可调整图形的宽度。将鼠标指针指向拐角，光标变为双箭头（见图 14-62），拖动可成比例缩放图形。

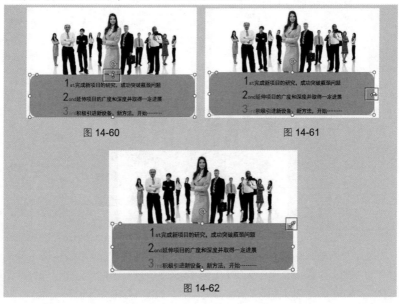

图 14-60　　　　　　　　　　　　　图 14-61

图 14-62

📣 **专家点拨**

　　"应用扩展"中调整图形的大小时，拐角控制点移动的角度不一样，图形的尺寸也呈不规则缩放，呈水平（垂直）角度移动等同于左右（上下）控制点移动，想要成比例缩放，需要完成相关设置（后面相关技巧会讲解操作步骤）。用户也可以在图形上绘制文本框，实现任意文本的添加。

技巧 13　等比例缩放图形

　　在幻灯片中插入图形后，调整图形大小时如果直接采用手工拖动的方式很难精确掌握横纵比例，容易造成比例失调。例如，想放大图 **14-63** 所示的图形，结果手动调整变成了如图 **14-64** 所示的样式。此时可以先锁定图形的纵横比，然后再进行拖动调整。

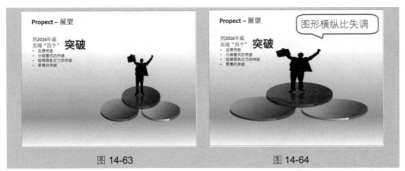

图 14-63　　　　　　　　　　　　　　　　图 14-64

　　❶ 在"形状格式"→"大小"选项组中单击按钮 ⤢，打开"设置形状格式"窗口。在"大小"栏中选中"锁定纵横比"复选框，如图 **14-65** 所示。

　　❷ 单击"关闭"按钮。调整图形时，将鼠标指针定位于拐角处的控制点上，按住鼠标左键进行拖动即可实现图形等比例缩放，如图 **14-66** 所示。

图 14-65　　　　　　　　　　　　　　　　图 14-66

技巧 14 自定义图形的填充颜色

图形在幻灯片中的使用是非常频繁的，通过绘制图形、组合图形等操作可以获取多种不同的版面效果。绘制图形后，填充颜色的设置是图形美化中的一个重要步骤。

❶ 选中目标图形，在"形状格式"→"形状样式"选项组中单击"形状填充"下拉按钮，在"主题颜色"列表中选择颜色即可应用于选中的图形，也可以选择"其他填充颜色"命令，如图 14-67 所示。

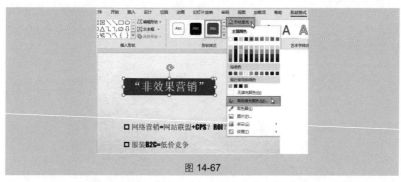

图 14-67

❷ 打开"颜色"对话框，在"标准"选项卡中选择标准色，也可以选择"自定义"选项卡（见图 14-68），通过"红色（R）"、"绿色（G）"和"蓝色（B）"值来设置精确的颜色值，如图 14-69 所示。

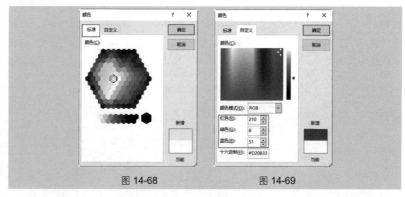

图 14-68   图 14-69

🔊 专家点拨

RGB 色彩模式是工业界的一种颜色标准，通过对红（R）、绿（G）、蓝（B）3 个颜色通道的变化以及它们相互之间的叠加来得到各种颜色。这个标准几乎包括了人类视力所能感知的所有颜色，是目前运用最广泛的颜色系统之一。

技巧 15　模仿配色时可以用取色器

合理的配色是提升幻灯片质量的关键所在，但若非专业的设计人员，在配色方面往往达不到满意的效果，而 PowerPoint 2021 为用户提供了"取色器"功能，即当看到某个较好的配色效果时，可以使用"取色器"快速拾取它的颜色，而不必知道它的 RGB 值。这为初学者配色提供了很大的便利。

在"形状填充""形状轮廓""文本填充""背景颜色"等涉及颜色设置的功能按钮下都可以看到有一个"取色器"命令，因此当涉及引用网络完善的配色方案时，可以借助此功能进行色彩提取。具体方法如下。

❶ 将所需要引用其色彩的图片复制到当前幻灯片中来（先暂时放置，用完之后再删除），如图 14-70 所示。

图 14-70

❷ 选中需要更改色彩的图形，比如"城市的定义"文本框，在"形状格式"→"形状样式"选项组中单击"形状填充"按钮，在打开的下拉列表中选择"取色器"命令，如图 14-71 所示。

❸ 此时鼠标指针变为类似于笔的形状，将光标移到想拾取其颜色的位置，就会拾取该位置下的色彩，如图 14-72 所示。

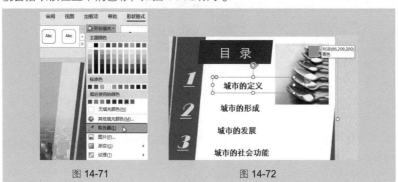

图 14-71　　　　　　　　　　图 14-72

❹ 确定填充色彩后，单击即可完成对色彩的拾取，如图 **14-73** 所示。按相同的方法拾取颜色，然后删除为引用颜色而插入的图片，效果如图 **14-74** 所示。

图 14-73 　　　　　　　　　　　　　图 14-74

应用扩展

也可以使用"取色器"拾取幻灯片已有的布局元素的颜色，这样可以提高工作效率，如图 **14-75** 所示的幻灯片中就使用了多种色彩。设置标题框的颜色时可以通过拾取的方式来获取。

图 14-75

技巧 16　自定义图形的边框线条

图形的边框线条设置也是图形美化的一项操作。如图 **14-76** 所示的几个平行四边形的标题框设置了黄色虚线的线条效果。

❶ 选中图形，在"形状格式"选项卡的"形状样式"选项组中单击按钮 ，打开"设置形状格式"窗口。

❷ 单击"填充与线条"标签按钮，在"线条"栏中选中"实线"单选按钮。在"颜色"下拉列表框中选择"金色，个性色 4，淡色 40%"，"宽度"设置为"2.75 磅"，在"短画线类型"下拉列表框中选择"圆点"，如图 **14-77** 所示。

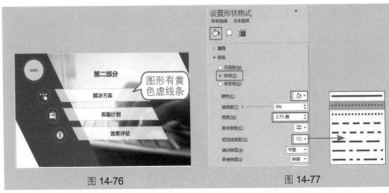

| 图 14-76 | 图 14-77 |

❸ 单击"关闭"按钮，即可让选中图形达到如图 **14-76** 所示的效果。

技巧 17 　设置半透明图形效果

添加图形后可以为其设置半透明的显示效果，尤其是在全图形幻灯片中经常使用半透明的图形遮挡来绘制文字编辑区域，如图 **14-78** 所示。

图 14-78

选中图形，在"形状格式"选项卡的"形状样式"选项组中单击按钮 （见图 **14-79**），打开"设置形状格式"窗口。拖动"透明度"滑块调整透明度为"**23%**"，如图 **14-80** 所示。

| 图 14-79 | 图 14-80 |

本例仍然使用半透明的图形遮挡来实现绘制文字编辑区域，如图 14-81 所示。

图 14-81

❶ 打开以图片作为背景的全图形幻灯片后，绘制一个大小合适的图形，并通过复制的方法复制 3 个相同的图形，再逐一调整这些图形的尺寸和摆放位置，最终摆放效果如图 14-82 所示。

❷ 选中多个图形后，打开"设置形状格式"窗口（见图 14-83）。设置"线条"为"无线条"；设置"填充"为"幻灯片背景填充"即可。

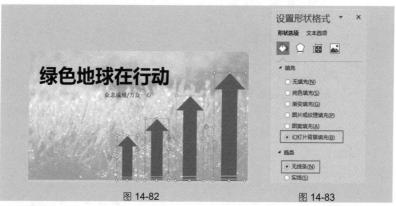

图 14-82　　　　　　　　　　　图 14-83

🔊 专家点拨

这里的全图形幻灯片中，首先插入了图片，然后在图片上覆盖插入一个和页面长宽相等的矩形，并设置矩形轮廓和填充色以及调整透明度后，才可以实现本例的"幻灯片背景填充"效果。

技巧 19　快速框选多对象

在编辑幻灯片时，经常要对多个对象进行操作，如图形、图片、文本框等。

高效随身查——Office 2021 必学的高效办公应用技巧（视频教学版）

在操作前需要准确地选中对象，因此，如果想一次性选中多个需要进行相同操作的对象，可以按如下方法实现。

❶ 在"开始"→"编辑"选项组中单击"选择"按钮，在下拉菜单中选择"选择对象"命令以开启选择对象的功能（默认是开启的，如果被无意中关闭了，则可按此方法开启）。

❷ 按住鼠标左键拖动，选中所有需要选择的对象（见图 14-84），释放鼠标即可将框选位置上的所有对象都选中，如图 14-85 所示。

图 14-84   图 14-85

技巧 20 多图形的快速对齐处理

在制作幻灯片时经常多图形同时使用，在多图形使用中有一个重要的原则：该对齐的对象一定要保持对齐效果，否则不但会导致页面元素杂乱无章，而且也会影响幻灯片的整体布局效果。如图 14-86 所示为图形随意放置的效果，而如图 14-87 所示的图形则排列整齐、工整大方。

图 14-86   图 14-87

要想实现对多图表的快速排列，可以按如下操作方法实现。

❶ 选中左边小图形，在"绘图工具"→"格式"→"排列"选项组中单击"对齐"下拉按钮，在下拉菜单中选择"左对齐"命令（见图 14-88），即可达到如图 14-89 所示的效果。

❷ 选择"左对齐"命令之后，需要调整纵向距离，保持图形的选中状态，在下拉菜单中选择"纵向分布"命令（见图 14-90），达到如图 14-91 所示的效果。

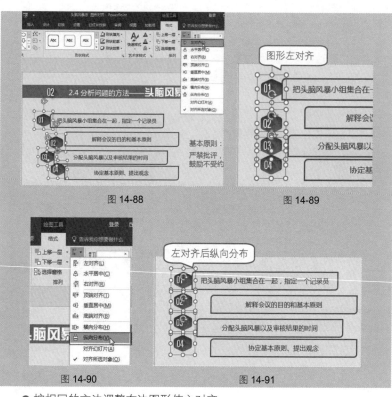

图 14-88　　　　　　　　图 14-89

图 14-90　　　　　　　　图 14-91

③ 按相同的方法调整右边图形使之对齐。

应用扩展

PPT 在 2013 版本之后就具备了自动对齐及参考线的功能，即对于幻灯片上的图形、图片等对象可以在移动时显示参考线（左对齐、顶端对齐、居中对齐、相等间距等），便于移动对象后释放鼠标即可对齐。如图 14-92 所示显示了左对齐与相等间隔的参考线，如图 14-93 所示显示了顶端对齐的参考线，出现参考线后释放鼠标即可实现对齐的效果。

图 14-92　　　　　　　　图 14-93

技巧 21　多图形按叠放次序的调整

如图 14-94 所示，三角形图形在两个图形上面，那么如何将其放置到这两个图形的下面，达到如图 14-95 所示的效果呢？

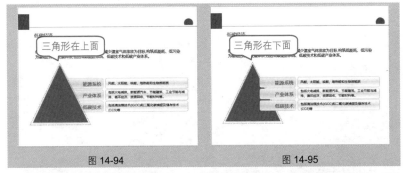

图 14-94　　　　　　　　　　　图 14-95

❶ 选中三角形，单击鼠标右键，在弹出的快捷菜单中选择"置于底层"→"置于底层"命令，如图 14-96 所示。

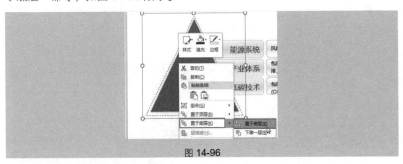

图 14-96

❷ 执行命令后，即可看到图片重新叠放后的效果。

应用扩展

除了在快捷菜单中选择"置于底层"命令外，还可以在菜单栏中实现上述操作效果。

在"形状格式"→"排列"选项组中单击"下移一层"下拉按钮，在下拉菜单中选择"置于底层"命令即可。

专家点拨

本例只进行了一次调整就达到了想要的效果，如果是更多图形组合使用，可能需要进行多次上移或下移才能达到目的，可以执行"上移一层"或"下移一层"命令逐步调整。

技巧 22 完成设计后组合多图形为一个对象

当使用多个图形完成一个设计后，可以将多个对象组合成一个对象，方便整体移动或调整。

❶ 按住鼠标左键拖动框选所有需要选择的对象（见图 **14-97**），释放鼠标即可将框选区域内的所有对象都选中，如图 **14-98** 所示。

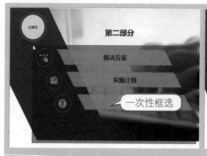

图 14-97

图 14-98

❷ 在"形状格式"→"排列"选项组中单击"组合"下拉按钮，在下拉菜单中选择"组合"命令（见图 **14-99**），操作完成之后，即可将所有的图形组合为一个对象，如图 **14-100** 所示。

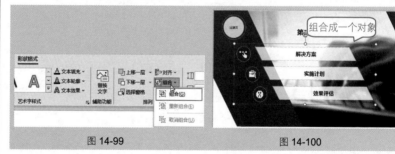

图 14-99

图 14-100

📝 **应用扩展**

设置为一个对象的图形如果要取消组合，先选中图形，在"形状格式"→"排列"选项组中单击"组合"下拉按钮，在下拉菜单中选择"取消组合"命令即可。

技巧 23 用格式刷快速刷取图形的格式

和在 Word 文档中引用文本的格式一样，当在 PPT 中设置好图形的效果后，如果其他图形也要使用相同的效果，则可以使用格式刷来快速引用格式。

❶ 选中设置了格式后的图形（见图 **14-101**），在"开始"→"剪贴板"

选项组中单击按钮 ，此时光标变成小刷子形状，然后移动到需要引用其格式的图形上单击鼠标，如图 14-102 所示。

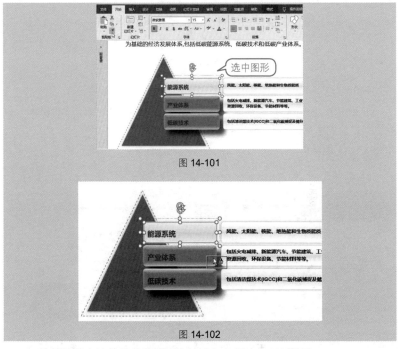

图 14-101

图 14-102

❷ 按相同的方法给其他图形刷取格式，如图 14-103 所示。

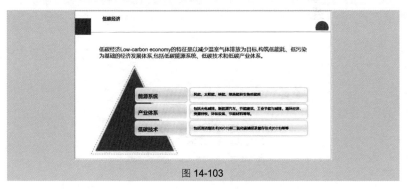

图 14-103

🔈**专家点拨**

　　如果多处需要使用相同的格式，则可以双击按钮 ，依次在目标对象上单击，全部引用完成后再次单击按钮 💡 退出即可。

技巧 24 会选用合适的 SmartArt 图形

SmartArt 图形在幻灯片中的使用也非常广泛，它可以让文字图形化，并且通过选用合适的 SmartArt 图形类型，可以很清晰地表达出各种逻辑关系，如并列关系、循环关系、流程关系等。

1. 并列关系

并列关系，表示句子或词语之间具有的一种相互关联，或是同时并举，或是同地进行的关系，如图 14-104 所示。

2. 循环关系

循环关系，表示事物周而复始地运动或变化的关系，如图 14-105 所示。

图 14-104 图 14-105

3. 流程关系

流程关系，表示事物进行中的次序或顺序的布置和安排关系，如图 14-106 所示。

图 14-106

除了以上经常用到的 SmartArt 图形外，还有一些图形表示层次结构以及内部关系等，种类繁多，所以选择合适的 SmartArt 图形是非常重要的。

技巧 25　SmartArt 图形形状不够时要添加

根据所选择的 SmartArt 图形的种类，其默认的形状也各不相同，但一般都只包含两个或 3 个形状。当默认的形状数量不够时，用户可以自行添加更多的形状来进行编辑。

在如图 14-107 所示的图表中，"展示荣誉"后面还有一个"节目清单"，因此需要添加形状达到如图 14-108 所示的效果。

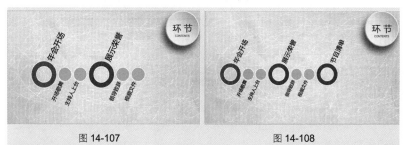

图 14-107　　　　　　　　　　　　图 14-108

❶选中空心图形，在"SmartArt 工具"→"设计"→"创建图形"选项组中单击"添加形状"按钮，在下拉菜单中选择"在后面添加形状"命令（见图 14-109），即可在所选形状后面添加新的形状，如图 14-110 所示。

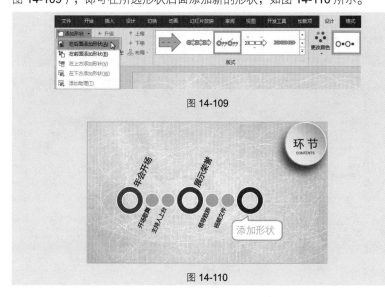

图 14-109

图 14-110

❷ 添加形状后，在文本窗格中输入文本并对图形进行格式设置，即可达到如图 **14-108** 所示的效果。

📢 专家点拨

在添加形状时需要注意的是，有的是添加同一级别的形状，有的是添加下一级别的形状。用户要确保准确选中图形，然后按实际需要进行添加即可。

📝 应用扩展

在 SmartArt 图形中，选择"在后面添加形状"命令，无法跳跃级别完成添加形状操作。例如，上例中想要在"节目清单"后面再添加下一级别的实心图形，选中实心图形并执行"在后面添加形状"命令后，图形只能添加在"节目清单"之前，想要达到预期的效果，需要在添加形状后进行降级处理（在技巧 26 中会介绍）。

技巧 26　SmartArt 图形文本级别不对时要调整

在 SmartArt 图形中编辑文本时，会涉及目录级别的问题，如某些文本是上一级文本的细分说明，这时就需要通过调整文本的级别来清晰地表达文本之间的层次关系。

如图 **14-111** 所示，"节目清单"文本的以下两行是属于对该标题的细分说明，所以应该调整其级别到下一级中，以达到如图 **14-112** 所示的效果。

❶ 在文本窗格中将"小品"和"歌舞"两行一次性选中，然后在"SmartArt设计"→"创建图形"选项组中单击"降级"按钮（见图 **14-113**），达到如图 **14-114** 所示的效果。

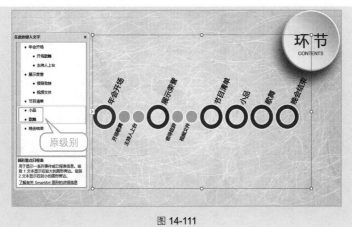

图 14-111

高效随身查——Office 2021 必学的高效办公应用技巧（视频教学版）

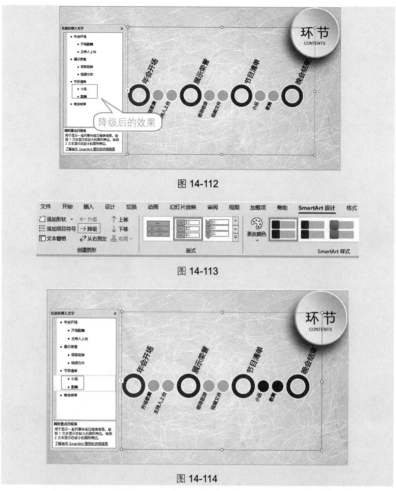

图 14-112

图 14-113

图 14-114

❷ 降级处理后，对图形进行格式设置，即可达到如图 **14-112** 所示的效果。

技巧 27　通过套用样式模板一键美化 SmartArt 图形

创建 SmartArt 图形后，可以通过 SmartArt 样式进行快速美化，SmartArt 样式包括颜色样式和特效样式。如图 **14-115** 与图 **14-116** 所示的幻灯片即为应用样式模板后的效果。

❶ 选中 SmartArt 图形，在"SmartArt 设计"→"SmartArt 样式"选项组中单击"更改颜色"按钮，在下拉列表中选择"渐变范围 - 个性色 1"，如图 **14-117** 所示。

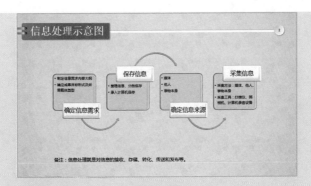

图 14-115

图 14-116

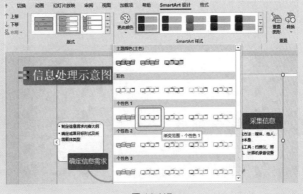

图 14-117

❷ 在"SmartArt 样式"选项组中单击按钮展开下拉列表，选择"嵌入"三维样式，如图 14-118 所示。执行此操作后，即可达到如图 14-115 所示的效果。

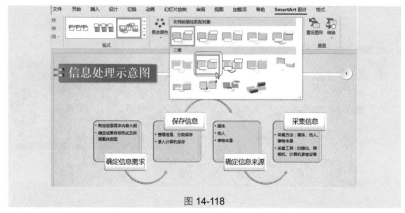

图 14-118

❸ 按相同的方法为 SmartArt 图形应用 "彩色范围 - 个性色 4 至 5" 颜色，应用 "强烈效果" 三维格式，即可达到如图 14-116 所示的效果。

🔫 专家点拨

如果要设计个性化 SmartArt 图形样式，可以依次单独选中相应的图形，再逐步设置其外部轮廓和填充效果即可。

技巧 28 快速插入图标

在 PowerPoint 2021 版中可以插入指定图标，程序内置了一些矢量图标，如果设计中想使用这些图标就不必去搜索，直接在程序中就可以插入。

❶ 打开幻灯片，然后在 "插入" → "插图" 选项组中单击 "图标" 按钮（见图 14-119），打开 "插入图标" 对话框。

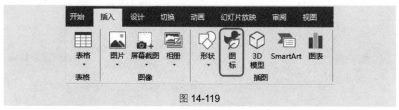

图 14-119

❷ 左侧列表是对图标的分类，可以选择相应的分类，然后在右侧选择想使用的图标，可以一次性选中多个图标，如图 14-120 所示。

❸ 单击 "插入" 按钮即可插入图标到幻灯片中，再将图标设置和当前页面统一的色调即可，效果如图 14-121 所示。

图 14-120　　　　　　　　　　　　　图 14-121

14.3　表格及图表的应用及编辑技巧

技巧 29　插入新表格

表格是商务 **PPT** 中非常常见的图形形式，通过横竖有线的格式可以清晰地表达观点，所以表格也是演示文稿制作中重要的一部分。除此之外，还可以应用表格设计独特的版面效果。

首先需要插入表格，如图 **14-122** 所示为一份产品类的演示文稿，需要插入表格记录产品信息。具体操作步骤如下。

❶ 打开目标幻灯片，在"插入"→"表格"选项组中单击"表格"下拉按钮，在下拉列表中"插入表格"区域通过拖动鼠标选择"3*6"表格格式，此时幻灯片编辑区显示出表格样式，如图 **14-123** 所示。

图 14-122　　　　　　　　　　　　　图 14-123

❷ 表格插入后，默认插入的表格在幻灯片编辑区中间，此时需要根据版面调整表格位置。光标定位在表格边框线上，出现四向箭头时，按住鼠标左键拖动可移动表格（见图 **14-124**），移动到合适位置后释放鼠标。

❸ 将光标定位到表格编辑框，输入相关信息，效果如图 **14-125** 所示。

图 14-124

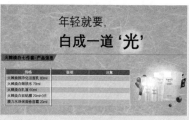

图 14-125

技巧 30　表格行高、列宽的调整

在幻灯片里插入表格时，默认插入的四方框线表格的行高和列宽都是固定值，若与文字内容长度、文字大小不符时，就要进行调整。如图 14-126 所示为原列宽，通过调整减小了第一列的宽度，如图 14-127 所示。

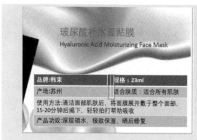

图 14-126

图 14-127

将鼠标指针定位于表格内部需要调整列宽的竖框线边缘，此时出现竖框线左右移动控制点，按住鼠标左键向左拖曳，移动到合适位置后释放鼠标即可，如图 14-128 所示。

图 14-128

 应用扩展

调整行高的操作方法类似，如下面增加第一行的行高。

❶ 将鼠标指针定位于第一行表格内部横框线边缘，出现横框线上下移动控制点，按住鼠标左键向下拖曳（见图 **14-129**），移动到合适位置后释放鼠标。

❷ 增大行高后，行内文字默认是顶端对齐的，在"布局"→"对齐方式"选项组中单击"垂直居中"按钮（见图 **14-130**），即可将文字调整到框内正中位置。

图 14-129 图 14-130

技巧 31　按表格需求合并与拆分单元格

1. 合并单元格

幻灯片中表格由于条目内容性质的不同，有时会存在一对多的关系或多对一的关系。如图 **14-131** 所示的表格中，很显然"说明"列与"注意"列只有一行数据，为保持表格的美观度，需要进行单元格合并以达到如图 **14-132** 所示的效果。

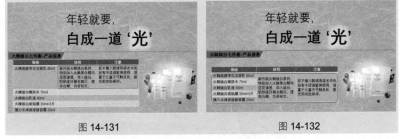

图 14-131 图 14-132

❶ 同时选中需要合并的几个单元格，在"布局"→"合并"选项组中单击"合并单元格"按钮即可完成合并，如图 **14-133** 所示。

❷ 按照同样方法可合并其他单元格，即可达到如图 **14-132** 所示的效果。

2. 拆分单元格

一个单元格也可以实现拆分为两个或多个单元格。

❶ 同时选中需要拆分的几个单元格，在"布局"→"合并"选项组中单击"拆分单元格"按钮（见图 14-134），打开"拆分单元格"对话框，设置要拆分的行数与列数，如图 14-135 所示。

❷ 单击"确定"按钮即可对单元格进行拆分，达到如图 14-136 所示的效果。

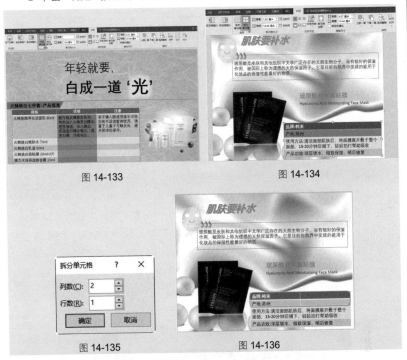

图 14-133

图 14-134

图 14-135

图 14-136

技巧 32 美化表格——自定义设置不同的框线

默认插入的表格美观度不一定是合适的，除了套用表格样式外，还可以自定义设置不同的框线，以增强其外观效果。如图 14-137、图 14-138 所示即是边框线设置前后的效果。

图 14-137

图 14-138

❶选中表格，在"表设计"→"绘制边框"选项组中单击"笔样式"下拉按钮，在下拉列表中选择"实线"（见图 14-139），单击"笔划粗细"下拉按钮，在下拉列表中选择"1.5 磅"（见图 14-140），单击"笔颜色"下拉按钮，在下拉列表中选择"深红"，如图 14-141 所示。

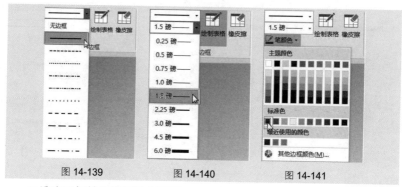

图 14-139 　　　　　 图 14-140 　　　　　 图 14-141

❶选中目标单元格区域（见图 14-142），在"表设计"→"表格样式"选项组中单击"边框"下拉按钮，在下拉列表中显示可以应用的框线（可以应用所有框线，也可以应用部分框线），此处单击"下框线"（见图 14-143），即可将上面设置的线条样式应用为下框线效果。

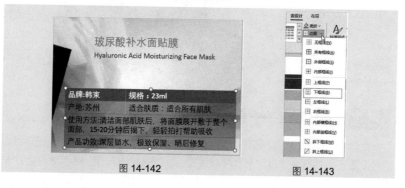

图 14-142 　　　　　　　　　 图 14-143

专家点拨

除了直接使用边框的功能按钮来应用边框外，还可以绘制边框（也可绘制表格）。先设置"笔样式""笔划粗细""笔颜色"，然后单击右侧的"绘制表格"按钮，光标变为"笔"样式图标，定位于要绘制边框线的边框，单击并拖动即可实现绘制，如图 14-144 所示。

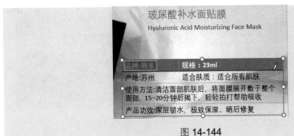

图 14-144

技巧 33　美化表格——自定义单元格的底纹色

设置单元格的底纹色可以达到美化的作用，如果默认的底纹色效果不好，可以自定义设置底纹色，设置前注意要准确选中目标单元格区域。

❶选中目标单元格区域（本例为列标识所在区域），在"表设计"→"表格样式"选项组中单击"底纹"下拉按钮，在下拉列表中选择"金色，个性色4,25%"底纹，光标指向对应颜色时即可预览，如图 14-145 所示。

❷如果颜色效果满意，单击即可应用此颜色。

应用扩展

除了使用纯色做底纹色外，可以设置"渐变"底纹填充效果（见图 14-146）、还可以设置"图片与纹理"及"图案"底纹效果，其设置方法与形状填充效果的操作方法基本相同。

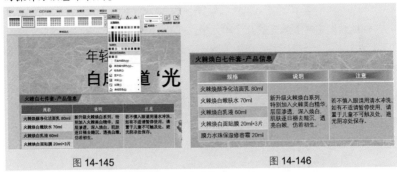

图 14-145　　　　　　　　　　图 14-146

技巧 34　利用表格设计版面效果

前面已经介绍了很多表格设计技巧，下面介绍如何通过设置表格达到美化幻灯片版面的效果，如图 14-147 所示。

❶打开插入了背景图片的幻灯片后，插入一个指定行列的表格，如图 14-148 所示。

图 14-147　　　　　　　　　　图 14-148

❷ 调整表格尺寸至和幻灯片同宽同高，选中表格后，在"表设计"→"表格样式"选项组中单击"底纹"下拉按钮，在下拉列表中选择"无填充"命令，即可取消表格的默认填充效果，如图 14-149 所示。

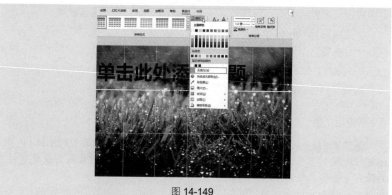

图 14-149

❸ 继续选中需要填充的几个单元格，在"表设计"→"表格样式"选项组中单击"底纹"下拉按钮，在下拉列表中选择"绿色，个性色 6"底纹，光标指向时即可预览，如图 14-150 所示。

❹ 继续选中该单元格区域，在"表设计"→"表格样式"选项组中单击"边框"下拉按钮，在下拉列表中选择"无框线"（见图 14-151），即可取消边框效果。

图 14-150　　　　　　　　　　图 14-151

⑤ 最后再根据设计需求更改文字标题的颜色、格式等效果即可。

合适的数据图表可以让复杂的数据更加可视化，这在幻灯片中显得尤其重要，它可以让观众瞬间抓住重点，达到迅速传达信息的目的。因此如果要制作的幻灯片涉及数据分析与比较，建议使用图表来展示数据结果。

1. 柱形图

柱形图是一种以柱形的高低来表示数据值大小的图表，用来描述一段时间内数据的变化情况，也用于对多个系列数据的比较。如图 14-152 所示为建立的柱形图。

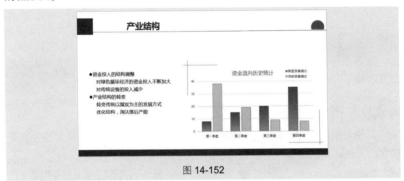

图 14-152

2. 条形图

条形图也是用于比较数据大小的图表，它可以看作旋转了的柱形图，在制作条形图时，一般可以将数据排序一下，这样其大小比较更加直观明了。如图 14-153 所示为建立的条形图。

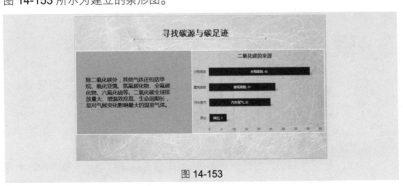

图 14-153

3. 饼图

饼图显示一个数据系列中各项的大小与比例，所以，在强调同系列某项数据在所有数据中所占的比重时，饼图具有很好的显示比例的效果。如图 14-154 所示为建立的饼图。

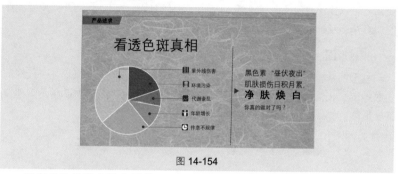

图 14-154

图表的种类是多种多样的，PPT 中提供多个图表类型，还包含着组合图表和多种子图表类型，各自在表达的重点上有所区别。

技巧 36　创建新图表

要使用图表，首先需要创建出新图表。本例中以柱形图为例来介绍创建新图表的方法，具体操作如下。

❶ 在"插入"→"插图"选项组中单击"图表"按钮（见图 14-155），打开"插入图表"对话框，选择"柱形图"标签，在其右侧子图表类型下选择"簇状柱形图"图表类型，如图 14-156 所示。

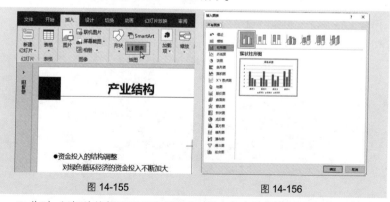

图 14-155　　　　　　　　　　　图 14-156

❷ 此时，幻灯片编辑区显示出新图表，其中包含编辑数据的表格"Microsoft PowerPoint 中的图表"，如图 14-157 所示。

❸ 向对应的单元格区域中输入数据，并将无用的"系列3"列删除，可以看到柱状图图形随数据变化而变化（见图 **14-158**），输入完成后单击"关闭"按钮关闭数据编辑窗口，在幻灯片中通过拖动尺寸控制点调整图表的大小并放置到合适的位置（同调整图形图片大小的操作一样）。

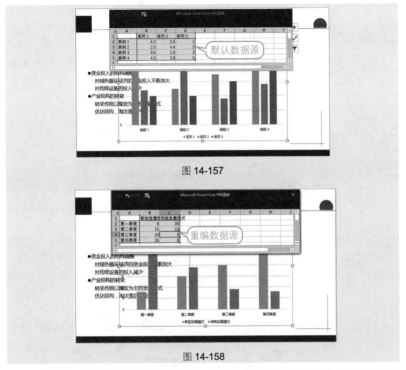

图 14-157

图 14-158

❹ 将光标定位到"图表标题"文本框，删除原文字并输入新的图表标题（见图 **14-159**），即创建了新的图表。

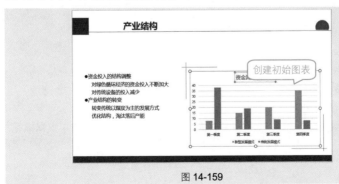

图 14-159

🔊 **专家点拨**

因为在创建图表时程序所给的默认数据有 4 列，但实际建立的图表数据量并不确定，因此直接在原数据上输入新数据，多余的数据不需要时可以直接删除。删除的方法是，在行标或列标上单击鼠标右键，在弹出的快捷菜单中选择"删除"命令即可。

技巧 37 为图表添加数据标签

如图 14-160 所示，系统默认插入的图表是不显示数据标签的，现在要求为图表添加数据标签，效果如图 14-161 所示。

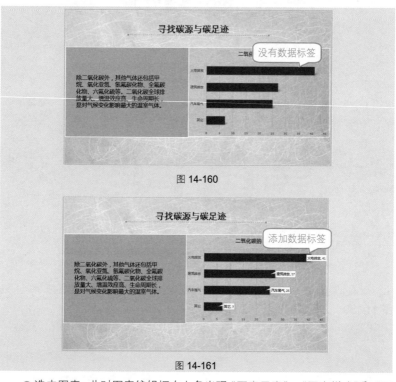

图 14-160

图 14-161

❶ 选中图表，此时图表编辑框右上角出现"图表元素"、"图表样式"和"图表筛选器" 3 个图标，单击"图表元素"图标，选中"数据标签"复选框，如图 14-162 所示。

❷ 添加数据标签后，其字体大小颜色若感觉效果不佳，可以选中数据标签，在"开始"→"字体"选项组中重设文字颜色。

图 14-162

技巧 38　隐藏图表中不必要的对象，实现简化

默认创建的图表包含较多元素，而对于图表中不必要的对象是可以实现隐藏简化的，这样更有利于突出重点对象，也可以让图表更简洁。例如，隐藏坐标轴线，有数据标签时将坐标轴值隐藏等。如图 14-163 所示为默认的图表格式，通过隐藏对象设置可达到如图 14-164 所示的效果。

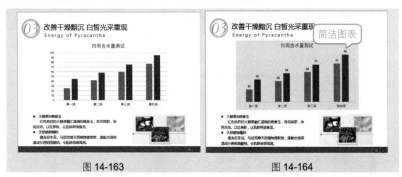

图 14-163　　　　　　　　　　　　图 14-164

❶ 选中图表，单击图表编辑框右上角 "图表元素" 图标， 在右侧列表框中取消选中 "网格线" 复选框，再单击 "坐标轴"，在子列表中取消选中 "主要纵坐标轴" 复选框，如图 14-165 所示。

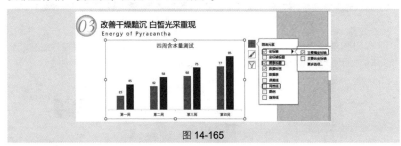

图 14-165

❷ 按相同的方法可以隐藏其他任意对象。

专家点拨

在隐藏对象时有一种更简便的方法就是选中目标对象，按键盘上的"Delete"键进行删除，与上述方法达到的效果一样。但如果要恢复对象的显示，则必须单击"图表元素"图标，重新选中前面的复选框恢复显示。

技巧 39　套用图表样式实现快速美化

新插入图表保持默认格式，通过套用图表样式可以达到快速美化的目的，并且在 PowerPoint 2021 中提供的图表样式相比过去的版本有了较大提升，整体效果较好，对于初学者而言，可以选择先套用图表样式再补充设计的美化方案。如图 14-166 所示为默认图表，如图 14-167 与图 14-168 所示为套用图表样式后的效果。

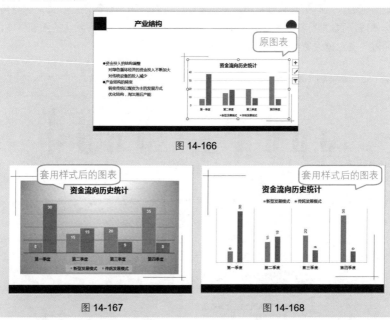

图 14-166

图 14-167　　　　　　图 14-168

选中图表，在"图表设计"→"图表样式"选项组中单击下拉按钮，在下拉列表中选择想要套用的样式，如图 14-169 所示，单击即可套用。

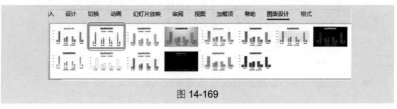

图 14-169

📢 专家点拨

套用图表样式时会将原来所设置的格式取消，因此如果想通过套用样式来美化图表，可以在建立图表后首先进行套用，然后再进行补充设置。

技巧 40   将设计好的图表转化为图片

在幻灯片中创建图表并设置效果后，可以将图表保存为图片，当其他地方需要使用时，即可直接插入转换后的图片。

❶选中图表并单击鼠标右键，在弹出的快捷菜单中选择"另存为图片"命令，如图 14-170 所示。

❷打开"另存为图片"对话框，设置好保存位置与名称，单击"保存"按钮即可，如图 14-171 所示。

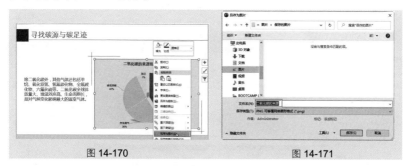

图 14-170   图 14-171

技巧 41   复制使用 Excel 图表

如果幻灯片中想使用的图表在 Excel 中已经创建，则可以进入 Excel 程序中复制图表，然后直接粘贴到幻灯片中来使用。

❶ 在 Excel 工作表中选中饼图，按"Ctrl+C"快捷键复制图表，如图 14-172 所示。

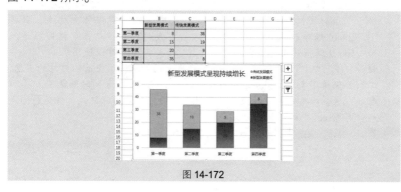

图 14-172

❷ 切换到演示文稿中，按"Ctrl+V"快捷键，然后单击"粘贴选项"下拉按钮，在打开的下拉列表中单击"保留源格式与链接数据"按钮，如图 14-173 所示。

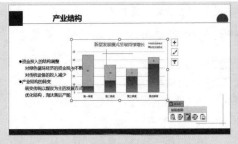

图 14-173

❸ 移动图表的位置即可达到如图 14-174 所示的效果。

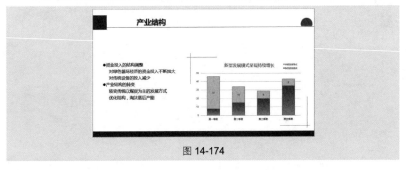

图 14-174

专家点拨

"粘贴选项"按钮中的几个功能按钮的说明如下。

- "使用目标主题和嵌入工作簿"：让图表的外观使用当前幻灯片的主题，并将 Excel 程序嵌入 PPT 程序中，以此方式粘贴后，双击表格即可进入 Excel 编辑状态，这会增加幻灯片体积，一般不建议使用。
- "保留源格式和嵌入工作簿"：让图表的外观保留格式，并将 Excel 程序嵌入 PPT 程序中，以此方式粘贴后，双击表格即可进入 Excel 编辑状态，这会增加幻灯片体积，一般不建议使用。
- "使用目标主题与链接数据"：让图表的外观使用当前幻灯片的主题，并保持图表与 Excel 中的图表相链接（直接执行复制时默认项）。
- "保留源格式与链接数据"：让图表的外观保留源格式，并保持图表与 Excel 中的图表相链接。
- "图片"：将图表直接转换为图片插入幻灯片中。

第15章

多媒体和动画的设置与处理技巧

15.1 插入声音与视频对象的技巧

技巧 1　插入音频到幻灯片中

在制作 PPT 时，可以将计算机上的音频文件添加到 PPT 中，以增强幻灯片放映效果，如图 15-1 所示。

图 15-1

❶选中幻灯片，在"插入"→"媒体"选项组中单击"音频"下拉按钮，在弹出的下拉列表中选择"PC 上的音频"命令（见图 15-2），打开"插入音频"对话框，如图 15-3 所示。

图 15-2

图 15-3

❷ 选择计算机上的音频文件，单击"插入"按钮，即可将音频添加到指定的幻灯片中。

技巧2　设置渐强渐弱的播放效果

插入的音频开头或结尾有时候过于高潮化，影响整体播放，可以将其设置为渐强渐弱的播放效果，这种设置比较符合人们缓进缓出的听觉习惯。

❶ 选中插入音频后显示的小喇叭图标，在"播放"→"编辑"选项组中，在"淡化持续时间"栏下"渐强"设置框中输入时间（见图 15-4），或者通过大小调节按钮 选择渐强时间。

❷ 按照同样方法可设置渐弱时间，如图 15-4 所示。

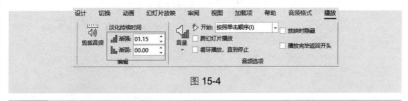

图 15-4

技巧3　设置背景音乐循环播放

如果是浏览型的幻灯片，为幻灯片制定贯穿始终的背景音乐效果则显得非常必要。不仅如此，在讲解过程中也可以插入舒缓的音乐作为背景音乐。

选中插入音频后显示的小喇叭图标，在"播放"→"音频选项"选项组中，选中"循环播放，直到停止"复选框即可，如图 15-5 所示。

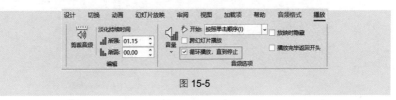

图 15-5

技巧 4　裁剪音频文件

在放映幻灯片时，插入的音频文件默认是从头至尾全部播放，演讲者可以根据需要裁剪音频文件，只保留希望播放的部分。

❶ 选中音频，在"播放"→"编辑"选项组中单击"剪裁音频"按钮，打开"剪裁音频"对话框，如图 15-6 所示。

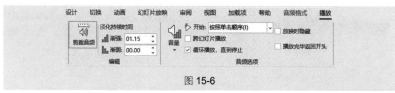

图 15-6

❷ 单击按钮▶预览音频，接着拖动进度条上的两个标尺确定裁剪的位置（两个标尺中间的部分是保留部分，其他部分会被裁剪掉），如图 15-7 所示。

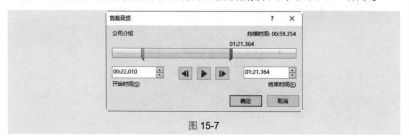

图 15-7

❸ 裁剪完成后，再次单击"播放"按钮试听截取的声音，如果还有要截取掉的部分则按相同的方法进行裁剪。

专家点拨

如果要对插入的视频文件执行裁剪，可以按照相同的操作方式打开"剪裁视频"对话框调整视频即可。

技巧 5　插入影片文件

如果需要在 PowerPoint 2021 中插入影片文件，可以事先将文件下载到计算机上，然后再将其插入幻灯片中。如图 15-8 所示为插入了影片到幻灯片中，单击即可播放。

❶ 切换到要插入影片的幻灯片，在"插入"→"媒体"选项组中单击"视频"下拉按钮，在下拉菜单中选择"此设备"命令，打开"插入视频文件"对话框，找到视频所在路径并选中视频，如图 15-9 所示。

图 15-8　　　　　　　　　　　　　　　　　图 15-9

❷ 单击"插入"按钮，即可将选中的视频插入幻灯片中，如图 **15-10** 所示。

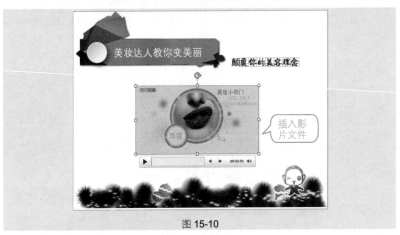

图 15-10

技巧 6　设置海报框架，遮挡视频内容

在幻灯片中插入视频后，会默认显示视频第一帧处的图像。如果不想让观众在放映前就知道影片的相关内容，可以为视频插入海报框架来对视频内容进行遮挡，演讲者可以选择一些贴合当前幻灯片主题的图片作为遮挡图片。如图 **15-11** 所示的幻灯片中设置了海报框架。

❶ 选中视频，在"视频格式"→"调整"选项组中单击"海报框架"下拉按钮，在下拉菜单中选择"文件中的图像"命令，如图 **15-12** 所示。

❷ 打开"插入图片"对话框，找到要设置为海报框架的图片所在的路径并选中图片，如图 **15-13** 所示。

❸ 单击"打开"按钮，即可在视频上覆盖插入的图片。单击"播放"按钮，即可进入视频播放模式。这里的海报框架只是起到一个遮盖、保密的作用。

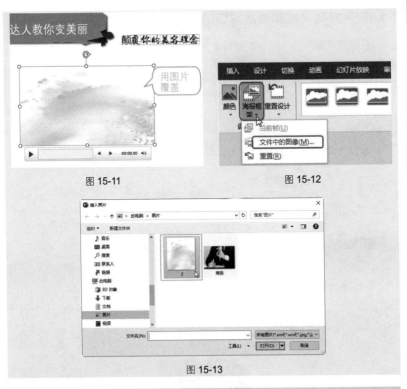

图 15-11

图 15-12

图 15-13

技巧 7 设置视频场景帧为封面

如果视频中的某个场景适合用来设置为封面，可以在放映的时候定格帧画面，再设置为海报框架。

❶ 播放视频到需要的画面时，单击"暂停"按钮将画面定格。

❷ 在"视频格式"→"调整"选项组中单击"海报框架"下拉按钮，在下拉菜单中选择"当前帧"命令（见图 15-14），即可将视频中的指定场景设置为封面效果。

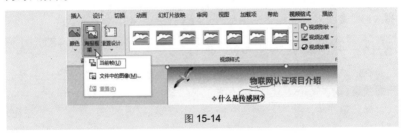

图 15-14

系统默认播放插入视频的窗口是长方形的，可以设置个性化的播放窗口。如图 15-15 所示，将播放窗口更改成"多文档"播放模式。具体操作方法如下。

❶ 选中视频，在"视频格式"→"视频样式"选项组中单击"视频形状"下拉按钮，在下拉列表中选择"多文档"图形，如图 15-16 所示。

图 15-15   图 15-16

❷ 程序自动根据选择的形状更改视频的窗口形状，如图 15-17 所示。

图 15-17

🔫 **专家点拨**

在幻灯片中，用户还可以根据需要为视频的播放窗口添加格式效果，如阴影、发光等，其操作方法与图片的操作方法相同。

技巧 9   自定义视频的播放色彩

在放映幻灯片时，播放视频时是以彩色效果放映的，为了达到一些特殊的画面效果，还可以设置让视频以黑白效果放映。

❶ 选中视频，在"视频格式"→"调整"选项组中单击"颜色"下拉按钮，

在下拉列表中选择"白色，背景颜色 2 浅色"颜色选项，如图 **15-18** 所示。

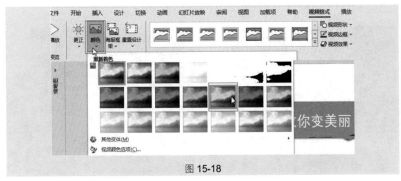

图 15-18

❷ 在播放幻灯片时即可以黑白效果放映。

专家点拨

按相同的方法还可以选择多种色彩来播放视频，以达到一些特殊的效果，如旧电影的效果、朦胧效果等。

15.2　添加切片动画与对象动画的技巧

技巧 10　为幻灯片添加切片动画

在放映幻灯片时，当前一张放映完并进入下一张放映时，可以设置不同的切换方式。PowerPoint 2021 中提供了丰富的切片效果以供使用。

❶ 选中要设置的幻灯片，在"切换"→"切换到此幻灯片"选项组中单击按钮 ▾，在下拉列表中选择一种切换效果，如"蜂巢"，如图 **15-19** 所示。

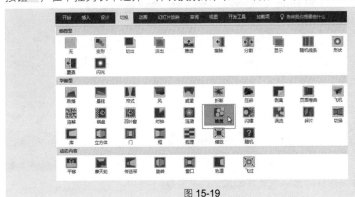

图 15-19

❷ 设置完成后，当播放幻灯片时即可在幻灯片切换时使用"蜂巢"效果，如图 15-20、图 15-21 所示为切片动画播放时的效果。

图 15-20   图 15-21

📢 **专家点拨**

如果想一次性取消所有的切换动画效果，其操作方法如下。

在幻灯片的缩略图列表中按"Ctrl+A"快捷键一次性选中所有幻灯片，单击"切换"→"切换到此幻灯片"选项组中的"其他"按钮，在打开的下拉菜单中选择"无"选项，即可取消幻灯片所有切换动画效果。

技巧 11　　自定义切片动画的持续时间

在幻灯片中每张切片切换的速度都是可以改变的，一般情况下，为了保持放映整体的效果，可以为其设置相同的切换速度。

❶ 设置好幻灯片的切片效果之后，在"切换"→"计时"选项组中的"持续时间"设置框里输入持续时间，或者通过上下调节按钮设置持续时间，如图 15-22 所示。

图 15-22

❷ 设置完成后，即为所有幻灯片定义了切片动画的持续时间。

技巧 12　　为目标对象快速添加动画效果

当为幻灯片添加动画效果后，会在加入的效果旁用数字标识出来。如图 15-23 所示，即为标题文本添加了动画效果。

❶ 选中要设置动画的文字，在"动画"→"动画"选项组中单击按钮▼（见图 15-24），在其下拉列表中选择"进入"→"劈裂"动画样式（见图 15-25），即可为文字添加该动画效果。

❷ 添加动画效果后，通常都会针对此动画出现一个"效果选项"按钮，单击此按钮，可以在下拉列表中选择其动画方向，如本例的"劈裂"动画，可以设置是从上下劈裂，还是从左右劈裂，如图 15-26 所示。

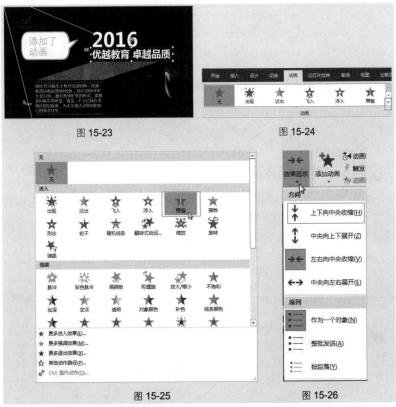

图 15-23   图 15-24

图 15-25   图 15-26

❸ 在"预览"选项组中单击"预览"按钮，可以自动演示动画效果。

应用扩展

如果菜单中的动画效果不能满足要求，还可以选择更多的效果。

❶ 在"动画"→"动画"选项组中单击按钮▼，在其下拉菜单中选择"更多进入效果"命令，如图 15-27 所示。

❷ 打开"添加进入效果"对话框，即可查看并应用更多动画样式，如图 15-28 所示。

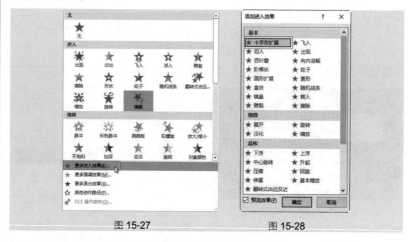

图 15-27　　　　　　　　　图 15-28

技巧 13　对单一对象指定多种动画效果

对于需要重点突出显示的对象，可以对其设置多个动画效果，这样可以达到更好的表达效果。如图 **15-29** 所示，即为"今天你低碳了吗"设置了"淡化"的进入效果和"波浪形"强调效果（对象前面有两个动画编号）。

❶选中图片，在"动画"→"高级动画"选项组中单击"添加动画"下拉按钮，在其下拉列表的"进入"栏中选择"淡化"动画样式，如图 **15-30** 所示。

图 15-29　　　　　　　　　图 15-30

❷此时文字前出现一个数字编号"1"，再次单击"添加动画"下拉按钮，在其下拉菜单中选择"更多强调效果"命令，如图 **15-31** 所示。

❸打开"添加强调效果"对话框，在"华丽"栏中选择"波浪形"动画效果，如图 **15-32** 所示。

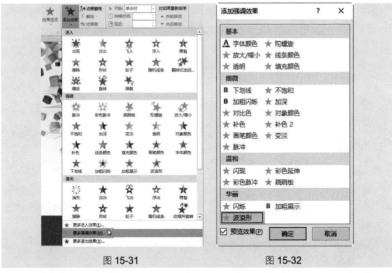

图 15-31 图 15-32

❹ 单击"确定"按钮，即可为文字添加两种动画效果。单击"预览"按钮，即可预览动画。

专家点拨

为对象添加动画效果时，不仅能添加"进入"和"强调"两种效果，还可以同时为对象添加"退出"效果。

技巧 14 饼图的轮子动画

幻灯片中每个动画都有其设置的必要性，可以根据对象的特点完成设置，比如为饼图设置轮子动画。如图 15-33、图 15-34 所示为动画播放时的效果。

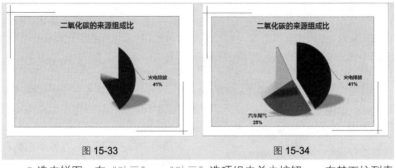

图 15-33 图 15-34

❶ 选中饼图，在"动画"→"动画"选项组中单击按钮 ▾ ，在其下拉列表

中选择"进入"→"轮子"动画样式(见图15-35),即可为饼图添加该动画效果。

图 15-35

❷ 选中图表,单击"动画"→"动画"选项组中"效果选项"的下拉按钮,在"序列"栏中选择"按类别"选项(见图15-36),即可实现单个扇面逐个进行轮子动画的效果,如图15-37所示。

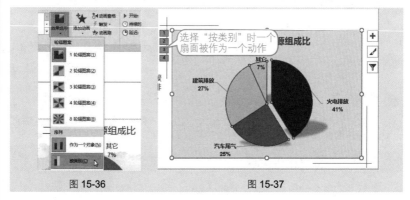

图 15-36　　　　　　　　　　　　　　图 15-37

🔊 专家点拨

图表默认是"作为一个对象"进行动作的,作为一个对象时无法实现按单个轮子动作。因此需要设置为"按类别"进行动作,从而实现各个扇面逐一动作。

技巧 15　柱形图的逐一擦除式动画

柱形图中各柱形代表着不同的数据系列,可以为柱形图制作逐一擦除式动画效果,从而引导观众对图表的理解。如图15-38、图15-39所示为动画播放时的效果。

❶ 选中图形,在"动画"→"动画"选项组中单击按钮 ▾,在其下拉列表中选择"进入"→"擦除"动画样式,如图15-40所示。

❷ 选中图形,单击"动画"→"动画"选项组中"效果选项"的下拉按钮,

在"方向"栏中选择"自底部"选项,在"序列"栏中选择"按系列"选项(见图 15-41),即可实现按系列逐个擦除的动画效果。

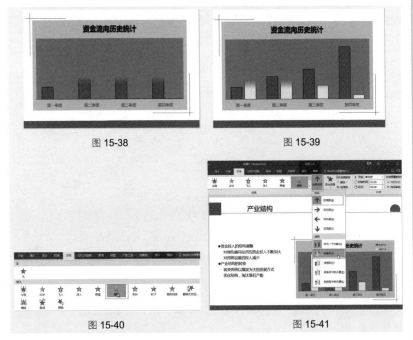

图 15-38　　　　　　　　　　　　　图 15-39

图 15-40　　　　　　　　　　　　　图 15-41

技巧 16　延长动画的播放时间

在制作演示文稿时,动画播放的时间是默认的,根据动画的实际需要,可以延长动画的播放时间。

选中需要调整动画持续时间的对象,在"动画"→"计时"选项组中,在"持续时间"设置框中设置时间,如图 15-42 所示。设置时间越长,动画播放得越慢,反之越快。

图 15-42

完成此设置后达到的效果是上个动画播放完成后延长播放此动画,动画持续时间为 1.75 秒(动画的长度)。

技巧 17　控制动画的开始时间

在添加多动画时，默认情况下从一个动画进入下一个动画时，需要单击一次鼠标，如果有些动画需要自动播放，则可以重新设置其开始时间，也可以让其在延迟一定时间后自动播放。

选中需要调整动画开始时间的对象，在"动画"→"计时"选项组中的"开始"设置框中右侧下拉按钮下选择"上一动画之后"选项，然后在"延迟"设置框中输入此动画播放距上一动画之后的开始时间，如图 15-43 所示。

图 15-43

完成此设置后达到的效果是上个动画播放完成后延迟 3 秒自动播放此动画。

技巧 18　让某个对象始终是运动的

在播放动画时，动画播放一次后就会停止，为了突出显示幻灯片中的某个对象，可以设置让其始终保持运动状态。例如，本例要设置标题文字始终保持动作状态。

❶选中标题文字，如果未添加动画，可以先添加动画。本例中已经设置了"画笔颜色"动画。

❷在"动画窗格"单击动画右侧的下拉按钮，在下拉菜单中选择"效果选项"命令，打开"画笔颜色"对话框，如图 15-44 所示。

❸选择"计时"选项卡，在"重复"下拉列表框中选择"直到幻灯片末尾"选项，如图 15-45 所示。

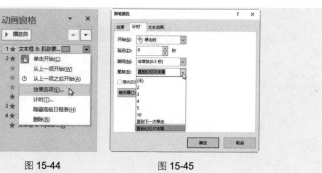

图 15-44　　　　　　图 15-45

④ 单击"确定"按钮，当幻灯片放映时，标题文字会一直重复"画笔颜色"的动画效果，直到这张幻灯片放映结束。

技巧 19　播放动画时按字、词显示

在为一段文字添加动画后，系统默认是将一段文字作为一个整体来播放，在动画播放时整段文字同时出现，如图 15-46 所示。通过设置可以实现让文字按字、词播放，效果如图 15-47 所示。

图 15-46

图 15-47

❶ 在"动画窗格"单击动画右侧的下拉按钮，在下拉菜单中选择"效果选项"命令，如图 15-48 所示。

❷ 打开"上浮"对话框，选择"效果"选项卡，在"动画文本"下拉列表框中选择"按词顺序"选项，如图 15-49 所示。

图 15-48　　　　　　　　　　　　　图 15-49

❸ 单击"确定"按钮，返回幻灯片中，即可在播放动画时按词的顺序来显示文字。

附录 **A** Word 问题集

1. 选项设置问题

输入文字时取消设定记忆式输入

问题描述：在 Word 文档中输入"领先"之后，就会自动输入其余文字，如图 A-1 所示。

图 A-1

问题解答：

这是因为事先设置了"记忆式键入"，关闭"自动更正"即可恢复正常输入。

在输入的文字下方单击蓝色线条，在打开的下拉菜单中选择"停止自动更正'领先'"命令（见图 A-2），即可取消记忆式键入。

图 A-2

问题 2　计算机意外故障自动关机，如何防止正在编辑的文档丢失

问题描述：编辑好的文档忘记保存，在出现电力或计算机等意外故障发生时，如何避免文档丢失？

问题解答：

这是因为在错误退出或断电等情况下，如果启用了文档的自动恢复功能，则可以帮助用户恢复未来得及保存的文档。开启此功能当文档在非正常情况下关闭时，再次启动 Word 时，程序将打开"文档恢复"任务窗格，其中列出了程序停止响应时已恢复的所有文件。

选择"文件"→"选项"命令，打开"Word 选项"对话框，选择"保存"选项卡，在"保存文档"栏下选中"如果我没保存就关闭，请保留上次自动恢复的版本"复选框，如图 A-3 所示。

图 A-3

问题 3　复制粘贴文本时，粘贴选项按钮不见了

问题描述：对文档中的大段文本进行复制粘贴时，右下角的粘贴选项按钮不见了，该如何找回？

问题解答：

这是因为粘贴选项按钮可能被隐藏了，重新添加即可使用。

选择"文件"→"选项"命令，打开"Word 选项"对话框。选择"高级"选项卡，在"剪切、复制和粘贴"栏中重新将"粘贴内容时显示粘贴选项按钮"复选框选中（见图 A-4），单击"确定"按钮退出即可。再次执行粘贴时即可看到该按钮，如图 A-5 所示。

433

图 A-4 　　　　　　　　　　　　　　图 A-5

问题 4　经常更改文档保存位置，如何快速打开"另存为"对话框

问题描述：经常需要将不同的文档保存在不同的文件夹中，每次都要通过选择"文件"→"另存为"命令，打开"另存为"对话框，非常麻烦。有没有简单的方法直接打开"另存为"对话框呢？

问题解答：

这是因为没有将常用的功能按钮添加到"自定义快速访问工具栏"列表，通过如下设置可以添加。

选择"自定义快速访问工具栏"→"其他命令"命令（见图 A-6），打开"Word 选项"对话框。

选择"快速访问工具栏"选项卡，选择"常用命令"下拉列表中的"另存为"命令，再单击"添加"按钮，将其添加至右侧的"自定义快速访问工具栏"列表框中（见图 A-7），单击"确定"按钮即可将"另存为"功能按钮添加到 Word 标题栏的最左侧，如图 A-8 所示。

图 A-6 　　　　　　　　　　　　　　图 A-7

图 A-8

问题 5　在文档中插入图片之后却只显示外部边框

问题描述：在文档中插入图片之后却只显示外部边框，没有显示出完整的图片，如图 A-9 所示。

问题解答：

这是因为在"Word 选项"对话框中选中了"显示图片框"复选框。

选择"文件"→"选项"命令，打开"Word 选项"对话框。选择"高级"选项卡，在"显示文档内容"栏中取消选中"显示图片框"复选框（见图 A-10），单击"确定"按钮即可显示完整图片。

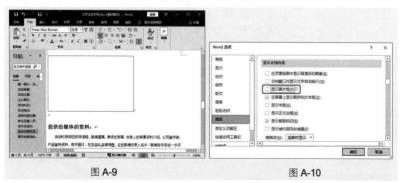

图 A-9　　　　　　　　　　　　　　图 A-10

问题 6　编辑文档时会出现红色波浪线或蓝色双线，该如何取消

问题描述：在编辑文档时有些文字下面会出现红色波浪线或蓝色双线，非常影响文档美观和阅读体验，如图 A-11 所示。

问题解答：

这是因为 Word 的拼写和语法自动检查功能默认是开启的，只需要在"Word 选项"对话框中关闭该功能即可。

选择"文件"→"选项"命令，打开"Word 选项"对话框。选择"校对"选项卡，在"在 Word 中更正拼写和语法时"栏中取消选中"键入时检查拼写"和"键入时标记语法错误"复选框（见图 A-12），单击"确定"按钮，文档中就不会再显示红色波浪线和蓝色双线了。

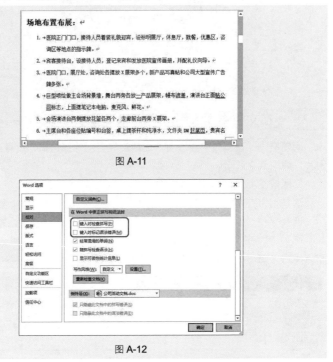

图 A-11

图 A-12

问题 7　文档中有很多超链接，如何快速去除超链接

问题描述：在文档中多处插入网址和链接地址后，会出现蓝色超链接效果，一不小心就会点击到这些链接从而影响文档运行速度，有没有办法可以快速取消这些超链接？

问题解答：

这是因为在 Word 中键入链接地址时会默认出现超链接，可以设置键入时不显示超链接即可。

选择"文件"→"选项"命令，打开"Word 选项"对话框。选择"校对"选项卡，在"自动更正选项"栏中单击"自动更正选项"按钮（见图 A-13），打开"自动更正"对话框。

选择"键入时自动套用格式"选项卡，取消选中"键入时自动替换"栏下的"Internet 及网络路径替换为超链接"复选框（见图 A-14），单击"确定"按钮，即可取消文档中的所有超链接。

图 A-13 图 A-14

问题 8 文档中输入编号换行后会自动编号，如何快速取消

问题描述：在文档中输入编号 "1" 并输入文本，再按 "Enter" 键进入下一行之后，会自动编号为 "2" "3" ……，如图 A-15 所示。

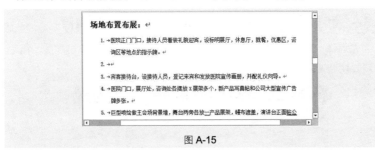

图 A-15

问题解答：

这是因为在 Word 中键入编号后，会默认自动编号，可以设置键入时取消自动编号应用即可。

选择 "文件" → "选项" 命令，打开 "Word 选项" 对话框。选择 "校对" 选项卡，在 "自动更正选项" 栏中单击 "自动更正选项" 按钮（见图 A-16），打开 "自动更正" 对话框。

选择 "键入时自动套用格式" 选项卡，取消选中 "键入时自动应用" 栏下的 "自动编号列表" 复选框（见图 A-17），单击 "确定" 按钮，即可取消自动编号应用。

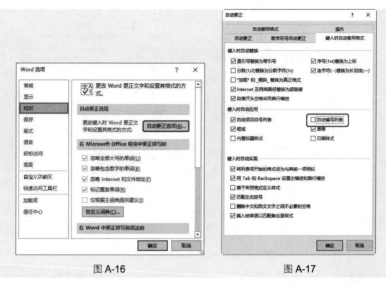

图 A-16　　　　　　　图 A-17

2. 文档排版问题

问题 9 **文档页眉总是出现一条横线，该如何快速清除**

问题描述：编辑文档页眉时，总是在顶端出现一条横线（见图 A-18），如何将其快速清除呢？

图 A-18

问题解答：

进入文档页眉编辑状态并输入文字后，直接按 "Ctrl+Shift+N" 组合键，即可快速清除页眉中的横线，如图 A-19 所示。

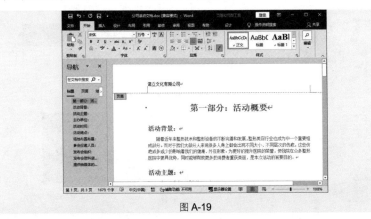

图 A-19

问题 10　文档中插入图片之后无法完整显示，该如何解决

问题描述：在文档指定位置插入图片后，发现图片没有完整显示（见图 A-20），该如何解决？

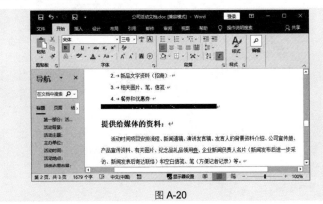

图 A-20

问题解答：

这种问题是段落间距为 "固定值" 导致的，更改行距为 "单倍行距" 即可，如图 A-21 所示。

选中图片后打开 "段落" 对话框，在 "间距" 栏下设置 "行距" 为 "单倍行距"，单击 "确定" 按钮，即可重新显示完整图片，如图 A-22 所示。

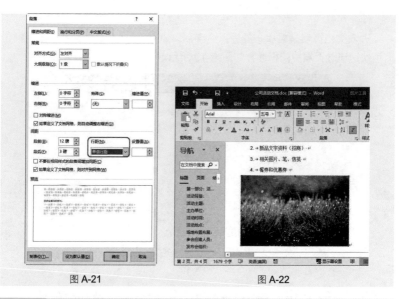

图 A-21　　　　　　　　　　　　　图 A-22

在文档中输入文字之后会吞掉后面的文字，该如何解决

问题描述：在文档中输入一段文字之后，当将光标插入句子中间并输入新文本之后，新的文字会吞掉后面的文字，如图 A-23、图 A-24 所示，该如何解决？

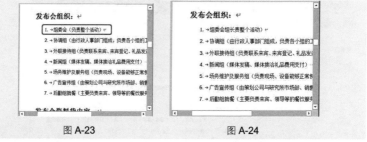

图 A-23　　　　　　　　　　　　　图 A-24

问题解答：

这是因为在输入文本时不小心将"插入模式"变成了"改写模式"，只要更换模式，即可正确输入文本。

按一下键盘上的"Insert"键后，即可切换"改写模式"为"插入模式"，实现文字的正常输入。

设置段落行间距为最小值也无法缩小间距，该如何解决

问题描述：Word 中使用某些字体时，如微软雅黑，会发现行间距过宽，即使重新设置行间距为"最小值"也无法解决问题，如图 A-25 所示。

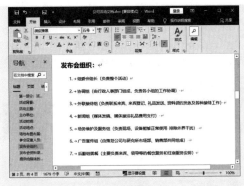

图 A-25

问题解答：

出现这种问题是因为默认没有对齐文档网格，重新设置间距即可。

选中需要调整行间距的文本段落，并打开"段落"对话框，取消选中"如果定义了文档网格，则对齐到网格"复选框（见图 A-26），间距就会变得紧凑了。无论使用哪种字体都不会有影响，如图 A-27 所示。

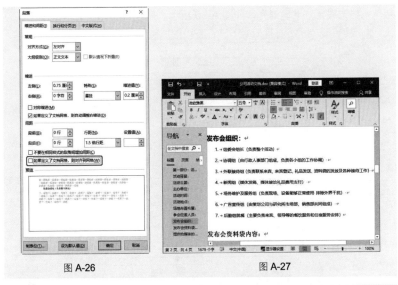

图 A-26   图 A-27

问题 13 文档中插入了图片却无法移动，该如何解决

问题描述：在文档中的指定位置插入图片之后，无法对图片的位置进行移动。

问题解答：

这是因为在文档中插入的图片默认是"嵌入型"形式，重新更改图片环绕方式为其他形式即可。

选择"图片工具"→"格式"→"排列"选项组中的"环绕文字"→"四周型"命令，如图 A-28 所示，即可对图片进行移动并调整显示位置，如图 A-29 所示。

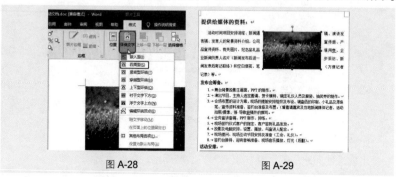

图 A-28   图 A-29

问题 14　在文档中插入的表格边线无法准确对齐，该如何调整

问题描述：在编辑 Word 表格时，直接拖动表格边线来调整列宽时，有个别单元格边线无法准确对齐，如图 A-30 所示。

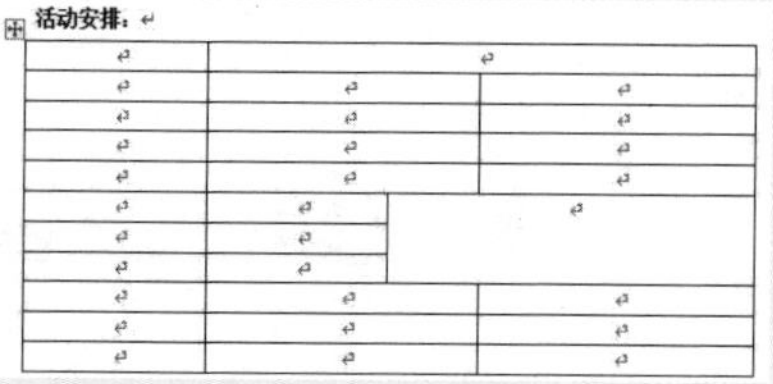

图 A-30

问题解答：

按住"Alt"键的同时，按住鼠标左键不释放并拖动表格边线，根据参考线即可实现边线微调对齐，如图 A-31 所示。

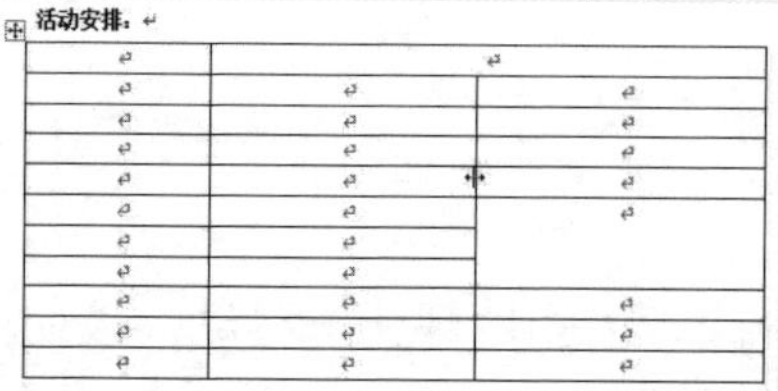

图 A-31

问题 15　插入新页面时总会出现分页符，该如何快速清除

问题描述：在文档的任意页中插入新页时，总会出现 "分页符" 标记，影响文档的美观和阅读性，如图 A-32 所示。

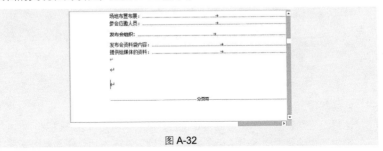

图 A-32

问题解答：

打开文档后，打开 "查找和替换" 对话框，将光标置于 "查找内容" 后的文本框，再选择 "特殊格式" 列表中的 "手动分页符" 命令（见图 A-33）。此时可以看到文本框中输入的查找内容，单击 "全部替换" 按钮（见图 A-34），即可统一删除文档中的所有分页符标记。

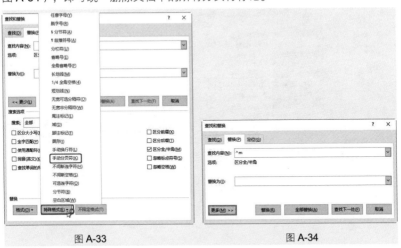

图 A-33　　　　　　　　　　　　　图 A-34

问题 16　文档编号后另起一行时出现顶格排版，如何取消

问题描述：对文档编号后，发现第二行的文本自动顶格排版了，看起来杂乱无章不美观，如图 A-35 所示。

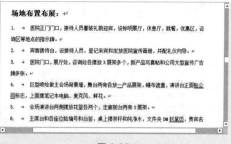

图 A-35

问题解答：

这是因为默认的文本缩进值为 0 字符，重新调整文本字符数值即可。

选中添加编号的文本段落后单击鼠标右键，在弹出的快捷菜单中选择"调整列表缩进"命令（见图 A-36），打开"调整列表缩进量"对话框。

调整编号位置和文本缩进值即可，单击"确定"按钮，即可看到另起一行时自动缩进显示文本，如图 A-37 所示。

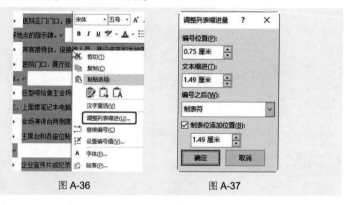

图 A-36　　　　　　　　　图 A-37

附录 B Excel 问题集

1. 选项设置问题

问题 1 鼠标指针指向任意功能按钮时都看不到屏幕提示

问题描述：在 Excel 的工作界面中，将鼠标指针悬停在功能按钮上两秒钟都会显示出屏幕功能提示，可是现在无论怎么放置鼠标指针都看不到提示了，如图 B-1 所示。

问题解答：

这是因为屏幕提示的功能被关闭了，只要重新启用就可以显示。

选择"文件"→"选项"命令，打开"Excel 选项"对话框，选择"常规"选项卡，单击"屏幕提示样式"右侧的下拉按钮，在下拉列表框中重新选择"在屏幕提示中显示功能说明"选项（见图 B-2），单击"确定"按钮，即可恢复屏幕提示功能。

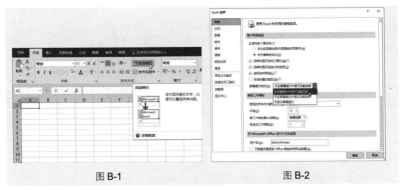

图 B-1　　　　　　　　　　　　　　图 B-2

问题 2 打开工作簿发现工作表的行号、列标都不显示

问题描述：工作表中的行号和列标都不显示，这给实际操作带来很多不便，如图 B-3 所示。

问题解答:

这是因为误操作将行号和列标隐藏起来了,通过如下方法可以恢复到默认设置。

选择"文件"→"选项"命令,打开"Excel选项"对话框。选择"高级"选项卡,在"此工作表的显示选项"栏中重新将"显示行和列标题"复选框选中,如图B-4所示。单击"确定"按钮,退出"Excel选项"对话框即可显示。

图 B-3   图 B-4

问题 3   **想填充数据或复制公式,但找不到填充柄**

问题描述:当选中单元格时,将鼠标放在单元格右下角,鼠标指针变成实心十字形(见图B-5);如果发现找不到填充柄(见图B-6),那么无论怎样拖动鼠标都不能进行数据填充了。

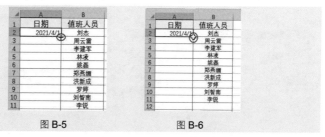

图 B-5   图 B-6

问题解答:

这是因为填充柄和拖放功能被取消了,重新选中即可使用。

选择"文件"→"选项"命令,打开"Excel选项"对话框。选择"高级"选项卡,在"编辑选项"栏中重新将"启用填充柄和单元格拖放功能"复选框选中,如图B-7所示,单击"确定"按钮退出即可。

图 B-7

问题 4　工作簿中的垂直滚动条和水平滚动条不见了是怎么回事

问题描述：打开工作簿，发现无论哪张工作表，工作簿中的垂直滚动条和水平滚动条都不见了。

问题解答：

出现这种情况是因为他人对选项进行了相关设置，通过如下设置可以恢复显示。

选择"文件"→"选项"命令，打开"Excel 选项"对话框。选择"高级"选项卡，在"此工作簿的显示选项"栏中重新将"显示水平滚动条"和"显示垂直滚动条"复选框都选中，如图 B-8 所示，单击"确定"按钮即可。

图 B-8

问题 5　滑动鼠标中键向下查看数据时，工作表中的内容却随之进行缩放

问题描述：滑动鼠标中键向下查看数据时，工作表中的内容却随之进行缩

放，并不向下显示数据。

问题解答：

出现这种情况，是因为人为启用了智能鼠标缩放功能，通过如下步骤将其关闭即可。

选择"文件"→"选项"命令，打开"Excel 选项"对话框。选择"高级"选项卡，在"编辑选项"栏中取消选中"用智能鼠标缩放"复选框，如图 B-9 所示，单击"确定"按钮即可。

图 B-9

问题 6　工作表中显示了很多计算公式，并没有计算结果

问题描述：在对数据进行计算时，计算结果的单元格中始终显示输入的公式，却不显示公式的计算结果。

问题解答：

出现这种情况，是由于启用了"在单元格中显示公式而非其计算结果"这一功能。将这一功能取消即可恢复计算功能。

选择"文件"→"选项"命令，打开"Excel 选项"对话框。选择"高级"选项卡，在"此工作表的显示选项"栏中取消选中"在单元格中显示公式而非其计算结果"复选框，如图 B-10 所示，单击"确定"按钮即可。

问题 7　更改了数据源的值，公式的计算结果并没有自动更新是什么原因

问题描述：在单元格中输入公式后，被公式引用的单元格只要发生数据更改，公式则会自动重新计算得出结果。现在无论怎么更改数值，公式的计算结果始终保持不变。

图 B-10

问题解答：

出现这种计算结果不能自动更新的情况，是因为关闭了"自动重算"这项功能，可按如下方法进行恢复。

选择"文件"→"选项"命令，打开"Excel 选项"对话框。选择"公式"选项卡，在"计算选项"栏中重新选中"自动重算"单选按钮，如图 B-11 所示，单击"确定"按钮即可。

图 B-11

问题 8　添加"自动筛选"后，日期值却不能自动分组筛选

问题描述：添加"自动筛选"后，默认情况下日期可以分组筛选，这样可以方便对同一阶段下的日期进行筛选，如同一年的记录、同一月的记录。可是现在添加"自动筛选"后，却无法自动分组，如图 B-12 所示。

图 B-12

问题解答：

如果出现日期不能分组的情况，是因为这一功能被取消了。可以按如下方法恢复。

选择"文件"→"选项"命令，打开"Excel 选项"对话框。选择"高级"选项卡，在"此工作簿的显示选项"栏中重新将"使用'自动筛选'菜单分组日期"复选框选中，如图 B-13 所示。单击"确定"按钮退出，即可看到日期可以分组筛选了，如图 B-14 所示。

图 B-13　　　　　　　　　　　　图 B-14

2. 函数应用问题

问题 9　**两个日期相减时不能得到差值天数，却返回一个日期值**

问题描述：根据员工的出生日期计算年龄，或者根据员工入职时间计算员工的工龄，或者其他根据日期计算结果的，得到的结果还是日期，如图 B-15 和图 B-16 所示。

	A	B	C	D
1	编号	姓名	出生日期	年龄
2	NN001	侯淑媛	1984/5/12	1900/2/1
3	NN002	孙丽萍	1986/8/22	1900/1/30
4	NN003	李平	1982/5/21	1900/2/3
5	NN004	苏敏	1980/5/4	1900/2/5
6	NN005	张文涛	1980/12/5	1900/2/5
7	NN006	孙文胜	1987/9/27	1900/1/29
8	NN007	周保国	1979/1/2	1900/2/6
9	NN008	崔志飞	1980/8/5	1900/2/5

图 B-15

	A	B	C	D
1	编号	姓名	入公司日期	工龄
2	NN001	侯淑媛	2009/2/10	1900/1/7
3	NN002	孙丽萍	2009/2/10	1900/1/7
4	NN003	李平	2011/1/2	1900/1/5
5	NN004	苏敏	2012/1/2	1900/1/4
6	NN005	张文涛	2012/2/19	1900/1/4
7	NN006	孙文胜	2013/2/19	1900/1/3
8	NN007	周保国	2013/5/15	1900/1/3
9	NN008	崔志飞	2014/5/15	1900/1/2

图 B-16

问题解答：

这是因为根据日期进行计算，显示结果的单元格会默认自动设置为日期格式，出现这种情况时手动把这些单元格设置成常规格式，就会显示数字。

选择需显示常规数字的单元格，在"开始"→"数字"选项组中单击下拉按钮，在下拉列表中选择"常规"命令，即可将日期变成数字，如图 B-17 所示。

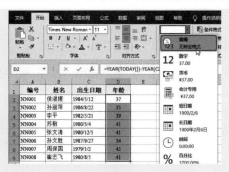

图 B-17

问题 10　公式引用单元格明明显示的是数据，计算结果却为 0

问题描述：如图 B-18 所示表格中，当使用公式来计算总应收金额时，出现计算结果为 0 的情况。可是 D 列中明明显示的是数字，为何无法计算呢？

问题解答：

出现这种情况是因为 D 列中的数据都使用了文本格式，看似显示为数字，实际是无法进行计算的文本格式。

选中"应收金额"列的数据区域，单击左上的按钮◇右侧的下拉按钮，在下拉菜单中选择"转换为数字"命令（见图 B-19），即可显示正确的计算结果，如图 B-20 所示。

图 B-18

图 B-19　　　　　　　图 B-20

问题 11　数字与"空"单元格相加，结果却报错

问题描述：在工作表中对数据进行计算时，有一个单元格为空，用一个数字与其相加时却出现了错误值。

问题解答：

出现这种情况是因为这个空单元格是空文本而并非真正的空单元格。对于空单元格，Excel 可自动转换为 0，而对于空文本的单元格则无法自动转换为 0，因此出现错误。

选中 C4 单元格，可看到编辑栏中显示＂＂，说明该单元格是空文本，而非空单元格，如图 B-21 所示。选中 C4 单元格，在编辑栏中删除＂＂，同理删除 C7 单元格中的＂＂，即可重新得出计算结果，如图 B-22 所示。

	A	B	C	D
1	姓名	面试成绩	笔试成绩	总成绩
2	林丽	72	83	155
3	甘会杰	86	89	175
4	崔小娜	81		#VALUE!
5	李洋	75	80	155
6	刘玲玲	88	85	173
7	管红同	84		#VALUE!
8	杨丽	69	79	148
9	苏冉欣	85	89	174
10	何雨欣	82	95	177

图 B-21

	A	B	C	D
1	姓名	面试成绩	笔试成绩	总成绩
2	林丽	72	83	155
3	甘会杰	86	89	175
4	崔小娜	81		81
5	李洋	75	80	155
6	刘玲玲	88	85	173
7	管红同	84		84
8	杨丽	69	79	148
9	苏冉欣	85	89	174
10	何雨欣	82	95	177

图 B-22

问题 12   LOOKUP 查找总是找不到正确结果

问题描述：我们利用 LOOKUP 函数查找数据时，有时会出现给出的条件和查找的结果不相匹配的情况。如图 B-23 所示，根据员工编号查找员工姓名，查找到到的姓名与编号不匹配。

问题解答：

出现这种情况是因为 LOOKUP 是模糊查找，而员工编号是随意编辑的，而不是有序编辑的，所以 LOOKUP 无法找到对应的数据。只需要将员工编号按升序排序即可实现正确查找。

选中"员工编号"列任意单元格，在"数据"→"排序和查找"选项组中单击"升序"按钮 $A↓$，进行升序排列。然后再输入公式进行查找，即可实现正确查找，如图 B-24 所示。

图 B-23

图 B-24

问题 13   VLOOKUP 查找对象明明是存在的却查找不到

问题描述：如图 B-25 所示，要查询"王芬"的应缴所得税，但却出现无法查询的情况。

图 B-25

问题解答：

双击 B11 单元格查看源数据，在编辑栏发现光标所处的位置与文字最后间隔有距离，即为不可见的空格，如图 B-26 所示。而这样的空格是肉眼很难发现的。因此，只要将空格删除即可得到正确的结果，如图 B-27 所示。

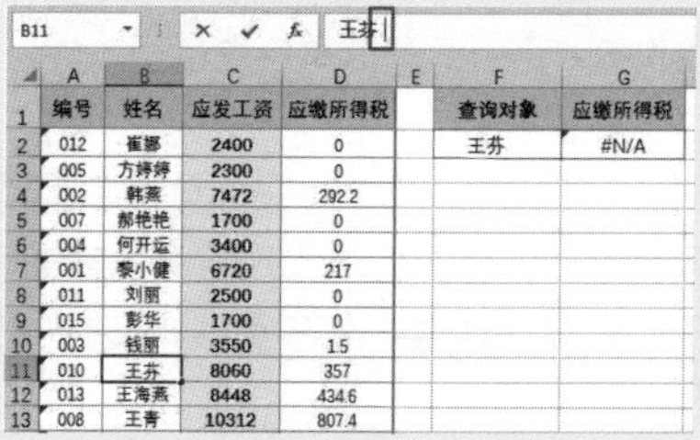

B11 王芬

	A	B	C	D	E	F	G
1	编号	姓名	应发工资	应缴所得税		查询对象	应缴所得税
2	012	崔娜	2400	0		王芬	#N/A
3	005	方婷婷	2300	0			
4	002	韩燕	7472	292.2			
5	007	郝艳艳	1700	0			
6	004	何开运	3400	0			
7	001	黎小健	6720	217			
8	011	刘丽	2500	0			
9	015	彭华	1700	0			
10	003	钱丽	3550	1.5			
11	010	王芬	8060	357			
12	013	王海燕	8448	434.6			
13	008	王青	10312	807.4			

图 B-26

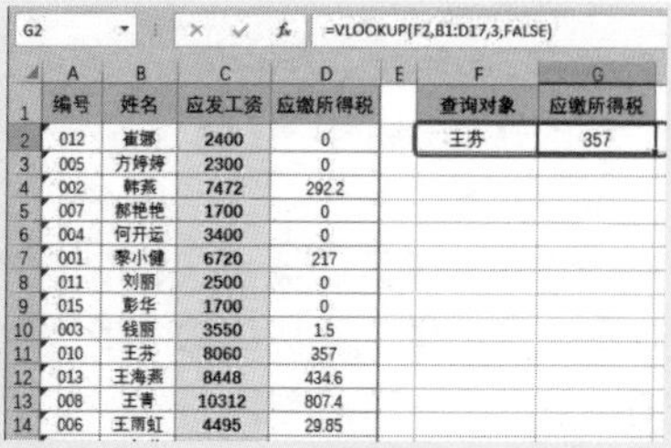

G2 =VLOOKUP(F2,B1:D17,3,FALSE)

	A	B	C	D	E	F	G
1	编号	姓名	应发工资	应缴所得税		查询对象	应缴所得税
2	012	崔娜	2400	0		王芬	357
3	005	方婷婷	2300	0			
4	002	韩燕	7472	292.2			
5	007	郝艳艳	1700	0			
6	004	何开运	3400	0			
7	001	黎小健	6720	217			
8	011	刘丽	2500	0			
9	015	彭华	1700	0			
10	003	钱丽	3550	1.5			
11	010	王芬	8060	357			
12	013	王海燕	8448	434.6			
13	008	王青	10312	807.4			
14	006	王雨虹	4495	29.85			

图 B-27

另外，在输入两个字的姓名时，有些用户为了让显示效果更加美观，习惯在中间加入空格，这样也会导致查找时出错，因此不建议使用无意义的空格。

问题 14 VLOOKUP 查找时，查找内容与查找区域首列内容不精确匹配，有办法实现查找吗？

问题描述：如图 B-28 所示统计了单位的销售数量，如图 B-29 所示统计了单位的库存量，现在需要将两张表格合并成一张，即都显示在“销售数量”工作表中。但发现两张表格的“单位名称”列不是完全一样，“库存量”工作表中单位名称前添加了编号，这使得查找出现不匹配的情况。有没有办法实现对这样数据的匹配查找？

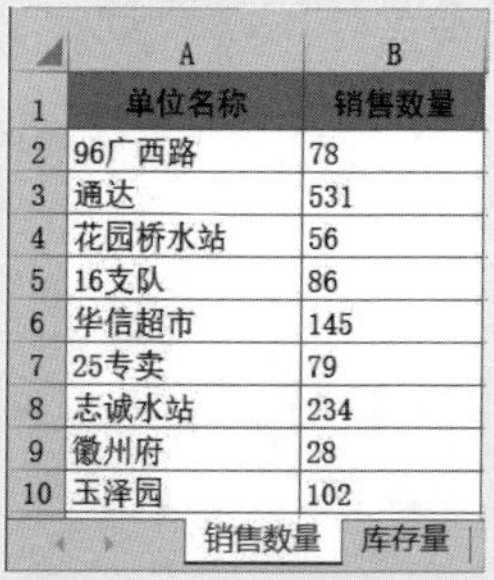

	A	B
1	单位名称	销售数量
2	96广西路	78
3	通达	531
4	花园桥水站	56
5	16支队	86
6	华信超市	145
7	25专卖	79
8	志诚水站	234
9	徽州府	28
10	玉泽园	102

销售数量 库存量

图 B-28

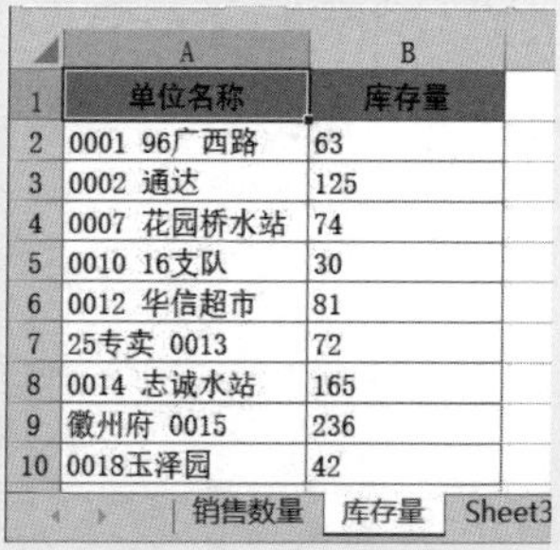

	A	B
1	单位名称	库存量
2	0001 96广西路	63
3	0002 通达	125
4	0007 花园桥水站	74
5	0010 16支队	30
6	0012 华信超市	81
7	25专卖 0013	72
8	0014 志诚水站	165
9	徽州府 0015	236
10	0018玉泽园	42

销售数量 库存量 Sheet3

图 B-29

问题解答：

这种情况就要通过通配符实现模糊查找，然后再进行匹配。

选中 C2 单元格，在编辑栏中输入公式：“=VLOOKUP(“*”&A2&”*”,库存量!$A$1:$B$10,2,0)”，按“Enter”键得出结果。

选中 C2 单元格，拖动右下角的填充柄向下复制公式，即可批量得出其他库存量数据，如图 B-30 所示。

C2 =VLOOKUP("*"&A2&"*",库存量!$A$1:$B$10,2,0)

	A	B	C	D	E	F	G
1	单位名称	销售数量	库存量				
2	96广西路	78	63				
3	通达	531	125				
4	花园桥水站	56	74				
5	16支队	86	30				
6	华信超市	145	81				
7	25专卖	79	72				
8	志诚水站	234	165				
9	徽州府	28	236				
10	玉泽园	102	42				

图 B-30

利用这种方法来设计 VLOOKUP 函数的第一个参数，如”*” &A2&” *” 代表第一个参数查找值，得到”*96 广西路 *”，即只要包含“96 广西路”就能匹配。然后在“库存量”工作表的 $A$1:$B$10 单元格区域中寻找包含 A2 单元格的值。找到后即可返回对应在 $A$1:$B$10 单元格区域第 2 列上的值。

问题 15　日期数据与其他数据合并时，不能显示为原样日期，只显示一串序列号

问题描述：如图 B-31 所示，A 列中显示工单日期，现需要将 A、B、C 列数据合并，如果直接合并，日期将被显示为序列号（从 D 列可以看到）。

问题解答：

直接合并后 A 列数据即会与其他列一样以常规形式显示，日期也会被转换为序列号，要解决这个问题，可以使用 TEXT 函数将其转换成日期形式。

选中 D2 单元格，在公式编辑栏中输入公式“=TEXT(A2,” yyyy-m-d”)&B2&C2”，按“Enter”键得出结果。

选中 D2 单元格，拖动该单元格右下角的填充柄向下填充，可以得到其他合并结果，如图 B-32 所示。

	A	B	C	D
1	工单日期	地区	城市	合并
2	2021/4/5	河北	石家庄	44291河北石家庄
3	2021/4/5	山东	东营	44291山东东营
4	2021/4/7	河北	石家庄	44293河北石家庄
5	2021/4/7	山东	烟台	44293山东烟台
6	2021/4/10	河北	邢台	44296河北邢台
7	2021/4/15	山东	东营	44301山东东营
8	2021/4/17	山东	青岛	44303山东青岛
9	2021/4/17	山东	青岛	44303山东青岛
10	2021/4/24	河北	邢台	44310河北邢台
11	2021/4/25	吉林	长春	44311吉林长春

图 B-31

D2 =TEXT(A2,"yyyy-m-d")&B2&C2

	A	B	C	D
1	工单日期	地区	城市	合并
2	2021/4/5	河北	石家庄	2021-4-5河北石家庄
3	2021/4/5	山东	东营	2021-4-5山东东营
4	2021/4/7	河北	石家庄	2021-4-7河北石家庄
5	2021/4/7	山东	烟台	2021-4-7山东烟台
6	2021/4/10	河北	邢台	2021-4-10河北邢台
7	2021/4/15	山东	东营	2021-4-15山东东营
8	2021/4/17	山东	青岛	2021-4-17山东青岛
9	2021/4/17	山东	青岛	2021-4-17山东青岛
10	2021/4/24	河北	邢台	2021-4-24河北邢台
11	2021/4/25	吉林	长春	2021-4-25吉林长春

图 B-32

TEXT 函数是将数值转换为按指定数字格式表示的文本。因此，将 A2 单元格指定为" yyyy-m-d"这种格式后就不会因为合并而转换成序列号了。

问题 16　在设置按条件求和（按条件计数等）函数的用于条件判断的参数时，如何处理条件判断问题

问题描述：判断成绩大于60的人数，设定的公式如图 B-33 所示，按"Enter"键返回结果时，弹出错误提示，无法得出结果。

问题解答：

出现上述错误的原因是设置按条件计数函数的功能参数的格式不对，这个问题是一个经常会遇到的问题，这里应记住该如何进行此类条件的设置，即要使用 " ">=" &D2"这种方式来表达，而不能直接使用判断符号。

选中 E2 单元格，在公式编辑栏中输入公式 "=COUNTIF ($B$2:$B$13,">=" &D2)"，按 "Enter" 键得出结果，如图 B-34 所示。

图 B-33　　　　　　　　　　　　　　　　图 B-34

问题 17　公式返回"#DIV/0!"错误值

问题描述：输入公式后，按 "Enter" 键，返回"#DIV/0!"错误值，如图 B-35 所示。

问题解答：

当公式中将"0"值或空白单元格作为除数时，公式返回"#DIV/0!"错误值。

选中 C2 单元格，在公式编辑栏中输入公式 "=IF(ISERROR(A2/B2)," "，A2/B2)"，按 "Enter" 键即可解决公式返回 "#DIV/0!" 错误值的问题。

将光标移到 C2 单元格的右下角，向下复制公式，即可解决所有公式返回结果为"#DIV/0!" 错误值的问题，如图 B-36 所示。

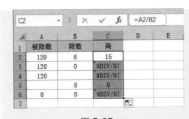

图 B-35　　　　　　　　　　　　图 B-36

问题 18　公式返回"#N>A"错误值

问题描述：输入公式后，返回"#N>A"错误值，如图 B-37 所示。

问题解答：

当在函数或公式中没有可用的数值时，将会产生此错误值。

如图 B-37 所示的公式中，VLOOKUP 函数进行数据查找时，找不到匹配的值时就会返回"#N/A"错误值（公式中引用了 B11 单元格的值作为查找源，而 A2:A8 单元格区域中找不到 B11 单元格中指定的值，所以返回了错误值）。

选中 B11 单元格，在单元格中将错误的员工姓名更改为正确的"孙丽丽"，即可消除错误值从而得到正确的查询结果，如图 B-38 所示。

图 B-37

图 B-38

问题 19　公式返回"#NAME?"错误值

问题描述：输入公式后，返回"#NAME?"错误值。

问题解答：

出现这种情况有 4 种可能。

1. 输入的函数和名称拼写错误

如图 B-39 所示，当计算学生的平均成绩时，在公式中将 AVERAGE 函数错误地输入为"AVEAGE"时，公式会返回"#NAME?"错误值。此时只要将函数名称修改正确即可。

2. 公式中使用文本作为参数时未加双引号

如图 B-40 所示，在求某一位销售人员的总销售金额时，在公式中没有对"唐小军"这样的文本常量加上双引号（半角状态下的双引号），导致返回结果为"#NAME?"错误值。

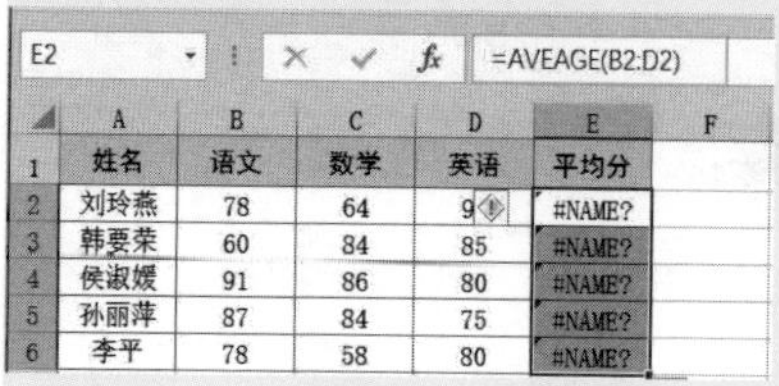

E2 =AVEAGE(B2:D2)

	A	B	C	D	E	F
1	姓名	语文	数学	英语	平均分	
2	刘玲燕	78	64	9	#NAME?	
3	韩要荣	60	84	85	#NAME?	
4	侯淑媛	91	86	80	#NAME?	
5	孙丽萍	87	84	75	#NAME?	
6	李平	78	58	80	#NAME?	

图 B-39

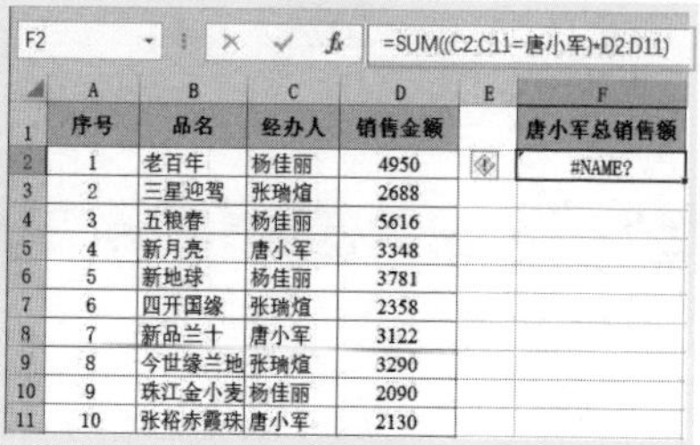

F2 =SUM((C2:C11=唐小军)*D2:D11)

	A	B	C	D	E	F
1	序号	品名	经办人	销售金额		唐小军总销售额
2	1	老百年	杨佳丽	4950		#NAME?
3	2	三星迎驾	张瑞煊	2688		
4	3	五粮春	杨佳丽	5616		
5	4	新月亮	唐小军	3348		
6	5	新地球	杨佳丽	3781		
7	6	四开国缘	张瑞煊	2358		
8	7	新品兰十	唐小军	3122		
9	8	今世缘兰地	张瑞煊	3290		
10	9	珠江金小麦	杨佳丽	2090		
11	10	张裕赤霞珠	唐小军	2130		

图 B-40

选中 F2 单元格，将公式重新输入为"=SUM((C2:C11="唐小军")*D2:D11)"，按"Ctrl+Shift+Enter"组合键即可返回正确结果，如图 B-41 所示。

3. 在公式中使用了未定义的名称

如图 B-42 所示，公式"=SUM(第一季度)+SUM(第二季度)"中的"第一季度"或"第二季度"名称并未事先定义，当输入公式后按"Enter"键时，返回"#NAME?"错误值。

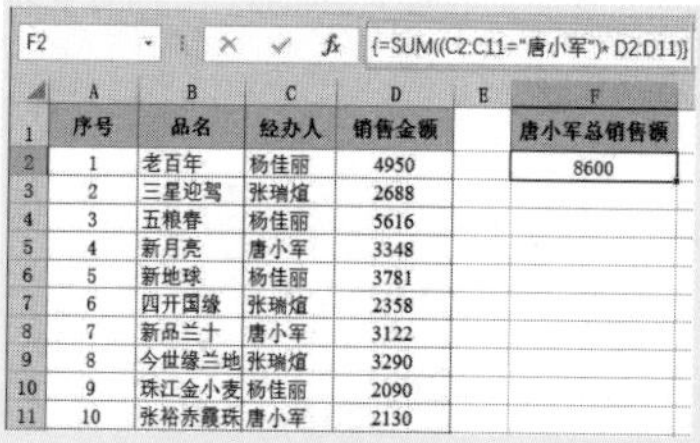

F2 {=SUM((C2:C11="唐小军")*D2:D11)}

	A	B	C	D	E	F
1	序号	品名	经办人	销售金额		唐小军总销售额
2	1	老百年	杨佳丽	4950		8600
3	2	三星迎驾	张瑞煊	2688		
4	3	五粮春	杨佳丽	5616		
5	4	新月亮	唐小军	3348		
6	5	新地球	杨佳丽	3781		
7	6	四开国缘	张瑞煊	2358		
8	7	新品兰十	唐小军	3122		
9	8	今世缘兰地	张瑞煊	3290		
10	9	珠江金小麦	杨佳丽	2090		
11	10	张裕赤霞珠	唐小军	2130		

图 B-41

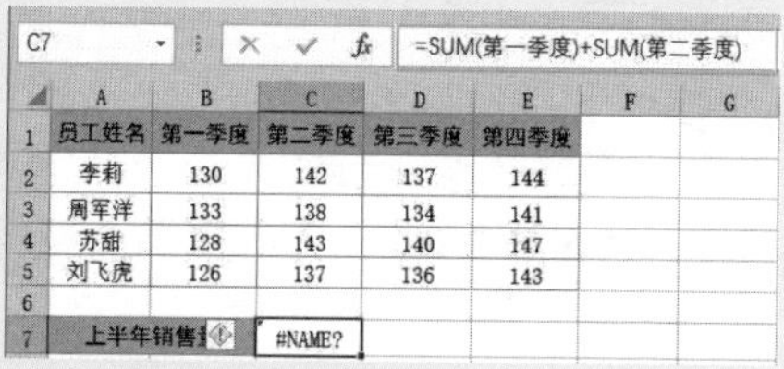

C7 =SUM(第一季度)+SUM(第二季度)

	A	B	C	D	E	F	G
1	员工姓名	第一季度	第二季度	第三季度	第四季度		
2	李莉	130	142	137	144		
3	周军洋	133	138	134	141		
4	苏甜	128	143	140	147		
5	刘飞虎	126	137	136	143		
6							
7	上半年销售		#NAME?				

图 B-42

选中"第一季度"的数据源并定义为名称（"第二季度"定义方法相同），然后再将该名称应用于公式中，即可得到正确的计算结果。

4. 引用其他工作表时，工作表名称包含空格

如图 B-43 所示，使用公式"=二 季度销售额!C4+三季度销售额!C4"计算时出现"#NAME？"错误。这是因为"二 季度销售额"工作表的名称中包含空格。

出现这类情况并非说明工作表名称中不能使用空格，如果工作表名称中包含空格，在引用数据源时工作表的名称应使用单引号。

选中 D3 单元格，将公式更改为 "='二 季度销售额'!C4+ 三季度销售额!C4"，按 "Enter" 键即可得到正确值，如图 B-44 所示。

图 B-43

图 B-44

问题 20 公式返回 "#NUM!" 错误值

问题描述：公式返回 "#NUM!" 错误值，如图 B-45 所示。

问题解答：

这是因为引用了无效的参数。

如图 B-45 所示，在求某数值的算术平方根时，SQRT 函数中引用了 A3 单元格，而 A3 单元格中的值为负数，所以会返回 "#NUM！" 错误值。正确地引用函数的参数，即可返回正确值。

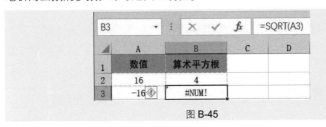

图 B-45

问题 21 公式返回 "#VALUE!" 错误值

问题描述：输入公式后，返回 "#VALUE!" 错误值。

问题解答：

出现这种情况有两种可能。

1. 公式中将文本类型的数据参与了数值运算

如图 B-46 所示，在计算销售员的销售金额时，参与计算的数值带上产品单位或单价单位（为文本数据），导致返回的结果出现"#VALUE!"错误值。

在 B3 和 C2 单元格中，分别将"套"和"元"文本删除，即可返回正确的计算结果，如图 B-47 所示。

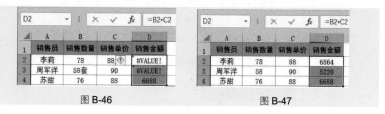

图 B-46　　　　　　　　　图 B-47

2. 有些数组运算未按"Ctrl+Shift+Enter"组合键结束

如图 B-48 所示，在 B1 单元格中输入数组公式"=AND(A4:B12>0.1, A4:B12<0.2)"，直接按"Enter"键会返回"#VALUE!"错误值。

B1	▼	：	×	✓	fx	=AND(A4:B12>0.1,A4:B12<0.2)	
	A	B	C	D	E	F	G
1	是否达	#VALUE!					
2							
3	测试1	测试2					
4	0.12	0.13					
5	0.13	0.14					
6	0.16	0.15					
7	0.17	0.18					
8	0.17	0.19					
9	0.17	0.18					
10	0.16	0.18					
11	0.17	0.19					
12	0.11	0.17					

图 B-48

数组运算公式输入完成后，按"Ctrl+Shift+Enter"组合键结束，即可得到正确结果。

问题 22　公式返回"#REF!"错误值

问题描述：公式返回"#REF!"错误值。

问题解答：

公式返回"#REF!"错误值是因为公式计算中引用了无效的单元格。

如图 B-49 所示，在 C 列中建立的公式使用了 B 列的数据，当将 B 列删除时，此时公式已经找不到可以用于计算的数据，就会出现"#REF!"错误值，如图 B-50 所示。

C2		× ✓ fx	=B2/SUM($B$3:$B$8)			
▲	A	B	C	D	E
1	姓名	总销售额	占总销售额比例		
2	张芳	687.4	31.03%		
3	何力洋	410	18.51%		
4	李殊	209	9.43%		
5	苏甜	501	22.62%		
6	崔娜娜	404.3	18.25%		
7	何丽	565.4	25.52%		
8	孙翔	125.5	5.67%		

图 B-49

B2		× ✓ fx	=#REF!/SUM(#REF!)			
▲	A	B	C	D	E
1	姓名	占总销售额比例			
2	张芳	#REF!			
3	何力洋	#REF!			
4	李殊	#REF!			
5	苏甜	#REF!			
6	崔娜娜	#REF!			
7	何丽	#REF!			
8	孙翔	#REF!			

图 B-50

如果在 A 工作簿中引用了 B 工作簿中 Sheet1 工作表的 B5 单元格数据进行运算，那么删除 B 工作簿中的 Sheet1 工作表后就会出现"#REF!"错误值；如果删除了 B 工作簿中的 Sheet1 工作表的 B 列也会出现"#REF!"错误值。如果公式引用的数据源一定要删除，为了保留公式的运算结果，则可以先将公式的计算结果转换为数值。

3. 数据透视表问题

问题 23 **创建数据透视表时弹出"数据透视表字段名无效"的提示框**

问题描述：创建数据透视表时，出现以下错误信息："数据透视表字段名无效……"，如图 B-51 所示。

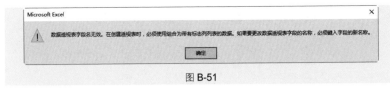

Microsoft Excel

⚠ 数据透视表字段名无效。在创建透视表时，必须使用组合为带有标志列表的数据。如果要更改数据透视表字段的名称，必须键入字段的新名称。

确定

图 B-51

问题解答：

出现这种提示信息表示，数据源中的一个或多个列没有标题名称。因此，必须保证要建立数据透视表的数据源是完整无缺的。所以，事先必须对数据进行整理合格后，才能进行创建数据透视表。

问题 24 **创建的数据透视表总是使用"计数"而不使用"求和"**

问题描述：在数据源中有一个包含数字的列，当格式为真正的数字时，可以求和。但是，在每次试图将其添加到数据透视表时，Excel 总是会自动对字段使用"计数"，而不是"求和"，如图 B-52 所示。因此，为满足"求和"运算需求，只能手动将计算方法更改为"求和"。

图 B-52

问题解答：

如果在源数据列存在任何文本值，Excel 都会自动对该列的数据字段应用"计数"。即使有一个空单元格，也会导致 Excel 对该列数据字段应用"计数"。在源数据列中很有可能包含文本值或空白单元格，如图 B-53 所示。要解决该问题，只需从源数据列中删除文本值或空白单元格，然后刷新数据透视表。

	A	B	C	D	E	F
1	日期	名称	品牌	数量	单价	销售额
2	2021/4/1	低领烫金毛衣	曼茜	2	108	216
3	2021/4/1	毛呢短裙	曼茜	1	269	269
4	2021/4/1	泡泡袖风衣	路一漫	1	329	
5	2021/4/1	热卖混搭超值三件套	伊美人	1	398	398
6	2021/4/1	修身低腰牛仔裤	曼茜	1	309	309
7	2021/4/2	海变高领打底毛衣	路一漫	2	99	198
8	2021/4/2	甜美V领针织毛呢连衣裙	路一漫		178	356
9	2021/4/2	加厚桃皮绒休闲裤	伊美人	1	318	318
10	2021/4/3	镶毛毛裙摆式羊毛大衣	衣衣布舍	1	719	719
11	2021/4/3	开衫小鹿印花外套	衣衣布舍	1	129	129
12	2021/4/3	大翻领卫衫外套	路一漫	1	118	118
13	2021/4/3	泡泡袖风衣	曼茜	2	299	
14	2021/4/3	OL风长款毛呢外套	路一漫	1	359	359
15	2021/4/4	薰衣草飘袖冬装裙	伊美人	1	329	329
16	2021/4/4	修身荷花袖外套	衣衣布舍		258	258

图 B-53

如果数字是文本数字，统计时也会出现无法求和这种情况。此时可以选中文本数据，单击左上角的黄色按钮，在弹出的下拉列表中选择"转换为数字"命令，如图 B-54 所示，即可一次性地将文本数字更改为数值数字。转换后需要重新更改值字段的汇总方式为"求和"，数据透视表才能显示正确的统计结果。

图 B-54

问题 25 透视表的列宽无法保留

问题描述：刷新数据透视表或选择刷取字段中的一个新项时，包含标题的列会自动调整为列宽适合的宽度，当不希望更改已经做好的报表格式时，操作会比较麻烦。

问题解答：

使用"数据透视表选项"设置可以很容易地解决此问题。右击数据透视表，在弹出的快捷菜单中选择"数据透视表选项"命令，打开"数据透视表选项"对话框，选择"布局和格式"选项卡，取消选中"更新时自动调整列宽"复选框，如图 B-55 所示，单击"确定"按钮即可。

图 B-55

问题 26 字段分组时弹出提示，无法进行分组

问题描述：试图在数据透视表中给字段分组时，出现以下错误消息："选定区域不能分组"，如图 B-56 所示。

图 B-56

问题解答：

当出现以下情况之一时，将无法进行分组。

（1）试图分组的字段是一个文本字段，如图 B-57 所示。

图 B-57

（2）试图分组的字段是一个数据字段，但 Excel 将其识别为文本。如图 B-58 所示的表格中，"分数"列虽显示为数字，但该列是文本格式的，因此在建立数据透视表后对分数分组时，弹出无法分组的提示。

图 B-58

（3）试图分组的字段是数据透视表的报表筛选区域。

采取下列步骤可以解决该问题。

① 查找源数据，确保试图分组的字段是数据格式，并且不包含文本。删除所有的文本，将单元格的格式设置为数据格式，使用"0"填充所有空单元格。

② 选中数据源中试图分组的字段的列。在功能区选择"数据"→"数据工具"选项组，然后单击"分列"按钮，打开"文本分列向导"对话框。将数据更新

为正确的形式（数字或者日期），然后再刷新数据透视表。

③如果试图分组的字段在数据透视表的筛选字段中，可将该字段移动到行字段或列字段，然后对字段中的数据项进行分组。在设置分组字段后，即可将其移回筛选区域。

问题 27 透视表中将同一个数据项显示两次

问题描述：数据透视表将同一个数据项显示两次，并将每个数据项当作一个单独的实体。例如，实例中的“曼茵”出现了两次（见图 B-59），这是不正确的，如果这两个数据相同，那么它们应该合并为一个结果。

	A	B	C	D
1	行标签	求和项:数量	求和项:销售额	
2	路一漫	8	1689	
3	曼 茵	3	485	
4	曼茵	3	909	
5	伊美人	3	1045	
6	衣衣布舍	6	2082	
7	**总计**	**23**	**6210**	

图 B-59

问题解答：

大多数情况下是数据输入不规范导致的，可以查看数据源是否有不可见的字符或者空格，或者数据类型不统一的问题（文本型的数字或日期）。如果出现这种差异，程序会将它作为另一个对象单独进行统计。

问题 28 删除了数据项，但其字段仍然显示在筛选区域中

问题描述：从源数据中删除了一个数据项，并刷新了数据透视表。但是该数据项仍然在数据透视表中显示（见图 B-60），数据透视表仍在其透视表的缓存中保存了该数据项。

	A	B	C	D	E	F
1	日期	名称	品牌	数量	单价	销售额
2	2021/4/3	镶毛毛裙摆式羊毛大衣	衣衣布舍	1	719	719
3	2021/4/3	开衫小鹿印花外套	衣衣布舍	1	129	129
4	2021/4/4	修身荷花袖外套	衣衣布舍		258	258
5	2021/4/4	韩版V领修身中长款毛衣	衣衣布舍	2	159	318
6	2021/4/4	泡泡袖风衣	衣衣布舍	1	299	299
7	2021/4/4	OL风长款毛昵外套	衣衣布舍	1		
8	2021/4/1	热卖混搭超值三件套	伊美人	1		
9	2021/4/2	加厚桃皮绒休闲裤	伊美人	1		
10	2021/4/4	薰衣草飘袖冬装裙	伊美人	1		
11	2021/4/1	低领烫金毛衣	曼茵	2		
12	2021/4/1	毛昵短裙	曼茵	1		
13	2021/4/1	修身低腰牛仔裤	曼茵	1		
14	2021/4/3	泡泡袖风衣	曼茵	2		
15						
16						
17						

	A	B	C
1			
2			
3	行标签	求和项:数量	求和项:销售额
4	路一漫	8	1689
5	曼茵	6	1394
6	伊美人	3	1045
7	衣衣布舍	6	2082
8	**总计**	**23**	**6210**

图 B-60

问题解答：

右击数据透视表，在弹出的快捷菜单中选择"数据透视表选项"命令，打开"数据透视表选项"对话框，选择"数据"选项卡，单击"每个字段保留的项数"下拉按钮，选择"无"选项，如图 B-61 所示，单击"确定"按钮即可。

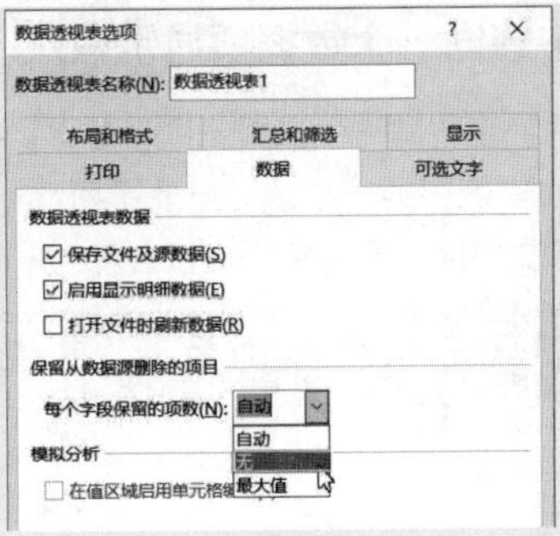

图 B-61

问题 29 刷新数据透视表时，统计的数据消失了

问题描述：刷新数据透视表时，放入值区域的字段消失了，并删除了数据透视表中的数据。

问题解答：

出现这种情况是因为更改了放入值区域的字段的名称。例如，创建一个数据透视表，并拖入一个名为"销售额"的字段放到数据透视表的值区域（见图 B-62）。这时，如果在源数据中将"销售额"列的标题名称更改为"销售金额"，当刷新数据透视表时，值区域的数据将消失（见图 B-63）。

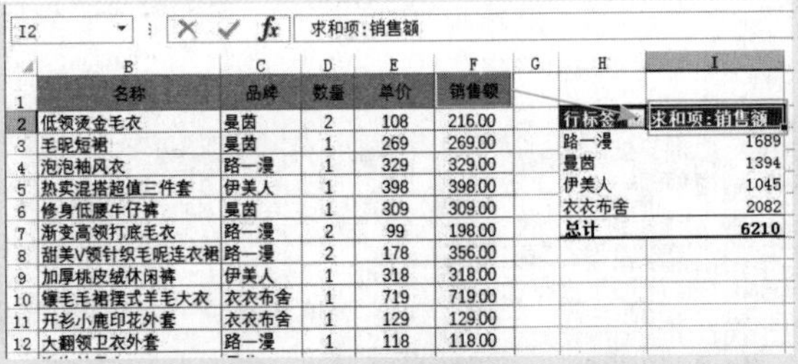

图 B-62

原因在于，当刷新时数据表将刷新源数据的缓存，但发现"销售额"字段已经不存在了。数据透视表当然无法计算不存在的字段。要解决这个问题，打开"数据透视表列表"，将新字段拖入值区域中。

| I20 | | | f_x | | | | | |

B	C	D	E	F	G	H	I
名称	品牌	数量	单价	销售金额			
低领烫金毛衣	曼茵	2	108	216.00		行标签 ▼	
毛呢短裙	曼茵	1	269	269.00		路一漫	
泡泡袖风衣	路一漫	1	329	329.00		曼茵	
热卖混搭超值三件套	伊美人	1	398	398.00		伊美人	
修身低腰牛仔裤	曼茵	1	309	309.00		衣衣布舍	
渐变高领打底毛衣	路一漫	2	99	198.00		总计	
甜美V领针织毛呢连衣裙	路一漫	2	178	356.00			
加厚桃皮绒休闲裤	伊美人	1	318	318.00			

图 B-63

问题 30 在数据透视表中添加计算项时，为什么"计算项"为灰色不可用

问题描述：在数据透视表中添加计算项时，"计算项"为灰色不可用。

问题解答：

出现这种情况是因为在执行该命令前没有选中"行标签"或"列标签"下的单元格（可能选中的是数据透视表的数据统计区的单元格），因为计算项是针对字段的操作。

例如，如图 B-64 所示的数据透视表，要想建立计算项，必须选中 B3 或 C3 单元格，或选中"品牌"列下面的单元格（当然，在"品牌"字段下面添加计算项不具任何意义）。

图 B-64

问题 31 解决更新数据源后数据透视表不能同步更新的问题

问题描述：当对数据透视表的数据源进行更新后，数据透视表的计算结果不能同步更新。

问题解答：

数据透视表不能同步更新，此时需要手动进行更新；或通过数据透视表选项进行设置，以实现下次更改数据源后，数据透视表也能同步更新。

1. 手动设置

重新更新数据源后，选中数据透视表中的任意单元格，切换到"数据透视表工具"→"分析"菜单，单击"数据"选项组中的"刷新"按钮（见图 B-65），即可按新数据源显示数据透视表。也可直接按"Alt+F5"快捷键快速更新。

2. 数据透视表选项设置

选中数据透视表，切换到"数据透视表工具"→"分析"菜单，在"数据透视表"选项组中单击按钮 选项·，打开"数据透视表选项"对话框。选择"数据"选项卡，选中"打开文件时刷新数据"复选框，如图 B-66 所示，单击"确定"按钮。

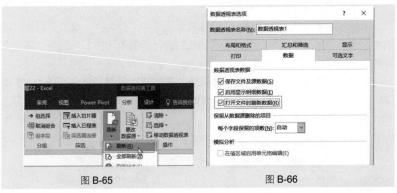

图 B-65　　　　　　　　　　　　　图 B-66

4. 图表问题

问题 32　创建复合饼图时，为何总达不到需要的细分要求

问题描述：在建立复合饼图时总是达不到需要的二级分类要求，如图 B-67 所示，显然该图不满足需要的表达效果（第一绘图区应该包含两个值，第二绘图区应该包含 3 个值）。

问题解答：

在创建复合饼图时，程序会随机对第二扇区的包含值进行分配，因此建立默认图表后需要手动对第二扇区的包含值进行更改才能获取正确的图表。

在图表扇面上单击鼠标右键，在弹出的快捷菜单中选择"设置数据系列格式"命令（见图 B-68），打开"设置数据系列格式"窗格，设置"第二绘图区中的值"为"3"，如图 B-69 所示。

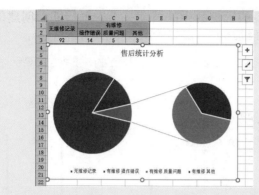

图 B-67

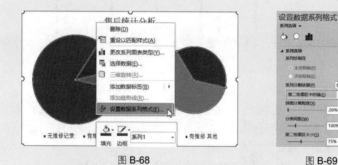

图 B-68　　　　　　　　　　　　　图 B-69

重新设置第二扇区的值后，即可得到正确的图表，如图 B-70 所示。

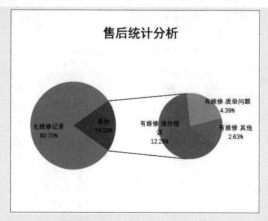

图 B-70

问题 33　图表的数据源中的日期是不连续日期，创建的图表是断断续续的，该如何解决

问题描述：创建的图表柱形都是间断显示的，不能连续显示，如图 B-71 所示。

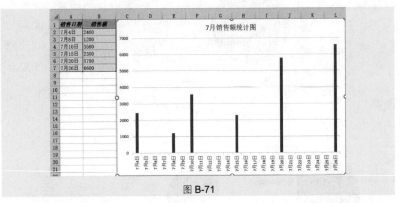

图 B-71

问题解答：

出现这种问题主要是因为图表在显示时，默认数据中的日期为连续日期，会自动填补日期断层，而所填补日期因为没有数据，也就会出现柱形图出现间隔的问题。此时可按如下方法来解决。

选中图表，在横坐标轴上右击，在弹出的快捷菜单中选择"设置坐标轴格式"命令，打开"设置坐标轴格式"窗格。在"坐标轴选项"选项卡中选中"文本坐标轴"单选按钮（见图 B-72），关闭"设置坐标轴格式"窗格，并美化完善图表，效果如图 B-73 所示。

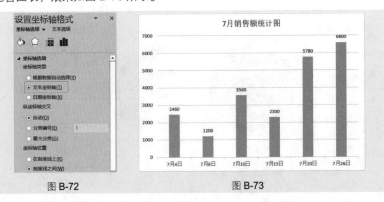

图 B-72　　　　　　　　　图 B-73

问题 34 条形图垂直轴标签显示月份数时从大到小显示，有办法调整吗

问题描述：条形图的垂直轴标签默认情况下与数据源的显示顺序不一致，如果图表是表达日期序列，则会造成日期排序颠倒，如图 B-74 所示数据标签显示为从 6 月到 1 月，不符合常规。

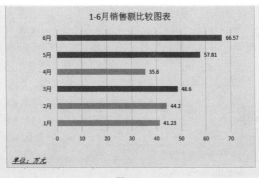

图 B-74

问题解答：

要解决这个问题有两个办法：一是把数据源反向建立，即按从 6 月到 1 月这种方式记录；二是通过启用"逆序类别"，操作如下。

在垂直轴上单击鼠标右键（条形图与柱形图相反，水平轴为数值轴），在弹出的快捷菜单中选择"设置坐标轴格式"命令，打开"设置坐标轴格式"窗格。同时选中"逆序类别"复选框和"最大分类"单选按钮，如图 B-75 所示。关闭"设置坐标轴格式"窗格，可以看到图表标签按正确的顺序显示，如图 B-76 所示。

图 B-75

图 B-76

问题 35 更改了图表数据源，为何图表中数据标签没有同步更改

问题描述：如图 B-77 所示，在图表数据源表格中更改了 1 月"销售额"的金额，但是图表中添加的数据标签却没有同步更改。

问题解答：

出现更改数据源而数据标签没有同步更改的情况，这是因为图表数据源与数据标签失去了链接（如手工更改了数据标签的值），只要重新建立链接即可解决问题。

选中要重新建立链接的数据标签（见图 B-77），单击鼠标右键，在弹出的快捷菜单中选择"设置数据标签格式"命令，打开"设置数据标签格式"窗格，在"标签选项"栏下单击"重设标签文本"按钮即可，如图 B-78 所示。

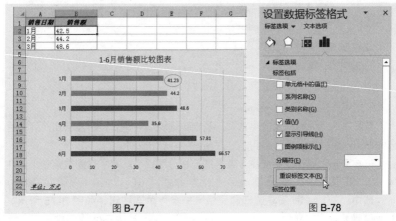

图 B-77　　　　　　　　　　　　　　图 B-78

5. 其他问题

问题 36 输入一串数字，按"Enter"键后显示为科学计数方式的数字

问题描述：输入保单号后，按"Enter"键后显示结果如图 B-79 所示。

问题解答：

保单号是由一串数字组成的，当将这一串数字输入单元格中时，Excel 默认其为数值型数据，但当数据长度大于 6 时将显示为科学计数，即出现了"5.5E+11"这种样式。

选中要输入保单号的单元格区域，在"开始"→"数字"选项组中单击设

置框右侧的按钮 ▾，在打开的下拉菜单中选择 "文本" 命令。在设置了 "文本" 格式的单元格中输入保单号即可正确显示，如图 B-80 所示。

图 B-79

图 B-80

问题 37 填充序号时不能自动递增

问题描述：在 A2 单元格中输入序号 "1"，然后拖动 A2 单元格右下角的填充柄向下填充序号，结果出现序号没有自动递增的情况，如图 B-81 所示。

图 B-81

问题解答：

仅仅输入一个序号 "1"，程序自动判断是复制数据，所以还要进一步操作才能填充递增序列。要解决这个问题有两个方法。

1. 输入两个填充源

在 A2 单元格输入 "1"，在 A3 单元格输入 "2"，然后选中 A1:A2 单元格区域，拖动右下角的填充柄，如图 B-82 所示，即可自动填充递增序列。

2. 利用 "自动填充选项" 功能

在 A2 单元格输入 "1"，然后拖动 A2 单元格右下角的填充柄向下填充，出现 "自动填充选项" 按钮 ⊞ ，单击此按钮，在弹出的菜单中选中 "填充序列" 单选按钮，如图 B-83 所示，即可填充递增序列。

	A	B	C	D
1	序号	代理人姓名	保单号	佣金率
2	1	陈坤	550000241780	0.06
3	2	杨蓉蓉	550000255442	0.06
4		周陈发	550000244867	0.06
5		赵韵	550000244832	0.1
6		何海丽	550000241921	0.08
7		崔娜娜	550002060778	0.2
8		张恺	550000177463	0.13
9		文生	550000248710	0.06
10		李海生	550000424832	0.06

图 B-82

	A	B	C	D
1	序号	代理人姓名	保单号	佣金率
2	1	陈坤	550000241780	0.06
3	2	杨蓉蓉	550000255442	0.06
4	3	周陈发	550000244867	0.06
			550000244832	0.1
			550000241921	0.08
			550002060778	0.2
			550000177463	0.13
			550000248710	0.06
11			550000424832	0.06

○ 复制单元格(C)
⦿ 填充序列(S)
○ 仅填充格式(F)
○ 不带格式填充(O)
○ 快速填充(F)

图 B-83

问题 38　填充时间时为何不能按分钟数（秒数）递增

问题描述：在 A2 单元格输入时间，然后向下填充时间，结果是按小时递增（见图 B-84），而希望得到的是按秒递增。

问题解答：

在 A2 单元格输入"8:30:15"，在 A3 单元格输入"8:30:16"，然后选择 A2:A3 单元格区域，拖动右下角的填充柄即可实现按秒递增，如图 B-85 所示。

	A	B	C	D	E
1	计时	出场选手			
2	8:30:15	张扬			
3	9:30:15	李凯旋			
4	10:30:15	华盛宇			
5	11:30:15	陈竺			
6	12:30:15	张锦梁			
7	13:30:15	陈润			
8	14:30:15	周成宇			
9	15:30:15	余成风			
10	16:30:15	朱乐			

图 B-84

	A	B	C	D	E
1	计时	出场选手			
2	8:30:15	张扬			
3	8:30:16	李凯旋			
4		华盛宇			
5		陈竺			
6		张锦梁			
7		陈润			
8		周成宇			
9		余成风			
10		8:30:23			

图 B-85

问题 39　向单元格中输入数据时有时会弹出对话框

问题描述：在 D 列输入售价，有时会弹出如图 B-86 所示的对话框。

	A	B	C	D	E
1	姓名	所属部门	餐饮费用预算	交通费预算	
2	王磊	销售部	1000	365	
3	杨文华	销售部	1000	252	
4	钱丽	销售部	2000	390	
5	周梅	销售部	2000	452	
6	王青	销售部	1000		
7	王芬	销售部	2000		
8	陈国华	销售部			
9	王涵平	销售部			
10	王海燕	销售部			
11	张燕	销售部			
12	汪丽萍	销售部			
13					
14					

Microsoft Excel ×

⊗ 注意交通费预算！

重试(R)　取消　帮助(H)

图 B-86

问题解答：

这是因为 D 列单元格被设置了数据有效性。选择 D 列数据区域，在"数据"→"数据工具"选项组中单击"数据验证"按钮，打开"数据验证"对话框，可以看到单元格被设置了数据限制，单击"全部清除"按钮即可取消有效性限制，如图 B-87 所示。

图 B-87

问题 40　对于文本型数字，为其应用"数值"格式后仍没有转换成数值（无法计算）

问题描述：选中数值单元格，为其应用"数值"格式，但是数字数据并没有显示成数值数据（见图 B-88）。

图 B-88

问题解答：

对于已经输入的文本数值，为其应用"数值"格式，但数字数据并没有显示成数值数据。一次性转换的方法为：选中数值单元格区域，单击左上角的按钮 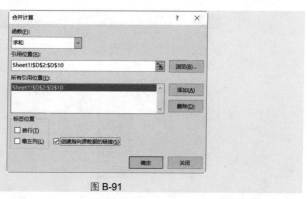，在打开的下拉列表中选择 "转换为数字" 命令（见图 B-89）即可实现快速转换。转换后即可自动重算，如图 B-90 所示。

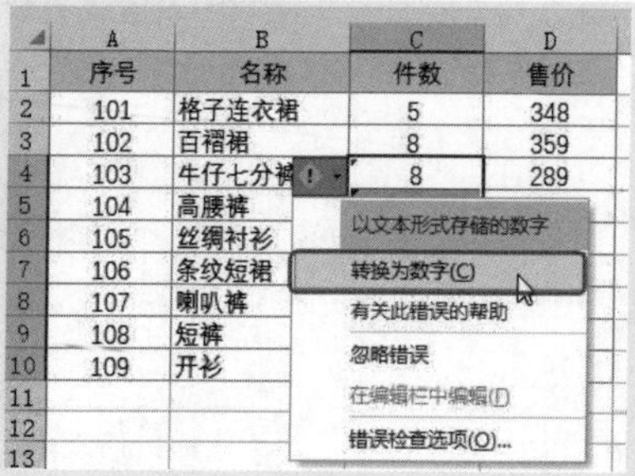

图 B-89 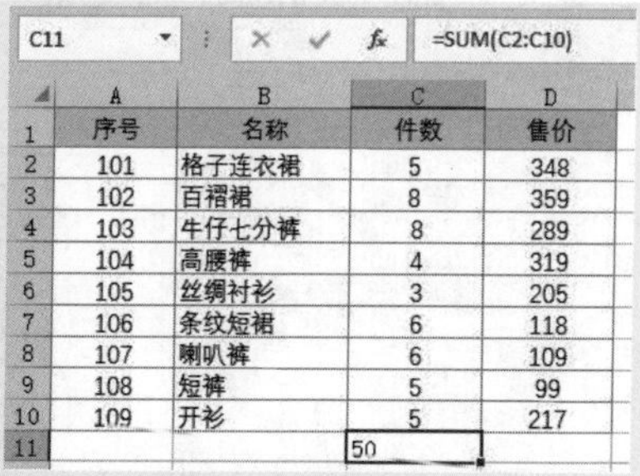　　　　　　　　　　　　图 B-90

问题 41　完成合并计算后，原表数据更新了，结果却没有同步更新

问题描述：完成合并计算后，原表数据更新了，而结果却没有同步更新，是什么原因呢？

问题解答：

在进行数据合并时，如果需要让更新后的结果随原表数据同步更新，那么在进行合并计算设置时，需要确保选中 "创建指向源数据的链接" 复选框，如图 B-91 所示。

图 B-91

附录 C Power Point 问题集

问题 1　不会字体设计，如何排版更专业

问题描述：设计幻灯片标题和内容时，面对五花八门的字体颜色和样式，一时不知该如何正确地对文字进行排版和选择格式。

问题解答：

这是因为初学者不具备字体设计能力，面对信息量过多的文字，不知道该如何归置和突出重点。设计文字时应当注意以下几点。

（1）考虑到阅读的需要，在一页幻灯片中，字体使用不要超过两种，标题和正文各选择一种字体即可。而且尽量选用一种辨识成本低的字体。草书、行书或一些艺术化字体，往往会带来很高的辨识成本。

（2）在排版时为了让标题更加醒目，与正文形成一定程度上的对比。我们可以为标题选择字形较粗的字体，正文选用较细的字体，这样会使排版更加美观。

（3）选用适合应用场景的字体，会让内容更具有表现力。例如，字形较粗的字体表现力量感与稳重，较细的字体表现纤细与轻盈。

除此之外，还可以借助项目符号和项目编号来突出文本层次，使条理更加清晰，突出表达重点，如图 C-1 所示。

为了突出海报类型幻灯片的字体，还可以下载特殊字体应用，或将重要内容设置成突出的颜色和字形来展示，如图 C-2 所示。

图 C-1　　　　　　　　　　　　　图 C-2

问题描述：拿到幻灯片需要应用的图片素材后，不知道如何将图片和其他元素很好地结合来进行排版。

问题解答：

图片是幻灯片排版设计的重要元素之一，它在封面、目录和内容幻灯片版式中的应用非常普遍。在目录页幻灯片中可以结合图形和图片排版；在首页幻灯片中可以将整张图片作为背景，在其中添加图形和文字设计排版；幻灯片中的图片也不一定要方方正正、中规中矩，也可以将图片裁剪成任意的外观样式，达到自己想要的设计效果。

如图 C-3 所示为图形、图片和文字结合设计的目录页。

如图 C-4 所示为图片作为背景添加图形在底部，并在图形上添加标题文字。

图 C-3　　　　　　　　　　　　　　图 C-4

如图 C-5 所示为裁剪图片为特殊形状后的页面设计效果。

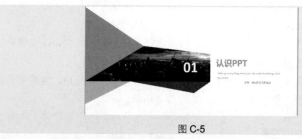

图 C-5

问题描述：不懂色彩搭配，缺乏色彩基础知识，可能会过度地堆砌颜色甚至使用难看的颜色，让页面整体排版非常糟糕，即使图片、图形文字的排版非常优秀，也会因色彩搭配的失误而影响整体的效果。

问题解答：

PPT 初学者在设计幻灯片时会非常头疼色彩的搭配，比较保险的做法是

高效随身查——Office 2021（必学的高效办公）应用技巧（视频教学版）

尽量使用邻近色、互补色，或者使用吸管功能吸取优秀幻灯片中的色彩，将其保存为自己的专属色彩搭配库。

图 C-6 中的图形颜色搭配采用了暖色调，不会显得突兀和杂乱。图 C-7 中的首页幻灯片中将三原色作为搭配主体，虽然页面中使用了多个圆形色块，但整体效果依然很好。

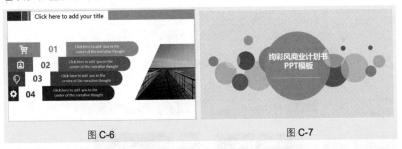

图 C-6   图 C-7

问题 4　不会图形设计，如何排版更实用

问题描述：PPT 中各种各样的图形五花八门，无法很好地将其和文字以及页面整体进行搭配。

问题解答：

图形不但可以起到修饰幻灯片版面的作用，也可以突出重要信息。图形可以单独设计也可以结合文字和图片等元素。

如图 C-8 所示将图形和文字结合，在右侧对标题进行展开说明，同时左上角和右下角使用了三角形、圆形和线条设计了版面。字母中的图形颜色和版面中的图形颜色保持一致，看起来也更加和谐统一。

图 C-8

479

图 C-9 将图形和大段文字结合，设计出专属的 SmartArt 图形。在图形中添加文字时，应当注意颜色填充的搭配，防止色彩过于鲜艳而遮挡了文字内容。

图 C-9

图 C-10 中左侧为图片，右侧为图形和文字的结合设计。

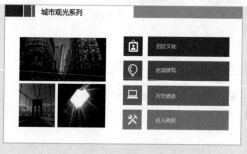

图 C-10

如图 C-11 所示，目录页将多个图形和文字结合，设计出的目录具有扁平效果。

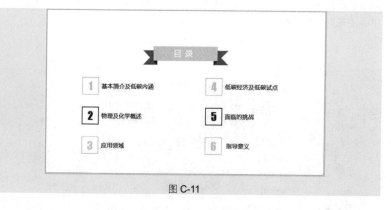

图 C-11